新経済学ライブラリー9

統計学入門
第2版

森棟公夫 著

新世社

編者のことば

　経済学にも多くの分野があり，多数の大学で多くの講義が行われている。したがって，関連する教科書・参考書もすでに多くある。

　しかし現存する教科書・参考書はそれぞれ範囲もレベルもまちまちばらばらであり，経済学の全体についてまとまったビジョンを得ることは必ずしも容易でない。

　そこで何らかの統一的な観点と基準の下に，体系的な教科書・参考書のライブラリを刊行することは有意義であろう。

　経済学を体系化する場合に，おそらく二つの方向がある。一つは方法を中心とする体系化であり，もう一つは対象分野，あるいは課題を中心とする体系化である。前者はいわゆるマルクス経済学，近代経済学，あるいはケインズ派，マネタリスト派などというような，経済学の特定の立場に立った体系ということになる可能性が大きい。このライブラリはそうではなく対象分野を中心とした，体系化をめざしている。それは経済学の既成の理論はいずれにしても，経済学において，というよりも現実の社会経済の問題すべてを扱うのには不十分だからであり，また絶えず変化する経済の実態を分析し，理解するには固定した理論体系では間に合わないからである。

　そこでこのライブラリでは，学派を問わず，若い世代の研究者，学者に依頼して，今日的関心の下に，むやみに高度に「学問的」にするよりも，経済のいろいろな分野の問題を理解し，それを経済学的に分析する見方を明確にすることを目的とした教科書・参考書を計画した。学生やビジネスマンにとって，特別の予備知識なしで，経済のいろいろな問題を理解する手引として，また大学の各種の講義の教科書・参考書として有用なものになると思う。講義別，あるいは課題別であるから，体系といっても固定的なものではないし，全体の計画も確定していない。しかしこのライブラリ全体の中からおのずから「経済」という複雑怪奇なものの全貌が浮かび上がってくるであろうことを期待してよいと思う。

竹内　啓

まえがき

　本書は統計学を初めて学ぶ学生を対象にして書かれた教科書です。筆者がイリノイ大学，スタンフォード大学，そして京都大学で行ってきた講義をもとにまとめたものですが，数式を見ると恐怖を感じる学生も統計学に対する興味を失わないよう工夫を凝らしました。計算が得意な学生にとっては統計学が楽しく学べるような内容にしたつもりです。

（以上，初版「まえがき」より）

＊　＊　＊　＊　＊

　その後，本書も10年で16刷まできましたが，時代の変化は早く，統計学を教える環境も変わったと感じています。易しく，実用的にという方向ですが，私なりにこの流れに合わす工夫をしました。用例を変え，再び用例を探す苦しさを味わいました。常識もデータで示すのは容易ではありません。

　いままで多くの方より初版の内容にコメントと修正をいただきましたが，大屋幸輔，増田賢二，八田英二，栗山規矩，光藤昇，宍戸邦彦，玉木義男，川崎誠一，八木匡，真継隆，大西広，片岡祐作，井口泰秀，滝敦弘，林隆一の皆さんに感謝します。コメントには細心の注意を払って改訂作業をしました。

　パソコン環境もまったく変わりました。今日の Windows とインターネットの世界を15年前に予測していた人はいるのでしょうか。

　今回の改訂の主な点を上げると，明記できるのは

1) 難易度の高い項目を＊印で示した
2) かなう限りデータのアップデートをした
3) 図，用例そして説明を追加した

ということでしょう．しかし，一番苦労したのは全般にわたり読みやすさに工夫を加えたことです．この点の評価は読者にお任せします．練習問題の詳細な解答は「http://www.econ.kyoto-u.ac.jp」から筆者のホームページを探して，コピーしてください．

　この教科書を利用してくださる先生方には，使い方として，思い切りトピックを選んでいただくことをお願いします．最近の教科書にはトピックを減らし，大きくきれいな図版を入れるという方向があります．この点については私は昔流で，多くのトピックを扱っています．ただし，授業では最低限のトピックを選んでいます．実際，授業では6章までしか進みません．さらに，私は授業でExcelを用い，「Excelを文房具として使えるようになろう」と繰り返し言っています．表計算，グラフの作成，等々．

　旧版のほとんどを新たに入力してくれた井戸温子さん，旧版に対して重要なコメントをくれた坂野慎哉，西山慶彦，宮下洋の諸氏，丁寧に原稿を読み，問題の解答を作ってくれた院生の久保拓也，鍵原理人，奥井亮，三好祐輔，金谷太郎の諸氏，そして文章のみならず計算の再検討までしてくれた新世社の増田健史氏，雨宮新さんに記して感謝します．

　　　2000年5月

森棟　公夫

追記：第4刷の刊行にあたり，コメントおよび修正箇所を指摘してくださった青森公立大学の村尾博先生，計算チェックをしてくれた学部生山中智君に感謝します．
　　　2001年8月

目　次

1　データの整理　　1

- 1.1　データの代表値 …… 2
- 1.2　度数分布表 …… 10
- 1.3　図によるデータのまとめ …… 14
- 1.4　ローレンツ曲線* …… 21
- 1.5　発展したデータの代表値 …… 25
- 1.6　物価指数 …… 32
- 1.7　2変数データの整理 …… 37
- 練習問題 …… 45

2　確　率　　49

- 2.1　標本空間と確率 …… 50
- 2.2　根元事象の数 …… 56
- 2.3　独立な事象と条件つき確率 …… 63
- 2.4　ベイズの定理* …… 72
- 練習問題 …… 76

3 確率変数とその分布　79

- 3.1 離散確率変数と確率関数 …………………… 80
- 3.2 連続確率変数と密度関数 …………………… 84
- 3.3 分布の代表値 ……………………………… 89
- 3.4 基本的な分布関数 ………………………… 95
- 3.5 同時確率関数* ……………………………… 111
- 練習問題 ……………………………………… 119

4 標本分布　121

- 4.1 無作為抽出と無作為標本 …………………… 122
- 4.2 標本平均の分布 …………………………… 125
- 4.3 チェビシェフの不等式と大数の法則 ………… 133
- 4.4 中心極限定理 ……………………………… 137
- 4.5 標本分散の分布 …………………………… 144
- 4.6 標本平均と標本標準偏差の比の分布 ………… 148
- 4.7 標本分散比の分布* ………………………… 150
- 4.8 順序統計量* ………………………………… 151
- 練習問題 ……………………………………… 153

5 母数の推定　157

- 5.1 平均の推定（分散は既知） ………………… 158
- 5.2 信頼区間の性質* …………………………… 163

5.3 分散の推定（平均は既知） ……………………… 164
5.4 平均と分散の推定 ……………………………… 166
5.5 成功率の推定 …………………………………… 168
5.6 観測個数 n の決定 ……………………………… 171
5.7 望ましい推定量の基準* ………………………… 172
5.8 推定法* ………………………………………… 175
練習問題 ……………………………………………… 178

6 仮説検定の基礎　　181

6.1 平均値の検定（分散は既知） ……………………… 182
6.2 平均値の検定（分散は未知） ……………………… 186
6.3 平均値の差の検定 ……………………………… 188
6.4 成功率の検定 …………………………………… 192
6.5 成功率の差の検定 ……………………………… 196
6.6 分散比の検定 …………………………………… 201
6.7 独立性の検定* ………………………………… 202
6.8 第2種の過誤* ………………………………… 203
6.9 尤度比検定法* ………………………………… 208
練習問題 ……………………………………………… 211

7 線形関係の推定　　213

7.1 散布図と線形回帰式 …………………………… 214
7.2 データ整理としての最小2乗法 ………………… 217

- 7.3 多重回帰式 ……………………………………… 230
- 7.4 仮説の検定 ……………………………………… 232
- 7.5 発展した分析法 ………………………………… 233
- 7.6 最小2乗推定量の望ましさ* …………………… 236
- 練習問題 …………………………………………… 241

8 発展した仮説検定　　243

- 8.1 分散分析 ………………………………………… 244
- 8.2 分割表と χ^2 検定 ……………………………… 249
- 8.3 ノンパラメトリック検定 ……………………… 257
- 練習問題 …………………………………………… 267

練習問題略解 ……………………………………………… 269
付　表 ……………………………………………………… 273
索　引 ……………………………………………………… 283

1

データの整理

　さまざまな調査や実験から得られた情報を本書ではデータと呼ぶ。データは**量的な情報**であることもあるし，**質的な情報**のこともある。量的な情報とは身長，体重，所得などのように数値で表現されるが，質的な情報は家の所有，結婚状況，ある政党の支持といったように直接数値では表せない分類を示す。

　量的データには整数値をとる観測値と実数値をとる観測値がある。たとえば家族数といった情報は整数値をとり，身長などは実数値である。質的なデータについては観測結果に何らかの数値を与えて統計的な処理を行う。持ち家なら1，借家なら0といった値を便宜的に与える。

　質的データでは数値が順序を示すこともある。ある試験の成績を優，良，可，不可と評価するとしよう。この成績に，優なら4，良なら3，可なら2，不可なら1といった数値を当てはめるならば，数値は単に分類のみでなく数値が大きいほど成績がよいという順序を表現している。

　本章ではこのようなデータのまとめ方を説明するが，本章で示された図表の元原稿のほとんどは Excel を用いて描かれたことを述べておこう。

1.1 データの代表値

■ 母集団と標本 ─────────────

調査対象がある大学における在学生の月々の所得であるとしよう。この場合在学生全体の月々の所得を**母集団**と呼ぶ。実際上，在学生全体の月々の所得を調べるのは困難であるが，一部の学生の所得を調べることは比較的容易である。調べられた所得の集合を**データ**または**標本**という。

観測対象のすべてが母集団である。母集団全体が観測されたとき，観測値の集合を**全標本**（センサス census）という。母集団の一部を観測した場合，観測値の集合をデータまたは標本という。

月々の所得を**変数** x で示し，一部の学生の所得計測値を $x_1, x_2, \cdots, x_n$ と記す。この計測値の集まり $S=\{x_1, \cdots, x_n\}$ が標本である。所得を調べた学生の総数を**観測個数** n という。

統計学では標本を使って母集団全体を理解しようとする。このための思考方法を**統計的推測**と呼ぶ。データは数値の集合であってその性質を直感的に理解することは非常に難しいが，データの性質をまとめる簡単な値を**代表値**という。代表値はデータのまとめ方の基本であって，その重要なものをここで説明する。

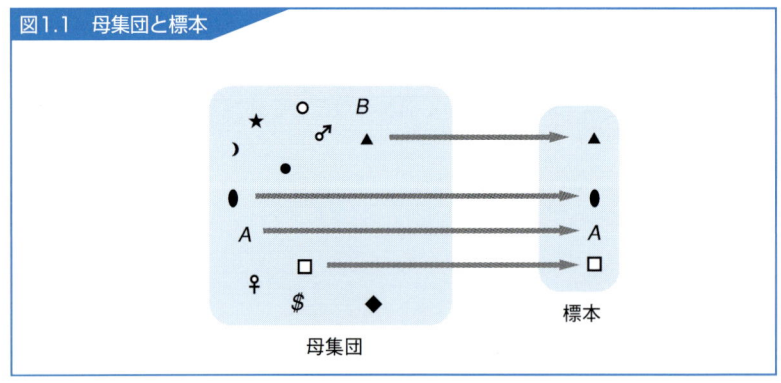

図1.1 母集団と標本

■ データの中心を示す代表値

データ S が次の 20 個の観測値からなるとしよう。

$$\{26, 24, 21, 19, 19, 18.5, 18, 18, 18, 15, 14, 13, 12, 12, 11, 8, 6, 6, 6, 2\}$$

データ全体の中心を表す尺度として標本平均値，中央値，そして最頻値がある。**標本平均値**（mean）は観測値の総和を観測個数で割った値で

$$標本平均値 = \frac{1}{n}\sum_{i=1}^{n} x_i \tag{1.1}$$

と定義される。与えられたデータについては総和が 286.5 だから平均値は 14.3 と計算できる。

データの**中央値**（median）あるいは**中位数**は，20 個の観測値を大から小まで順番に並べたときの「真ん中」の値である。例のデータでは，観測値は偶数個あるから 10 番目と 11 番目の平均が中央値となる。10 番目は 15，11 番目は 14，したがって中央値は 14.5 である。データの**最頻値**（mode）は最も頻繁に現れた値である。例では 18 と 6 が最頻値になる。

■ データの広がりを示す代表値

標本平均値，中央値，そして最頻値はデータの中心を表す尺度であるが，中心のまわりでの散らばりを示すのが**標本分散**である。標本分散は，各観測値の「平均値から測った距離の 2 乗」の平均である。差異の 2 乗は，たとえば 26 という値に対して $(26-14.3)^2$ と定められる。このような値を観測値すべてについて計算し，平均を求めるのである。計算を進めると，標本分散は 42.1 となる。標本分散は

$$S^2 = \frac{1}{n-1}\sum_{i=1}^{n}(x_i - 標本平均値)^2 \tag{1.2}$$

と一般的に定義される。和に含まれる項数は n であるのに，なぜ n でなく $n-1$ で割るのかという疑問が生じるだろうが，統計学理論では $n-1$ で割る方が都合がよいことが知られている。146 頁 (4.26) 式を参照されたい。単純に

n で割ることもあるので注意が必要だが，n が大きいならば，n で割っても $n-1$ で割っても結果に大きな差は生じない。

全標本（センサス）では，平均値の定義は変わらない。分散は

$$\sigma^2 = \frac{1}{n}\sum_{i=1}^{n}(x_i - 平均値)^2 \tag{1.3}$$

と定義される。全標本は後に説明する無作為標本ではないので，平均値と分散は推定されているのではなく，母集団における平均値と分散が定義されていると考える。

■ 標本分散の分解公式

標本分散の計算では次の関係が重要である。

$$\sum_{i=1}^{n}(x_i - 標本平均値)^2 = \sum_{i=1}^{n}x_i^2 - n(標本平均値)^2 \tag{1.4}$$

左辺では平均値からの差を2乗し，次に和を求める。右辺では，各観測値の2乗和を求め，そこから平均値の2乗を n 倍して引く。(1.2)式よりも(1.4)式に基づいて計算する方がはるかに計算は簡潔である。例に即して説明すると，第1項については $26^2+24^2+21^2+19^2+19^2+\cdots$ といった計算を続ければよい。

標本分散の大きな特徴として，すべての観測値が同じ値だけずれても，標本分散には差異が生じないことがあげられる。たとえばすべての観測値が a だけ増加すれば，平均値が a 増加する。標本分散の計算では，各観測値の増分 a は平均値の増分 a が差し引いてしまうのである。

■ 標本標準偏差

標本分散の平方根を**標本標準偏差**と呼ぶ。標本から計算された標準偏差は S，母集団標準偏差は σ と記される。先のデータについては $S=6.5$ となる。標本標準偏差はデータの広がりを理解する上で重要な役割を果たすが，特に次の関係はよく知られている。

▶ データに関するチェビシェフの不等式

1よりも大きな k について,標本平均を囲む区間

{(標本平均値 $-k\times$ 標本標準偏差) から (標本平均値 $+k\times$ 標本標準偏差)}

に入らない観測値は,全体の $\dfrac{1}{k^2}$ 以下である。

チェビシェフ(Chebyshev)の不等式で使われる区間を,**k シグマ区間**という。k が 2 の場合,**2 シグマ区間**は

(標本平均値 $-2\times$ 標本標準偏差) から (標本平均値 $+2\times$ 標本標準偏差)

である。2シグマ区間からはずれるのは 1/4 以下,逆に含まれるのは観測値全体の $(1-(1/4))=3/4$,75% 以上である。k が 3 ならば,3シグマ区間からはずれるのは 1/9 以下,含まれるのは 8/9,ほぼ 90% 以上である。

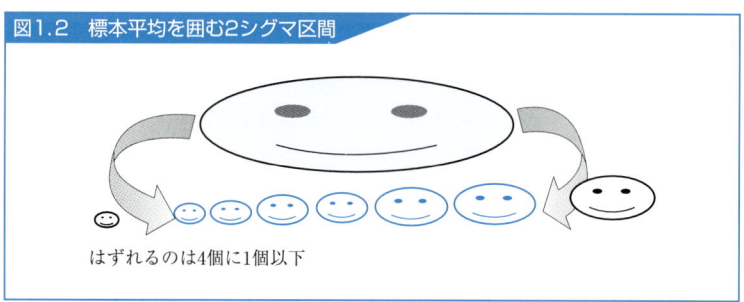

図1.2 標本平均を囲む2シグマ区間

この不等式は,観測個数が大きいときは観測値の広がり具合を大まかに理解するために非常に有用である。先の例の2シグマ区間は $(14.3-13,\ 14.3+13)$ $=(1.3,\ 27.3)$ となる。チェビシェフの不等式により,この区間には少なくとも観測値の 75% が含まれるが,実際に検討すれば,すべての観測値が含まれていることがわかる(確率変数の分布に関するチェビシェフの不等式は,4.3 節定理 4.3 を参照せよ)。

■ 安定した尺度

標本平均値,分散および標準偏差はデータの性質を表す基本的な**記述統計**

量として頻繁に用いられる．しかしこの3個の尺度は，観測値が1個でも大きく変化すると，大きく変動することが知られている．たとえば3頁のデータ S 中第1番の観測値を 40 に変えると，総和は 300.5，したがって標本平均値は 15.0 に変化し，0.7 増える．標本分散は 42 から 69 へ，さらに標本標準偏差は 6.5 から 8.3 に増大する．異常に大きな観測値や異常に小さい観測値を**異常値**というが，標本平均値や標本分散は異常値に対して不安定である．

　データの中央値はどうなるだろうか．40 という値は他の19個の値よりも大きくいわゆる最大値になっている．そして中央値はこの異常値が追加されても変化しないのである．中央値は異常値に対して安定である．

■ 四分位点

　中央値と同様に，観測値全体を小から大に並べたときの25%目の値，**25%点**と，75%目の値 **75%点**も安定した尺度として知られている．25%点は最小値から数えて4分の1の位置にあり，75%点は最大値から数えて4分の1の位置にある．この二つの点は特にデータの**第1四分位点**または第1四分位数，**第3四分位点**または第3四分位数と呼ばれる．第2四分位点は50%点であり中央値のことである．

　3頁のデータ S では，第1四分位点は5番目と6番目の値8と11の中点9.5となる．第1四分位点より小さい値は5個あり，確かに全体を25%と75%に二分する値となっている．第3四分位点は15番目と16番目の値18.5と19の中点 18.75 とすればよい．第3四分位点についても，この値より大きな数値が5個，小さな数値が15個あり，全体を25%と75%に二分していることが理解できよう．

```
2  6  6  6  8│11  12  12  13  14│15  18  18  18  18.5│19  19  21  24  26
         9.5              14.5              18.75
       第1四分位点         中央値           第3四分位点
```

　データの第1四分位点と第3四分位点はデータの散らばり具合を示す．特に標本標準偏差に代わる散らばりの尺度としてデータの**四分位範囲**がよく利

用される。四分位範囲は

$$\text{四分位範囲} = \text{第3四分位点} - \text{第1四分位点} \tag{1.5}$$

と定義される。

例 1.1　総務庁統計局より発行されている『貯蓄動向調査報告』は，ほぼ 6,000 世帯についての所得，家族関係，貯蓄，そして負債に関する詳細な調査の報告書である。1998 年の報告書によると，3,280 の勤労者世帯について，住居の所有状況に応じた平均貯蓄額の現在高を表 1.1 のようにまとめてある。勤労者世帯全体の貯蓄額四分位点に比べ，持ち家世帯の貯蓄額四分位点は，第 1 四分位点も第 3 四分位点も大きな値を示している。当然ながら借家・借間世帯に比べると持ち家世帯の方が貯蓄額が大きいことがわかる。10 年間の変化を見ると，第 3 四分位点の変化が大きい。持ち家世帯では四分位範囲は 1.7 倍に増加している。

● 表 1.1　勤労者世帯の貯蓄現在高　　　　　　　　　　　　　（単位：万円）

住居の所有関係	第1四分位点	第3四分位点	四分位範囲	世帯数
持ち家	581 (374)	2,072 (1,270)	1,491 (896)	2,213 (2,258)
借家・借間	222 (195)	1,057 (831)	835 (636)	1,067 (1,363)
全体	430 (288)	1,739 (1,093)	1,309 (805)	3,280 (3,621)

参考：『貯蓄動向調査報告』(1998 年（括弧内は 1988 年の数値))

■ **十 分 位 点**

四分位点よりも細かな分割に**十分位点**がある。四分位点が全世帯を貯蓄額の順に 4 等分した 4 グループの境界値であるように，十分位点は全体を 10 等分した 10 グループの境界値になる。四分位点や十分位点で分割されたグループを**四分位階級**あるいは**十分位階級**と呼ぶ。

例 1.2　同じく総務庁統計局が行う『全国消費実態調査報告』は 5 年に一度の大がかりな統計調査であるが，1984 年版は調査世帯が全国 54,000 戸，報告書は全 10 巻にも及ぶ。その第 8 巻は年間収入編と表題がつけられており，47 都道府県について年間収入をまとめている。表 1.2 では

● 表 1.2　勤労者世帯 (十分位階級) 年間収入の広がり　　　　(単位：万円)

	北海道	東北	関東	北陸	東海	近畿	中国	四国	九州	沖縄
第 3 階級の平均	385	385	385	384	384	384	386	383	383	379
第 8 階級の平均	676	676	678	676	677	676	675	674	673	680
各地の平均収入	479	516	594	593	569	559	540	514	483	385
調査世帯数	1,543	2,308	8,548	1,885	3,517	5,153	2,605	1,412	3,195	394

参考：『全国消費実態調査報告』(1984 年)　第 8 巻 年間収入編

示さないが，同報告では各十分位階級における平均収入が与えられている。十分位階級における平均収入を利用して所得の分布を調べてみよう。第 1 四分位点の代わりに第 3 十分位階級の平均収入，第 3 四分位点の代わりに第 8 十分位階級の平均収入を利用して，年間収入の散らばり具合を都道府県ごとに比べることができる。表 1.2 では，これらの値を地方ごとに示した。

　全国を 10 地方に分割した値であるが，十分位階級の平均収入は 10 地方ではあまり変化が見られない。ところが，地方ごとの平均所得は，一言でまとめれば，関東地方から遠くなるほど低くなる現象がはっきりと観察できる。したがってこの平均所得に見られる減少傾向は，中央の 4 階級において，所得分布が高所得中心から低所得中心に移っていくことから生じるのであろう。第 1 と第 10 十分位階級における違いも否定できない。

■ パーセント点

　中央値や第 1 および第 3 四分位点と同様に，任意のパーセント（％）に対応した**データのパーセント点**（％点）を定めることができる。任意の小数 α に対して $100\alpha\%$ 点を定めれば，観測個数を n として，特定の $100\alpha\%$ 点よりも小さい値をとる観測個数は $n\alpha$ 個存在するのである。3 頁のデータ S では n は 20 だから，各観測値に対応するパーセントは，値の小さい方から順に

　　　　2,　　6,　　6,　　……………, 21,　　24,　　26
　　　　5%,　10%, 15%,　……………, 90%, 95%, 100%

などとなる。たとえば 2 番目の 6 は 10% 点である。観測個数 n が小さいときには，観測値に対応しているパーセント点はこのように非常に限られた値しかとらない。

先のデータでは20個の観測値しか含まれていないので，中央値および二つの四分位点以上の細かい分割は意味はないが，観測個数が多ければパーセント点はデータの分布状態を表現する手段として有用である。

例 1.3　貯蓄額の散らばりは地方によってかなり違っている。表1.3では四分位点のみでなく中位数（中央値）も掲載されている。中位数と標本平均の差異がかなり大きいが，この差異は後で説明する分布の歪みによって生じる。

四分位分散係数の説明は30頁で与えられるが，四分位範囲を中位数の2倍で割った比と定義され，分布の広がりを調べる尺度として使われる。

●表1.3　勤労者世帯貯蓄額の広がり　　　　　　　　　　　　　　（単位：万円）

	北海道	東北	関東	北陸	東海	近畿	中国	四国	九州	沖縄
第1四分位数	384	441	480	472	514	440	479	308	313	103
第3四分位数	1,390	1,267	1,977	1,986	1,978	1,967	1,561	1,376	1,158	547
四分位範囲	1,006	826	1,497	1,514	1,464	1,527	1,082	1,068	845	444
中位数	698	744	1,028	996	1,098	956	796	767	628	268
標本平均	1,007	1,091	1,517	1,361	1,510	1,557	1,199	1,068	903	516
調査世帯数	159	236	1,193	143	383	532	199	102	302	31
四分位分散係数	0.7	0.6	0.7	0.8	0.7	0.8	0.7	0.7	0.7	0.8
中位数 (1988)	382	405	675	590	672	676	552	553	445	210
中位数比	1.8	1.8	1.5	1.7	1.6	1.4	1.4	1.4	1.4	1.3

参考：『貯蓄動向調査報告』(1998年)。四分位分散係数は四分位範囲を中位数の2倍で割って得た。意味は(1.18)式と変わらない。

たとえば沖縄の四分位範囲は444万円で，近畿の1,527万円と比べれば貯蓄の散らばりが非常に小さいと理解できるであろう。しかし，これは沖縄における貯蓄額が近畿の貯蓄額に比較すればもともと少額であるから生じた結果にすぎない。貯蓄の絶対額を考慮に入れれば，近畿の四分位分散係数は0.820なので，それが0.828である沖縄の方が分布の散らばりは大である。また四分位範囲が示す地方毎の変化に比して，四分位分散係数の変化が小さいことも理解できよう。

最終行では1998年と10年前の中位数の比を求め，貯蓄額の増加傾向を示している。

1.2　度数分布表

データは数字の集合である。前節では，データの大まかな性質を理解するために必要な「数字の集まり」から計算できる代表値をいくつか説明した。特に数字の並びの中心が大体どこにあるかを示す尺度である標本平均，中央値とともに，数字の散らばり具合がいかほどかを示す標本分散，標本標準偏差，四分位範囲などが重要である。1.2 節では計算された尺度ではなく，数値の広がり具合を直接理解するために必要な度数分布表の作成方法を説明する。

毎日の新聞には株式市況のページがあり，3,000 を越す銘柄について株価や変動幅などが報告されている。表 1.4 の 119 個の数値は某日に取引が成立した化学工業株の前日比（前日の株価からの差異）である。整理のため前日比の小さい値から大きい値を順に並べ，かつ右欄には重複回数（度数）を記してある。ただし，株価は 1 株 1,000 円以上の銘柄については 10 円単位で変動し，1,000 円未満の銘柄は 1 円単位で変動することに注意しよう。

■ 度数分布表の作成

前日比を，幅が同じ等階級（グループ）に分けよう。次の表 1.5 は 10 階級（グループ）に分類した表であり，各階級は前日比で 20 円の幅を持つ。もちろん階級の幅は重なり合わないように定められ，表 1.4 に含まれるすべての値は表 1.5 では一度しか使われない。第 1 欄には階級の下限と上限が与えられている。両端を除き，各階級とも下限以上上限未満という階級になっている。第 2 欄は階級を代表する階級値が与えられている。階級値としては階級幅の中点が使われることが多く，ここでもその慣例に従っている。

階級値としては，階級平均値がより望ましいとされている。たとえば第 4 階級では表 1.4 より階級平均値は

$$\{(-30)\times 9+(-29)+(-25)\times 12+(-21)\}/23 = -26.96$$

となる。階級の中点は -30 であるから，かなりの差異が見られる。

1.2 度数分布表

●表 1.4 度数分布表：前日比と度数

−100	1
−90	1
−70	1
−50	5
−30	9
−29	1
−25	12
−21	1
−20	11
−19	1
−17	1
−16	1
−15	3
−12	3
−10	19
−9	1
−7	1
−6	1
−5	2
−2	1
0	13
1	1
2	1
3	1
5	3
8	1
10	11
20	3
24	1
30	1
40	1
50	3
60	0
70	1
90	1
100	1

　相対度数は度数を観測個数 119 で割って求める。すべての階級に対する相対度数の集合を，**相対度数分布**という。相対度数分布は 3.2 節で説明する確率変数の**密度関数**に対応している。密度関数は理論的なツールであるが，度数分布は観測値を整理して得た計測上のツールである。あらためるまでもないが，相対度数の総和は 1 になる。したがって，観測個数がいかに大きくとも相対度数分布における値は 0 以上 1 以下となる。相対度数を 100 倍すれば，ある階級が全体に占めるパーセントである。このような性質から，相対度数

分布は複数の度数分布を比較するために便利である。

相対度数分布からどの階級に観測値が集中しているかよく理解できよう。負の大きな値や正の大きな値は観測されにくく，0 に近い値が頻繁に観測されるのである。

■ 度数分布表を用いた標本平均値と標本分散の計算

度数分布表を用いて標本平均と標本分散を近似的に計算することができる。標本平均は，度数分布表の階級値が度数回繰り返して観測されていると考えて計算する。だから，まず階級値に度数を掛け合わせ和を求める。次にこの総和を観測個数 119 で割る。表 1.5 では

$$標本平均値 = (階級値 \times 度数) \text{ の総和}/観測個数 \tag{1.6}$$

$$= \{(-90) \times 2 + (-70) \times 1 + (-50) \times 5 + (-30) \times 23$$
$$+ (-10) \times 45 + 10 \times 31 + 30 \times 5 + 50 \times 4 + 70 \times 1$$
$$+ 90 \times 2\}/119 = -6.13$$

となる。この計算式は，分子の度数を観測個数で先に割って

$$標本平均値 = (相対度数 \times 階級値) \text{ の総和} \tag{1.7}$$

と計算してもよい。表 1.4 の原データから標本平均値を求めると -8.43 となる。原データから求められた標本平均値と，度数分布表から求められた標本平均値にはこのような差異が生じる。

●表 1.5 階級数が 10 の度数分布表

階級 (以上～未満)	階級値	度　数	相対度数	累積度数	累積相対度数
−100～−80	−90	2	0.02	2	0.02
−80～−60	−70	1	0.01	3	0.03
−60～−40	−50	5	0.04	8	0.07
−40～−20	−30	23	0.19	31	0.26
−20～　0	−10	45	0.38	76	0.64
0～20	10	31	0.26	107	0.90
20～40	30	5	0.04	112	0.94
40～60	50	4	0.03	116	0.97
60～80	70	1	0.01	117	0.98
80～100	90	2	0.02	119	1.00

標本分散の計算はどうなるだろうか。標本平均値を $\bar{x}$ とすれば，階級値が度数回繰り返し観測されているとして

$$\text{標本分散} = \{(-90-\bar{x})^2 \times 2 + (-70-\bar{x})^2 \times 1 + (-50-\bar{x})^2 \times 5$$
$$+ (-30-\bar{x})^2 \times 23 + (-10-\bar{x})^2 \times 45$$
$$+ (10-\bar{x})^2 \times 31 + (30-\bar{x})^2 \times 5 + (50-\bar{x})^2 \times 4$$
$$+ (70-\bar{x})^2 \times 1 + (90-\bar{x})^2 \times 2\}/118 = 788.3 \qquad (1.8)$$

となる。原データから計算される標本分散は 743.5 である。

この計算式は煩雑だから，通常は(1.4)式と同じ分解を使って

$$\text{標本分散} = \{(-90)^2 \times 2 + (-70)^2 \times 1 + (-50)^2 \times 5$$
$$+ (-30)^2 \times 23 + (-10)^2 \times 45 + 10^2 \times 31 + 30^2 \times 5$$
$$+ 50^2 \times 4 + 70^2 \times 1 + 90^2 \times 2\}/118 - \text{標本平均値}^2 \qquad (1.9)$$

と計算する。この式では，階級値の2乗に度数を掛け，その総和を求めることが計算の主要な部分である。(1.8)式では各階級値の平均からの差異を求め，さらに2乗和を計算しなければならないが，(1.9)式では階級値の2乗和を求めればよい。繰り返すが，度数分布表を用いた標本平均値と標本分散の計算法は何ら新しいものではなく，原データに関して平均値と分散を求めるのと同様，階級値が度数回繰り返し観測されているとみなせばよい。次式

$$\text{標本分散} = \{(\text{階級値} - \text{標本平均})^2 \times \text{度数}\}\text{の総和}/\text{観測個数}$$
$$= \{\text{階級値}^2 \times \text{相対度数}\}\text{の総和} - \text{標本平均値}^2 \qquad (1.10)$$

も散見するが，この式では分母は観測個数 n である。

■ 度数分布表を作成する際の注意

原データから度数分布表を作成するときには，次のことに注意しよう。

1)　原データの性質を偏りなく要約するためには，階級数は多すぎても少なすぎても都合が悪い。観測個数を n とすれば，次のスタージェス (Starjes) の公式が階級数を決める目安として，しばしば利用される。

　　　階級数 $= 1 + 3.3 \times \log n$　　（対数は常用対数）

2) 階級幅を等しくとる。特に度数分布表の中心では階級幅を等しくとらないと，度数分布表は原データとは違った印象を与えてしまう。度数が低い階級では等間隔に階級をとることが困難な場合が多い。逆に等間隔に階級をとると，原データの性質を表現できないこともある。分布の上限が無限大になる場合などは，等間隔に階級をとることは所詮無理である。

3) 階級の境界は観測値を落とさないよう，かつ同じ観測値を二度数えないように決めなければならない。細かい小数点を持った値を境界値に使うことも避けるべきであろう。

■ **累積度数と累積相対度数**

度数分布表の第 5 欄は累積度数である。ある階級の累積度数は，ある階級の度数とその階級以下の階級が持つ度数の総和である。累積度数を見れば，その階級以下の観測個数がわかる。

累積度数を観測個数で割った値が累積相対度数である。累積相対度数は表 1.5 の右端の欄に与えられている。累積相対度数を見れば，ある階級以下の階級が全体に占める割合がわかる。最後の階級では累積相対度数は 1 になる。

特定の階級ではなく，すべての階級に対する累積相対度数を，累積相対度数分布と呼ぶ。

1.3 図によるデータのまとめ

度数分布表はヒストグラムで図示される。ヒストグラムは特殊な棒グラフ（bar graph）で，棒の面積が度数に対応して決められる。度数分布表 1.5 を図示してみよう。横軸に前日比，縦軸に度数をとると，ヒストグラムは図 1.3 で示される。数字を読み取らずに視覚によって分布の状態を理解するにはヒストグラムが便利である。また図 1.3 のように横座標軸の中央付近で高く，両端で薄い度数分布表を釣り鐘型とか富士山型と称することが多い。

1.3 図によるデータのまとめ

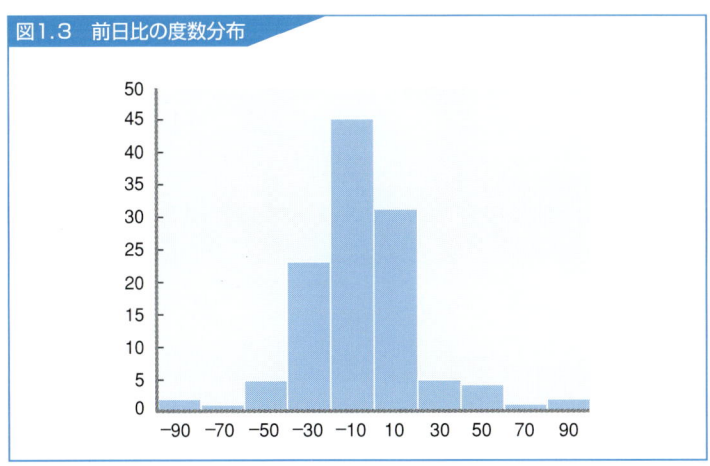

図1.3 前日比の度数分布

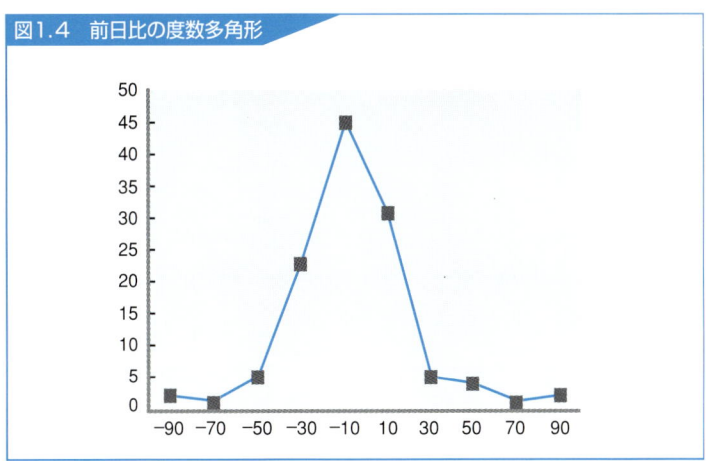

図1.4 前日比の度数多角形

棒グラフを用いず折れ線グラフによって図示された度数分布は，**度数多角形** (frequency polygon) と呼ばれる（図1.4）。度数多角形における頂点は，各階級の中点とその階級の度数に対応している。

■ 累積相対度数分布

度数分布が釣り鐘型や富士山型ならば，累積相対度数分布はこのように S を引き延ばした形になる（図1.5）。図中で示したように，累積相対度数分布

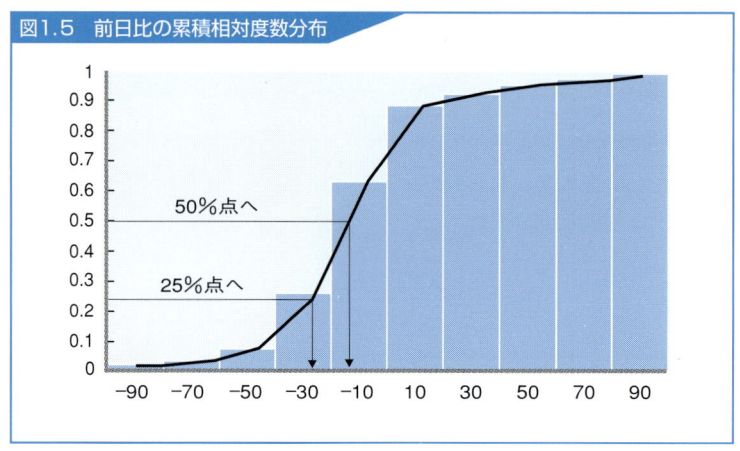

図1.5 前日比の累積相対度数分布

曲線から，中央値，第1四分位点，第3四分位点が求まる。1.2節で説明した $100\alpha\%$ 点は，縦軸上の累積相対度数 α から，累積相対度数分布の曲線を通して見つけた横軸上の点である。四分位点や十分位点は25%点，75%点，90%点などである。

図から理解できるように，累積相対度数分布の曲線は近似であるが，この曲線から求めた四分位点，表1.4の原データから求めた四分位点，そして10階級にまとめた表1.5から求めた四分位点は似ている。原データから求めた第1四分位点は30番目の値−25円である。10階級にまとめた表1.5からは階級値−30円で26%になっており，近似的に−30円を第1四分位点としてよいだろう。累積相対度数曲線からも同様の値が求まる。

例1.4 　表1.6で新生児の体重分布を示したが，新生児の体重を図1.6でヒストグラムにし，日本とアメリカを比較した。体重階級は1kg以上1.5kg未満というふうに500g幅にとる。縦軸は相対度数である。図1.6より，体重の重い新生児が日本よりアメリカで高い割合で生まれることがわかる。相対度数の有効数字は分布の両端では細かく小数点までとり，中央部では整数値で四捨五入してある。日本は2,500gから3,500gの1kgに

● 表 1.6　新生児の体重分布

	1〜1.5	1.5〜2	2〜2.5	2.5〜3	3〜3.5	3.5〜4	4〜4.5	4.5〜5(kg)
アメリカ (%)	0.6	1.3	4	16	37	30	9	1.7
日本 (%)	0.3	0.8	4	27	47	18	2	0.2

参考：『世界人口年鑑』(1987 年)

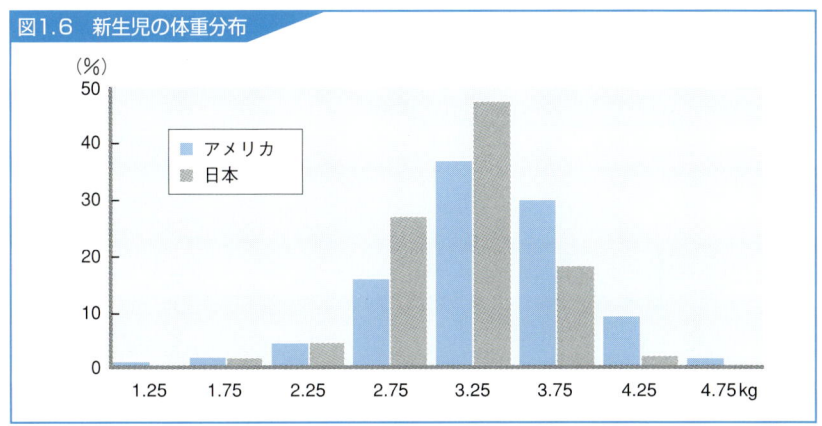

図1.6　新生児の体重分布

75％ほどが集中しているが，アメリカは2,500gから4,000gまでに83％が集中する．図からもアメリカの方が散らばりが大きいことが理解できよう．平均値は日本が3,147g，アメリカは3,351gであった．標準偏差は日本が520g，アメリカが607gである．

■ 階級幅のとり方

以上の図では階級幅が均等であるので，ヒストグラムの高さが度数を示している．階級幅が変化するのなら，長方形の面積が度数を表すように棒の高さを決めなければならない．次の表1.7では，貯蓄額によってグループ分けされた18階級について相対度数が計算されている．表では各階級の上限値のみが記されているが，最高額階級では3,000万円が下限の値である．

表1.7をもとにヒストグラムを作成してみよう（図1.7）．このヒストグラムの縦軸は相対度数，横軸は世帯貯蓄現在高である．階級は下限以上，上限未満と決められているが，貯蓄額は200万円幅である．2,000万円以上では

● 表 1.7　勤労者世帯の貯蓄額の分布　　　　　　　　　　　　　　　　　　（単位：万円）

貯蓄額階級	～100	～200	～300	～400	～500	～600	～700	～800	～900
平均貯蓄額	41	151	249	346	448	547	650	752	845
相対度数	5.0	6.5	5.8	6.3	6.2	5.8	5.3	4.5	5.4
貯蓄額階級	～1,000	～1,200	～1,400	～1,600	～1,800	～2,000	～2,500	～3,000	3,000以上
平均貯蓄額	944	1,092	1,296	1,484	1,698	1,900	2,238	2,705	4,800
相対度数	3.7	7.6	5.5	5.1	3.8	2.8	6.2	4.5	10.2

参考：『貯蓄動向調査報告』（1998 年）

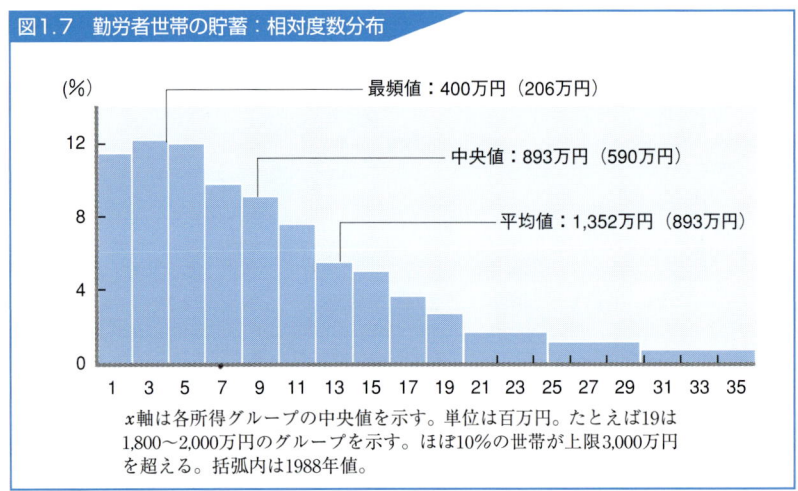

図1.7　勤労者世帯の貯蓄：相対度数分布

x 軸は各所得グループの中央値を示す。単位は百万円。たとえば19は 1,800～2,000万円のグループを示す。ほぼ10％の世帯が上限3,000万円を超える。括弧内は1988年値。

500 万円幅，そして右端には 3,000 万円以上の上限が定まらないオープンエンド階級が与えられている。

　貯蓄額が3,000万円を超える階級を除いては，棒の面積は相対度数に対応して決められている。たとえば2,000万円以上2,500万円未満の階級は，その相対度数は6.2％だが，高さは半分である。3,000万円以上の階級は無限大まで棒の幅を広くするわけにはいかない。そのためには横軸は途中で切れた体裁にしてある。相対度数は10.2％だが棒の高さは一つ前の階級より低く決めてある。

　貯蓄額の分布のように右裾が長い分布を右に歪んでいるあるいは正の歪みがあると形容する。右に歪んでいる分布においては，中央値より平均値が大きな値になる。

■ 貯蓄額の累積相対度数分布

貯蓄額のヒストグラムから累積相対度数分布を作成してみよう（図1.8）。累積相対度数分布は貯蓄額の分布状況を理解するにはあまりに役に立たないが，3.2節で説明する**累積分布関数**に概念的に対応している。

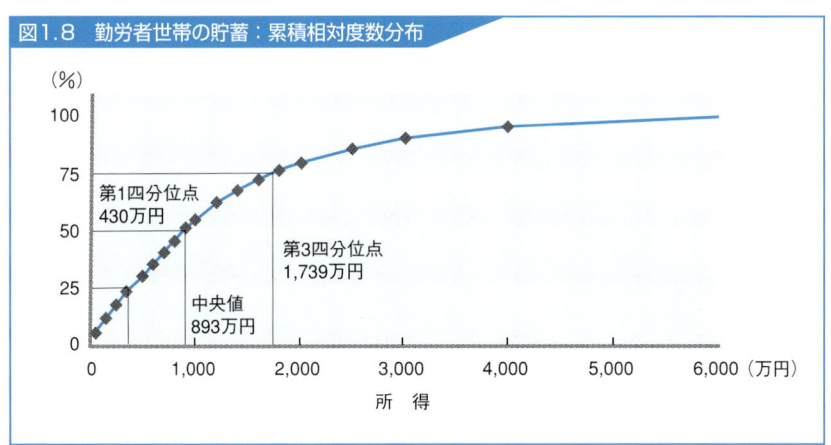

図1.8 勤労者世帯の貯蓄：累積相対度数分布

度数分布が左右対称な釣り鐘型であれば，累積相対度数分布はS字型になる。しかし貯蓄額の分布は釣り鐘型からはほど遠いので，累積相対度数分布はS字型になっていない。繰り返すが，ある貯蓄額が与えられれば，その貯蓄額以上および以下の世帯割合が累積相対度数分布より容易に求まる。さらに累積相対度数 0.50 に対応する貯蓄額を図1.8 より求めれば，その貯蓄額が中央値である。同様に累積相対度数 0.25 と 0.75 に対応する貯蓄額が，第1四分位点と第3四分位点である。累積相対度数分布より，任意の累積相対度数 α に対応する貯蓄額，$100\alpha\%$点も求めることができる。

■ 離散データ

観測値が整数の場合も，連続値をとるデータと同じように度数分布表およびヒストグラムを作成することができる。『世界人口年鑑』(1987年) より得たデータからヒストグラムを作成した。

図1.9は15歳から49歳までの女性1,000人について，1年間に子供を何

人出産し，出生した子供は何番目の子供であったかという情報を与える。日本に関して説明すれば，1,000人の女性が子供を46人出生し，そのうちほぼ20人は第1子，18人が第2子，7人が第3子などとなっている。1年間に1,000人の女性からほぼ50人しか出生していないから，1人の女性は平均して20年に1回出産するだけである。

エジプトでは日本よりもはるかに出生率が高い。1年間に女性1,000人から152人出生しているから，平均して7年に1回出産することがわかる。右端の第10子以上の階級さえ1を超える値である。もちろんこの10子以上の階級はオープンエンドである。人口の構成としては，第1子の数は第2子の数よりも多くなるが，この調査年においては第1子の方が第2子よりも少ない。これはエジプトにおいても産児を制限しようとする傾向が始まったことを意味する。

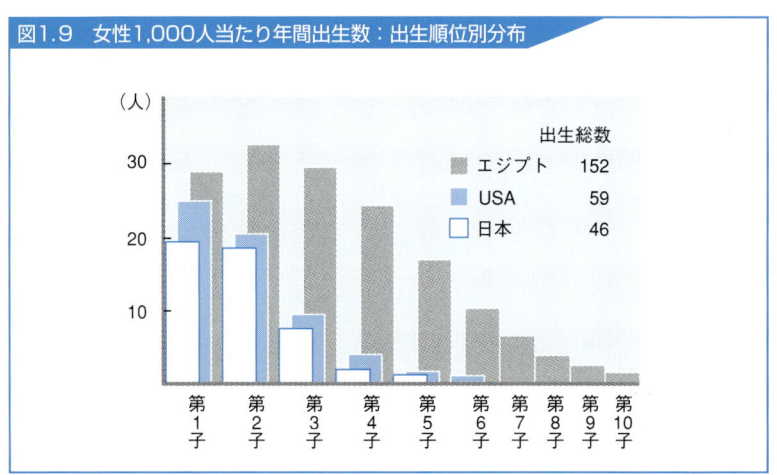

図1.9 女性1,000人当たり年間出生数：出生順位別分布

■ 出 生 率

次に年齢別出生率をいくつかの国について見てみよう。各年齢階級とも女性1,000人当たりの出生率だが，総数は15歳以上50歳未満のすべての女性1,000人についての出生率（crude birth rate）である。年齢により人口が異なるため，年齢階級ごとの出生率を足し合わせて7で割っても，正確には総

数つまり全体としての出生率は得られない。日本とアメリカの違いは 25 歳未満の 2 階級に特に見られることがわかる。20 歳未満の出生数（adolescent fertility rate）は，日本は 1,000 人の女性につき 4 人と非常に少ないが，アメリカは非常に多く 60 人，エジプトは 13 人となっている。

1987 年報告と比べると，図 1.9 から予見されたことだが，エジプトの出生率逓減が著しい。日本では少子化と高齢出産が進み，アメリカでは若年出産が増加している。

合計特殊出生率（total fertility rate）という用語がある。これは 1 人の女性が一生に生む子供の数を示す指標だが，統計をとるために各女性について出生数を年々記録していき，集計するわけにはいかない。そこで，表 1.8 を拡張し，15 歳以上 49 歳までの各年齢別 1 人当たり出生率を求め，その総和によってある女性の生涯出生数と理解する。実際，日本について表 1.8 の階級値の総計は 280 だから，5 倍すると 1,400 人になる。この値は女性 1,000 人当たり生涯出生数で，1 人当たり 1.4 人になる。これが 1995 年の合計特殊出生率である。練習として，他の国について計算してみなさい。

● 表 1.8　母親の年齢別出生率の分布

年　齢	15-19	20-24	25-29	30-34	35-39	40-44	45-49	総　数	合計特殊*
エジプト	13	151	253	180	121	39	14	115	
(1987)	31	174	309	259	178	69	36	152	
日　本	4	40	114	93	26	3	0	38	1.4
(1987)	4	61	176	85	18	2	0	46	
アメリカ	60	111	114	82	34	11	1	59	
(1987)	52	107	109	67	23	4	0	59	

参考：『世界人口年鑑』(1996 年)。各年齢グループ，および全体の 1,000 人当たり出生数（出生率）を示す。＊合計特殊出生率は，各年 1 人当たり出生率の総計である。

1.4　ローレンツ曲線*

所得分配の不平等度などを計測する方法としてローレンツ（Lorenz）曲線が知られている。ローレンツ曲線は経済分析でよく用いられるが，最近は政府から出版されている白書類でもデータの性質を示す標準手法の一つとして

活用されているので，ローレンツ曲線の作図法を例によって説明しよう．

■ **累積相対所得**

表1.9の第2行に，5人の勤労者の年間所得が低い方から順に与えられている．第1行は順位である．データを相対順位と相対所得のデータに変換する．相対順位とは総人数の中での順位の割合である．相対所得とは「全体所得に占める個人所得の割合」である．5人の年間所得の総額は3,712万円だから，個人の年間所得を3,712で割れば相対所得が求まる．先のデータを相対順位と相対所得に変換すると，表1.9の第3行と第4行のようになる．

第5行目の累積相対所得は，ある順位までの「相対所得」の和である．ローレンツ曲線は相対順位を横軸にとり，累積相対所得を縦軸にとって作図される．図1.10では所得分配線と表記されている．

● 表1.9 勤労者の年間所得と順位

所得順位	1	2	3	4	5(位)
年間所得（万円）	299	485	649	856	1,423
相対順位	0.2	0.4	0.6	0.8	1.0
相対所得	0.08	0.13	0.17	0.23	0.38
累積相対所得	0.08	0.21	0.39	0.62	1.00
年間所得（1988年）	209	368	491	634	879

参考：『家計調査年報』(1996年)

■ **所得の平等，不平等**

もし5人の勤労者の所得がほとんど変わらないならば，各人の所得の全体比はほとんど20％になり，ローレンツ曲線は45度線に近接するであろう．45度線は5人の所得が完全に等しい場合のローレンツ曲線であり，均等分布線とか完全平等線と呼ばれる．逆に5人のうち4人の所得が0で，1名のみが正値の所得を得ていれば，ローレンツ曲線は底辺と右の縦軸に一致する．これは完全不平等を示すローレンツ曲線である．

両極端を基準とすれば，ローレンツ曲線が45度線に近いほど平等な状態を表すことが理解できよう．しかし，複数のローレンツ曲線の一方が他方よりも一様に45度線に近い位置を占めることはあまりない．しばしば見られ

るのは，二つの曲線が交差する現象である。

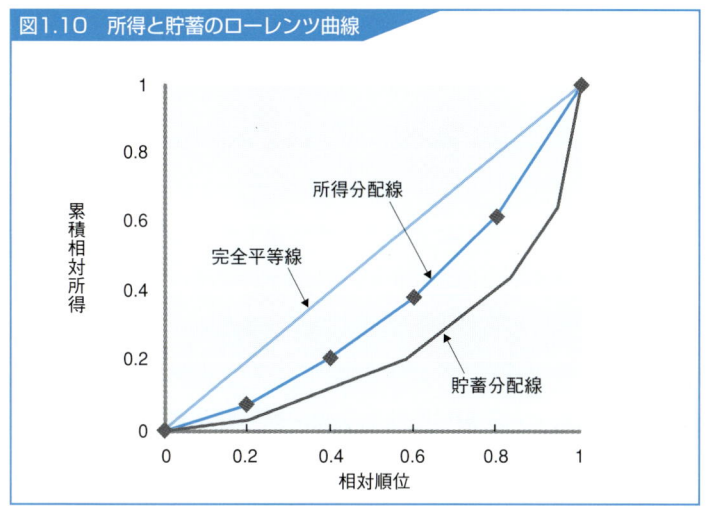

図1.10　所得と貯蓄のローレンツ曲線

■ 不平等指標（平等なら0，完全不平等なら1）

不平等度を示す指標としてはジニ（Gini）係数が知られている。ジニ係数はローレンツ曲線下の多角形の面積と，45度線下の三角形の面積の比を計算し，1から引いた値である。式で表現すれば

$$\text{ジニ係数} = 1 - \frac{\text{ローレンツ曲線下の多角形の面積}}{\text{三角形の面積}} \tag{1.11}$$

となる。したがって，分配が平等でローレンツ曲線が45度線に近ければジニ係数は0に近い。逆に完全不平等なら1になる。ローレンツ曲線下の面積は三角形と台形からなるので，面積は容易に求めることができよう。ジニ係数はnを観測個数として

$$\text{ジニ係数} = 2 \times \left\{ \begin{array}{l} \text{相対順位と相対} \\ \text{所得の積の総和} \end{array} \right\} - \frac{n+1}{n} \tag{1.12}$$

と計算できる。5人の所得のジニ係数は0.28であった。

以上の説明で用いられたデータは，実は『家計調査年報』で報告されているほぼ8,000世帯の五分位階級における平均所得である。表を作成するには，

全世帯を所得の低い方から順番に5等分して5階級を作る。次に各階級の平均所得を求め，この平均所得を5人の勤労者の年間所得であるとした。だから，図1.10のローレンツ曲線およびジニ係数は，日本の所得分配の状況を表している。

■ 貯蓄の分配

年間所得はある単年度における収入しか考慮しない。だから日本における富の分配状態を理解するには，所得だけでは富の測度として不十分であろう。富により近い数量として世帯の貯蓄額がある。表1.7をもとに貯蓄額に関する相対度数分布と累積相対度数分布を作成し，ローレンツ曲線を描くことができる。ここで，表1.7の相対度数を人数，平均貯蓄額をグループに属する人たちの貯蓄額とみなしてローレンツ曲線を描く。たとえば，最初のグループは5人の人が41万円の貯蓄を持ち，第2グループは6.5人が151万円の貯蓄額を持つとするのである。このように表1.7を読んでいくと，相対貯蓄額と相対順位は，次にように決まることがわかる。

$$\text{グループの相対貯蓄額} = \frac{\text{そのグループの相対度数と平均貯蓄額の積}}{\{\text{グループの相対度数と平均貯蓄額の積の総和}\}} \tag{1.13}$$

$$\text{相対順位} = \frac{\text{そのグループ以下の相対度数の和}}{100} \tag{1.14}$$

この計算をもとに作成されたローレンツ曲線が，図1.10の貯蓄分配線である。縦軸には累積相対貯蓄，つまり階級貯蓄額の全貯蓄に占める比率を累積した値がとられ，横軸には相対順位がとられている。ジニ係数は0.52となった。このジニ係数は予想通り年間所得分配のジニ係数よりも高い値を示し，貯蓄額の方が所得額よりも高い不平等度を示すことが理解できる。図1.10においても，貯蓄分配線は所得分配線よりも45度線から一様に離れている。

■ 資産の分配

　貯蓄額の分配によって富の分配とするのは，経済分析としてはまだまだ不完全で，世帯における負債をどう扱うか考慮しないといけない。たとえばある世帯が住宅ローンを 1,000 万円抱えていると，経済学には住宅ローンは資産の一部を形成すると理解する。なぜならば月々住宅ローンを支払った後では，その世帯は支払ったローンに見合う固定資産を保有する結果になるからである。ところが，このような世帯の持つ負債は，貯蓄額の不平等度には反映されない。

　より大きな問題は，富には世帯の保有する家，土地などの固定資産が含まれる点にある。ところが固定資産は価格評価がはなはだ難しい。したがって，世帯の保有する富の分布状態といっても，簡単には真の状況を把握することはできないのである（経済企画庁発行の ESP, 1989 年）。

1.5　発展したデータの代表値

　1.1 節でデータの代表値として標本平均値，中央値，最頻値，標本分散，標本標準偏差，四分位点，そして四分位範囲などを説明した。いくつかの例の中では十分位階級や十分位点も紹介したが，この節では統計分析で利用される他の代表値を説明しよう。

■ 刈り込み平均

　1.1 節で説明したように，データに異常に大きい値や小さい値が含まれると，標本平均値は大きくその値が変動する。中央値は平均値とは違って安定な値を生じることも例によって説明された。中央値と同様に，データの中心を示す安定した特性値として**刈り込み平均**（trimmed mean）が知られている。刈り込み平均は，観測値を小さいものから順番に並べ，最小値とその近辺の値および最大値とその近辺の値を捨てて計算された平均値である。1.1 節(1.1)式の例を用いて刈り込み平均を計算してみよう。まず最小値とその次

の値および最大値とその前の値を切落すとしよう。そうすると計算に使われる数値は16個で，刈り込み平均は14.3と求まった。もちろん最大値などが変化しても刈り込み平均はその値が変わらない。

　刈り込み平均の考え方は，体操競技やスケート競技の成績採点法に実現されている。審査員は自国選手に甘く採点する一方，競争相手になっている特定の選手には辛く採点する傾向が見られるという。そのため最小値と最大値を除いた合計でもって得点争いが行われる。

■ 幾 何 平 均

　観測値が増加倍率といった性質を持つとしよう。この場合，増加倍率の積は最終増加倍率になる。幾何平均は最終増加倍率の n 乗根，

$$\sqrt[n]{最終増加倍率}$$

である。科学計算用の電卓があれば n 乗根は随意に計算できる。

　利子率変動型のMMC（money market certificate, 金利の上限が市場金利に連動する預金）に100万円を3年間預け，3年後に121万9千円になったとする。元利合計の年平均増加倍率を R とすれば，1年目に R 倍，2年目に1年目の R 倍，3年目にさらに R 倍になっている。3年間をまとめると最終増加倍率は R^3 倍となる。他方，最終元利合計は1.219倍だから，

$$R \times R \times R = R^3 = 1.219$$

という関係が成立する。だから3乗根をとれば，幾何平均 $R=1.068$ となる。平均増加倍率は1.068，平均利子率は，R から1を引いた6.8％である。Excelでは，セルに

$$=1.219\wedge(1/3)$$

と入力して改行すれば3乗根が求まる。

　利子率が，最初の1年は5.5％，2年目は7％，3年目は8％とわかっていたとする。利子率により，1年目は元利合計が1.055倍，2年目は1.055×1.07倍，3年目はさらに1.055×1.07×1.08＝1.219倍，になる。ここで平均増加倍率を求めれば $R^3=1.219$ の式に戻り，幾何平均は1.068と求まる。

1.5 発展したデータの代表値

例 1.5 　1981 年から 1998 年までの日本の実質経済成長率を求めてみよう。実質 GDP 値が利用できるなら計算は非常に簡単である。実質 GDP は 1981 年では 302 兆円，1998 年は 481 兆円だから，実質 GDP の比により 18 年間の増加倍率は 1.59 となる。平均増加倍率は平均前年比といってもよいが，18 乗根を求めて，$R=1.026$，平均成長率は 2.6% となる。

他方，1981 年から 1998 年までの各年度の成長率を見てみると，

3.7, 3.1, 3.2, 5.1, 4.9, 2.5, 4.5, 5.7, 4.8,

5.1, 3.8, 1.0, 0.3, 0.6, 1.5, 5.0, 1.4, −2.8（%）

となっている（『国際比較統計』1999 年）。したがって 18 年間で元の

$$1.037 \times 1.031 \times \cdots \times 1.014 \times 0.972 = 1.686$$

倍に国民総生産は増えている。18 乗根を求めれば，幾何平均 R は 1.029 となり，先の結果とは異なるが，平均成長率は 2.9% となる。

■ 加重平均値

加重平均は標本平均値を求める際に観測値ごとに重みを変化させて平均をとる方法である。関連の強い順に重みを変えていく。原データを $\{x_1, x_2, \cdots, x_n\}$ とすれば，n 個の重み $c_1, c_2, \cdots, c_n$ を使って

$$\sum_{i=1}^{n} c_i x_i = c_1 x_1 + c_2 x_2 + \cdots + c_n x_n \tag{1.15}$$

が加重平均値（weighted mean）である。ただし重みは正で，総和は 1 でなければならない。通常の平均値は，重みがすべて等しく，n 分の 1 になっている加重平均値である。

■ 移 動 平 均

時間の変化とともに計測されるデータを時系列データと呼ぶが，時系列データは観測時点に特有な細かな変動をしていることが多い。特に経済分析では 3 ヶ月ごとに計測される四半期データや，毎月計測される月次データなどは季節や月に特有な変化をしている。全体の傾向を見るためには，季節な

どに特有な変動を除いて大きな流れを見出すことが必要である。**移動平均**（moving average）は，全体の流れを見るために，元の観測値系列（観測時点の順番に並んだ数値）から新しい系列を作成する方法である。原観測値を $\{x_1, x_2, \cdots, x_n\}$ とする。移動平均の基礎となる考え方は簡単で，ある時点 t の観測値 x_t に対して，近傍での観測値 $x_{t-2}, x_{t-1}, x_t, x_{t+1}, x_{t+2}$ などを使って平均

$$\bar{x}_t = \frac{1}{5}(x_{t-2} + x_{t-1} + x_t + x_{t+1} + x_{t+2}) \tag{1.16}$$

を計算する。近辺の観測値の平均を，新たな x_t の値とする。もちろんすべての観測時点について同じ計算をしないといけないが，観測の始点と終点では2個ずつ観測値を失うことが理解できよう。

移動平均によって得られた系列は原系列に比べると格段に滑らかな変動を示す。移動平均は時系列データを円滑にする方法（数値の変動を滑らかにする方法）の一つである。

■ 加重移動平均

移動平均を計算する際に，近傍の値に異なった重みをつけて平均を求めることも行われる。これを加重移動平均という。たとえば x_t の移動平均値では x_t に大きな重みをつけ，x_t から離れているほど重みを小さくしていく。たとえば

$$\bar{x}_t = \frac{1}{5}(0.5x_{t-2} + x_{t-1} + 2x_t + x_{t+1} + 0.5x_{t+2})$$

のように今期の値には5分の2の重み，1期違いの値には5分の1の重み，そして2期違いの値には10分の1の重みを与える。重みの総和は1とする。直感的には，x_t の移動平均値を求める際には，x_t の影響を重視し，周辺の値は影響力を小さく見積るのである。移動平均は，円滑化法の一種であるが，実用上は頻繁に応用されている。

1.5 発展したデータの代表値

例 1.6　国民所得勘定における民間在庫変動額の 1982 年第 3 四半期から 1985 年第 2 四半期までの値から，前後 2 期を合わせた単純な移動平均値を求めると表 1.10 のようになった。単位は 10 億円である。

● 表 1.10　在庫変動

	82:3		83:1				84:1				85:1	
民間在庫	229	632	−917	994	−119	838	−764	1,033	221	912	−311	1,331
移動平均	∗	∗	164	286	6.5	396	242	448	218	637	∗	∗

　第 1 期と 3 期で在庫額は大きく減少し，第 2 期と 4 期で増加するという季節的な変動現象は移動平均によってかなり緩和される。次の図 1.11 からも，移動平均を見れば変動の大まかな傾向が理解できよう。しかし在庫額に限っては「多すぎ」ても「少なすぎ」ても困るという性質を持つため，経済の現状を検討するには，加工しない値の方がよい。通常，移動平均は期間の両端では計算ができないため，観測個数が減少してしまう。図 1.11 では 92 年 1 期以前まで遡ってデータを使っているため，左端での減少はない。

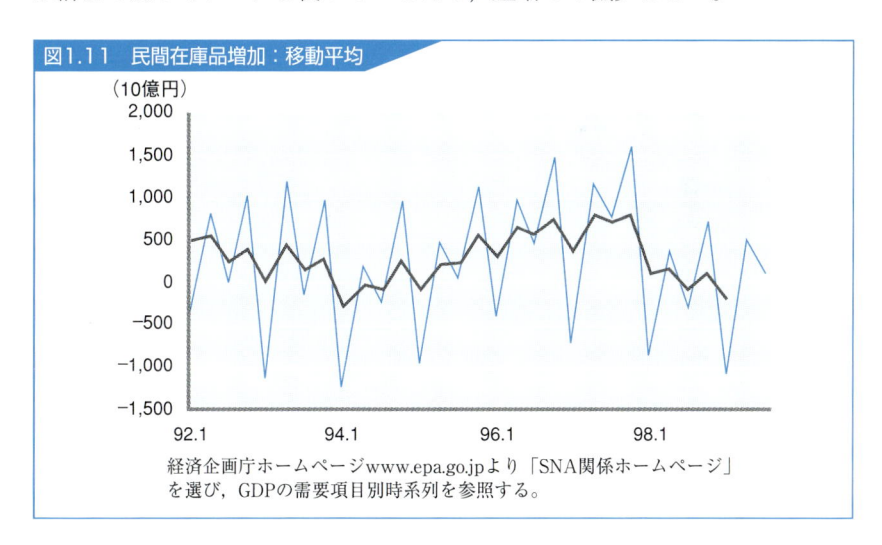

図 1.11　民間在庫品増加：移動平均

経済企画庁ホームページ www.epa.go.jp より「SNA 関係ホームページ」を選び，GDP の需要項目別時系列を参照する。

■ 範　囲

　データの最大値と最小値の差を 範囲（range）と呼ぶ。データの散らばり

具合を示す特性値である。

■ 変動係数

以上，分布の中心を代表する値と分布の散らばりを代表する値をいくつか紹介したが，いずれも観測値の測定単位に依存している。直感的には平均値が大きければ大きいほど散らばりも大きくなると予想されるから，分散は平均値に依存しているように見える。たとえば相撲力士の体重の標準偏差の方が統計学者の体重の標準偏差よりも大きいはずである。千代の富士と小錦の体重には100キロの差があるが，普通の人では30キロぐらいしか差が生じないはずである。このように考えると，散らばりの測度として，測定単位に依存せずかつ平均値にも依存しない代表値が欲しくなる。変動係数（coefficient of variation, CV）はそのような目的のために考案された代表値で

$$\mathrm{CV} = \frac{標本標準偏差}{標本平均} = \left\{ \frac{1}{n-1} \Sigma \left(\frac{X_i}{\overline{X}} - 1 \right)^2 \right\}^{1/2} \quad (1.17)$$

あるいはその100倍と定義される。右辺で示される様に，変動係数は変数値と標本平均の比の標準偏差になっている。

変動係数の考え方は重要で，日常生活でも応用すべきときがある。つまり絶対水準が高くなっていれば，変動幅も大きくなって不思議でない現象が日常見られるのである。たとえば，失業率が12%から8%に改善することと，3%から2%へ改善することは変動係数の観点からは同じである。

労働統計では，四分位分散係数とか十分位分散係数が用いられている。四分位分散係数は四分位範囲を中央値の2倍で割った値である。分子の四分位範囲は散らばりの測度であり，中央値は平均値に代わる絶対水準の測度に他ならないから，四分位分散係数と変動係数は同じ意味内容を持つ。

例 1.7　『学校保健統計調査報告書』(1986年)によれば，5歳から17歳までの男子の標本平均身長，標本標準偏差，そして変動係数は表1.11で与えられる。5歳から9歳までは標準偏差は大きくなるが，変動係

数はほとんど変化しない。5歳から9歳までのグループより，15歳から17歳までの変動係数が小さいことがわかる。1998年の調査でも結果は変わらない。

● 表 1.11　男子の身長の分布

年齢 (歳)	5	7	9	11	13	15	17
平均身長 (cm)	110.8	122.2	132.9	143.6	157.7	167.6	170.3
標準偏差	4.6	5.0	5.5	6.7	7.8	5.8	5.6
変動係数	4.2	4.1	4.1	4.7	4.9	3.5	3.3

例 1.8　表1.12は40歳以上45歳未満の男子労働者の給与である。四分位範囲に依拠すると金融業における賃金のばらつきが最も大きいが，金融業の四分位分散係数は特に高くはなく，サービス業と同じ四分位分散係数を示す。他の5産業の四分位分散係数も，ほとんど変わらない。1988年の中位数も示したが，各産業における増加額は類似している。

● 表 1.12　男性労働者の産業別賃金　　　　　　　　　　　　(単位：万円)

	鉱業	製造	不動産	卸・小売	金融	建設	サービス
第1四分位点	26	29	35	32	41	30	31
第3四分位点	38	42	51	45	62	44	48
四分位範囲	12	13	16	13	21	14	17
中位数 (1998年)	31	35	44	38	50	37	38
四分位分散係数	0.20	0.19	0.19	0.17	0.22	0.18	0.22
中位数 (1988年)	24	28	36	33	44	28	31

参考：『賃金センサス (平成10年賃金構造基本統計調査)』

■ 変数の標準化と偏差値

あるデータが与えられているとすると，標本平均値と標本標準偏差はデータの種類により大きな変化を示す。たとえば数学と国語の試験では標本平均値も標本標準偏差も異なるはずである。このような場合，国語の点と数学の点を直接比較することはあまり意味がない。

変数の標準化は，各観測値から標本平均値を引き，さらに標本標準偏差で割るという操作を加えて求める。この変換された観測値では，標本平均値が0，標本分散および標本標準偏差が1になる。変換を式で書くなら

$$z_i = \frac{1}{S}(x_i - 標本平均値), \quad i = 1, \cdots, n \qquad (1.18)$$

と定義される．国語と数学の点をこのように変換すれば，標準化された値は共通の平均と分散を持つから，二つの点数は比較できる．

点数で与えられる試験の結果を，優，良，可といった成績に変えるなら，各成績割合が教科を通じて共通である限り，変数の標準化と同じ操作を施していることになる．点数の標本平均値と標本分散は教科ごとに異なっていようが，優，良，可といった成績については類似するのである．

100点満点の試験の点数を，平均と分散が教科ごとに共通になるように標準化変換することは実際上あまり行われない．しかし，**偏差値**は，標準化変換の一種である．先の z を用いれば偏差値は「$50+10z$」と定義される．偏差値は，平均が50点，標準偏差が10点になるように標準化された点数である．

1.6　物　価　指　数

物価指数は商品の平均的な値上がり率を示す指標であるが，**加重平均**の応用例の一つになっている．例によって説明しよう．ある家庭における豆腐と大根の年々の購入量と価格は表1.13のようであったとする．

●表 1.13

	95 価格	量	96 価格	量	97 価格	量
豆腐	100	250	150	270	130	320
大根	400	30	360	25	400	28

価格の変化率を比べると商品によって異なるが，商品全体の変化の動向を加重平均によりまとめたのが物価指数である．ただし，支出割合を重みとする．この家庭の95年度における豆腐および大根の支出割合は0.676, 0.324と計算できる．この支出割合を重みとした物価変化の加重平均は，

$$L_{96} = 0.676 \times 1.5 + 0.324 \times 0.9 = 1.31 = \frac{150 \times 250 + 360 \times 30}{100 \times 250 + 400 \times 30}$$

となる。これがラスパイレス指数で，1.3 と求まる。加重平均の重みを決める基準年度は 95 年である。右端ではラスパイレス指数に別の意味が与えられる。つまり，購入量を 95 年値に固定して，この商品バスケットを購入するために必要な支出額を比較するという式になっている。

97 年では，重みは変わらないから

$$L_{97}=0.676\times\frac{130}{100}+0.324\times\frac{400}{400}=1.2=\frac{130\times 250+400\times 30}{100\times 250+400\times 30}$$

と簡単に計算できる。右端は支出額の比である。

年々の購入量を基準年価格（95 年価格）で評価し，支出割合を計算して重みとするのがパーシェ指数である。この方式によれば 96 年購入量を 95 年価格で評価した支出割合は豆腐が 0.73，大根が 0.27 だから

$$P_{96}=0.73\times 1.5+0.27\times 0.9=1.34=\frac{150\times 270+360\times 25}{100\times 270+400\times 25}$$

となる。右端は，96 年購入量を 96 年価格と 95 年価格で評価した支出額の比である。

■ パーシェチェック

ラスパイレス指数は基準年度で支出割合を定めてしまい，あとは価格変化率だけを求めれば計算できるから簡便である。しかし，時間がたつにつれ購入量が基準年からはずれてくると，物価指数の役割を果たさなくなってしまう。経済企画庁では，パーシェ指数を 5 年ごとに求めてラスパイレス指数との差を調べ，パーシェチェックを行う。96 年では，$1-(L/P)=0.02$ となる。ラスパイレス指数は支出割合が固定されており，ある商品が高くなっても安くなっても支出割合に消費者の行動が反映されない。つまり安いものを多く買い，高いものは減らすという行動がとれない。そのために，パーシェ指数より高い値を示しやすく，パーシェチェックは負値をとる傾向がある。

最後に，日本の消費者物価指数と総合卸売物価指数を，1970 年から 5 年ごとに 1995 年まで，それ以後は毎年について見てみよう。いずれも基準年を 95 年としたラスパイレス指数である。

| 消費者 | 32.8, 56.6, 77.5, 87.8, 94.3, 99.9, 100.3, 102.3, 102.5, 102.3
| 卸　売 | 58.0, 91.9, 121.2, 117.5, 108.6, 99.9, 100.3, 101.5, 99.0, 96.6

卸売物価指数を見れば，石油危機がもたらした物価への影響を直接に観察できる（1973年10月に原油バレル当たりの価格は，3ドルから5ドルに上昇，同じく1979年中に13ドルから24ドルに上昇した）。幾何平均を用いて，消費者物価指数の平均増加率などを調べてみよう。

■ GDP デフレーター

GDP デフレーターとは，指数の一種であるが，GDP（国内総生産）を計算する手続きから生まれる指標で，簡便に求まる経済全体の価格指数である。ある年（t 年）のGDPは，たとえば

$$\text{GDP}_t = \sum_{i=1}^{m} P_{ti} Q_{ti}$$

と計算することができる。P_{ti} と Q_{ti} は第 t 年における第 i 財の価格と生産量である。したがって GDP_t は t 年価格によって t 年の生産額を評価しており，**名目 GDP** といわれる。しかし物価指数の項で学んだように，GDP_t は量だけでなく価格の変動の影響を直接に受ける。価格の変動の影響を避けるためには，基準年（第 0 年）における価格によって t 年の生産量を評価することが望ましいであろう。これは基準年価格によって評価された**実質 GDP** と呼ばれ

$$\text{GDP}_0 = \sum_{i=1}^{m} P_{0i} Q_{ti}$$

と計算される。t 期の財を基準年価格で評価するのである。そして

$$\text{デフレーター} = \frac{\text{名目 GDP}}{\text{実質 GDP}}$$

と定義される。これは GDP 計算におけるにパーシェ指数に他ならない。

ところで実際の統計作業において集計できるのは各財の生産量ではなくむしろ t 年における売り上げ高である。先程の GDP_t 式では $S_{ti} = P_{ti} Q_{ti}$ が各

企業から報告される．したがって実質 GDP を求めるには，各財について基準年と比べた価格上昇率 (P_{ti}/P_{0i}) を求め，t 年における名目販売額 S_{ti} を上昇率で割る．これが基準年価格で評価した t 年の実質販売額である．実質 GDP は

$$\text{GDP}_0 = \sum_{i=0}^{m} \left(\frac{P_{0i}}{P_{ti}} \right) S_{ti}$$

と計算される．しかしこの右辺は $\sum_{i=1}^{m} P_{0i} Q_{ti}$ に等しいことはいうまでもない．最後に日本の GDP デフレーターを，1970 年から 1995 年まで 5 年ごとに示してみよう．基準年は 1990 年である．

GDP デフレーター　　39.5，64.2，83.9，93.9，100.6，104.3

■ 海外物価指数

1 国の時系列ではなく，異なる国の物価を調べることも興味があろう．購入する商品のセットあるいは商品バスケットを共通として，この商品バスケットを購入するのに必要な 2 国の金額の比を求めるのである．A 国の商品価格 P_{Ai} を為替レートを用いて円評価し，他方，日本における価格を P_{Ji} とする．そして，バスケットの購入に必要な内外の価格比

$$\text{パーシェ} = \frac{\sum_{i=1}^{m} P_{Ai} Q_i}{\sum_{i=1}^{m} P_{Ji} Q_i}$$

を調べれば，為替レートを前提とした A 国の物価指数が求まる．極端な例として，商品バスケットが缶コーラ 1 本だけであれば，日本では 120 円する．円ドル為替レートを 100 円とすれば，アメリカ（A 国）では 60 セントだから 60 円する．したがって，アメリカの物価は日本の 50％となる．

経済企画庁の 1996 年調査によると，東京を 100 とした各国主要都市の（総合）物価は以下のようになる．ただしバスケットは 400 品目を越える商品を含み，ドルは 109 円であった．

　　ニューヨーク　75,　ベルリン　81,　ロンドン　78,　パリ　84

このような調査の結果より，東京の物価が高いという結論が導かれよう。逆に円が高く評価されすぎているという結論を導くこともできる。

■ **購買力平価（ppp, purchasing power parity）**

　外国通貨の価値を為替レートではなく身近な商品バスケットについて計算した値である。ドルの購買力平価を求めるには，アメリカにおける商品バスケットの値段はドルで評価し，日本における値段は円で評価する。パーシェ指数の分母を，商品バスケットをアメリカで購入するのに必要なドル金額にすれば，

$$購買力平価 = \frac{\sum_{i=1}^{m} P_{Ji} Q_i}{\sum_{i=1}^{m} P_{Ai} Q_i}$$

と与えられるが，ここでは P_{Ai} はドル価格である。この指標により，ドルの価値を円で評価することができる。

　商品バスケットが缶コーラ1本だけであれば，日本では120円，アメリカでは60セント（0.6ドル）だから，購買力平価は120/0.6より，1ドル200円となる。円・ドル為替レートを1ドル100円とすれば，100円で200円分の買い物ができ，日本人には満足感が大きい（100円で1ドルを得る，この1ドルで缶コーラを買うと，1と2/3本買える）。これが缶コーラで測ったドルの購買力平価である。逆に，購買力平価の観点からはドル為替レートが安く設定されている。

　一般的に，海外旅行に出る場合は，為替レートが購買力平価よりも安い国を選べば，為替レートから期待される以上の豊かな買い物を楽しむことができる。アメリカが缶コーラをアメリカ値段で輸出できれば1缶60円になるように，為替レートが購買力平価よりも安い国の輸出品は外国では割安になる。したがって，為替レートが安く設定されている国は，輸出を増やし，観光客を増やし，外貨特にドルの蓄積を増やそうと努力していると理解すればよい。日本も1971年までは，1ドル360円という為替レートを維持していた。

各国の対ドル為替レートと購買力平価の比は，後掲する表 1.14 の最終行に与えられている。アメリカを基準にとっているが，この比は各国通貨を為替レートの計算により 1 単位得た際に，1 単位からもたらされる値打ちを示している。外国人が日本円を得た場合は，アメリカで同額のドルを得た際にもたらされる値打ちに比べて，0.7 倍の値打ちしかないということである。中国では 7 倍近い値打ちになる。日本を基準にした各国の購買力平価は，各国の値を 0.7 で割って求めればよい。

1.7　2 変数データの整理

　前節までは何らかの個体，たとえば世帯，の一つの特性を観測し，そのような観測値を多くの世帯について集めて標本と呼んだ。世帯の貯蓄額を数多くの世帯について集めたデータとか，特定の株価の前日比を集めたデータとかが分析の対象であった。しかし一般的には調査の対象となっている特性は一つに限る必要はなく，複数個の特性を扱うことも可能である。たとえば世帯の貯蓄額と所得額を同時に調査し，貯蓄額と所得額を数多くの世帯について集めるのである。このようにして作成されたデータは **2 変数データ** と呼ばれる。

■ 1 変数データと 2 変数データ

　2 変数データは，個々の特性に関する 1 変数データから構成されるのではないことに注意しなければならない。逆に 2 変数データから個々の特性に関する 1 変数データを作成することは可能である。例を見てみよう。

　調査の対象として A 国，B 国，C 国 3 国の 1 人当たり所得と平均寿命が次のようであったとする。A 国は (123 万円, 68 歳)，B 国は (315, 77)，C 国は (280, 76)。2 変数データとは，このような 3 組の数値 {(123, 68), (315, 77), (280, 76)} である。A 国，B 国，C 国をどう並べるかは自由であるが，A 国の所得を B 国の寿命と結びつけることはできない。

1変数データとしては所得データ $\{123,\ 315,\ 280\}$，そして寿命 $\{68,\ 77,\ 76\}$ の二つが得られる．しかし，1変数データからは2変数データは作成できない（この性質に関しては6.7節で扱われる「独立性の検定」に注意されたい）．

記号によれば i 番目の対象に関する特性 x と特性 y，の観測値を x_i，y_i とすれば，観測個数が n の2変数データは

$$\{(x_1,\ y_1), (x_2,\ y_2), \cdots, (x_n,\ y_n)\}$$

と表現される．

■ アジア諸国の生活水準

アジアの各国（対象）について，就学率（特性 x）と出生率（特性 y）および他の特性を調べ表1.14にまとめた．非識字率は15歳から24歳までの人口割合，出生率（crude birth rate）は人口1,000人当たり1年間の出生数，就学率は同年代人口のうちでの進学率，幼児死亡率（infants mortality rate）

●表 1.14 アジア諸国における生活

国番号	1	2	3	4	5	6	7	8
(A) 若年女性非識字率	0(0)	3(3)	1(3)	10(35)	*	44(61)	4(15)	0(3)
(B) 出生率 (y)	10(14)	15(16)	21(24)	22(44)	33(41)	27(34)	24(34)	13(17)
(C) 中学就学率 (x)	103(93)	97(91)	88(73)	77(42)	42(57)	49(30)	49(29)	67(60)
(D) 幼児死亡率	4(8)	7(17)	7(15)	32(87)	112(80)	71(115)	47(90)	4(14)
(E) 貧困率	*	*	*	*	*	47	8	*
(F) 1人当たり GNP(z)	38,160($)	29,080	16,180	1,780	*	370	1,110	32,810
(G) 1人 GNP(ppp)	24,400($)	29,080	17,680	5,690	*	1,660	3,390	29,230
(H) 為替レート /ppp	0.7	1.0	1.1	2.2	*	4.1	3.3	0.9
	9	10	11	12	13	14	15	16	17
(A)	2(4)	4(16)	8(25)	63(74)	61(79)	2(5)	3(7)	3(15)	0(0)
(B)	17(28)	17(18)	22(32)	28(44)	36(47)	29(35)	21(36)	26(31)	15
(C)	56(29)	70(46)	56(35)	*(18)	*(14)	60(45)	47(42)	61(48)	102(78)
(D)	33(49)	32(42)	40(109)	75(132)	95(127)	35(52)	21(36)	11(30)	9
(E)	<2	22	*	*	12	27	*	4	*
(F)	2,740($)	860	3,130	360	500	1,200	310	4,530	10,550
(G)	6,490($)	3,070	6,470	1,090	1,580	3,670	1,590	7,730	13,430
(H)	2.6	6.9	2.1	3.1	3.4	1.8	4.8	1.8	1.8

World Development Report (1999) による．( ) 内は1980年の値．＊は不明を示す．国番号は日本 (1)，アメリカ (2)，イスラエル (3)，イラン (4)，イラク (5)，インド (6)，インドネシア (7)，シンガポール (8)，タイ (9)，中国 (10)，トルコ (11)，バングラディッシュ (12)，パキスタン (13)，フィリピン (14)，ベトナム (15)，マレーシア (16)，韓国 (17)．＜2 は 2％以下を意味する．

は1年間の1,000出生児当たり5歳以下死亡数である。貧困率は生活費が1日1ドルに満たない人の人口比率である。1人当たりGNPについては，為替レートで評価した名目額と，購買力平価（ppp）で評価した実質額を示した。名目額では日本の所得は高いが，購買力平価で評価するとシンガポールより低くなる。（　　）内には1980年値を示したが，ほとんどの国において生活の質に改善が見られる。イラクは例外である。最後の行は為替レートと購買力平価の比で，各国の通貨一単位の実質価値を示す。ただし米ドルを基準にとる。

■ 散 布 図

このような就学率と出生率に関する2変数データが与えられると，二つの特性を散布図によって図示し，両者の関係を検討するのが普通である。縦軸に就学率をとり横軸に出生率をとると図1.12の散布図を得る（散布図では，日本，韓国，アメリカが除かれている）。散布図1.12より全体の傾向は，左上がり右下がりになっていることがわかる。つまり出生率が高い国は概して就学率は低くなる傾向が見られる。この例のように一つの特性の値が増加す

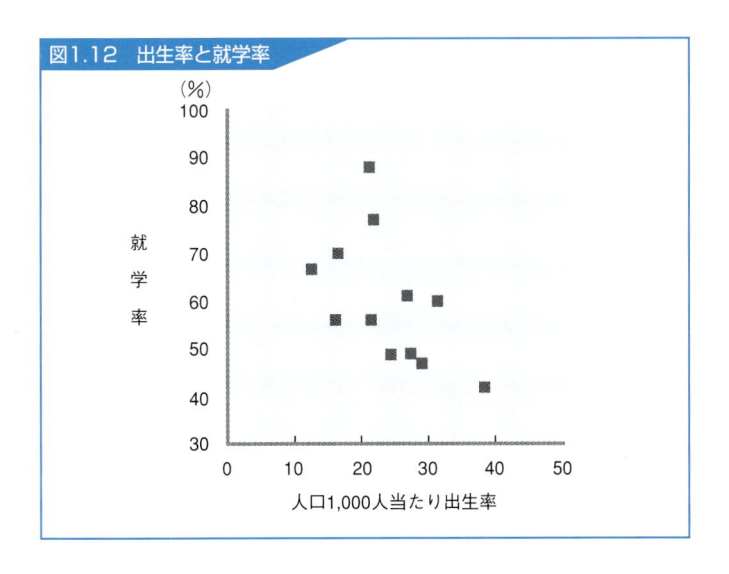

図1.12　出生率と就学率

れば，他の特性の値がおおむね減少する傾向にある場合，二つの特性には**負の相関**があるという．逆に一つの特性と他の特性が同じ動きをするとき，二つの特性には**正の相関**があるという．表1.14において出生率と幼児死亡率には正の相関が見られる．

二つの特性の間で正の相関が見られたとしても，一つの特性の値が増加すれば，その結果として他の特性値が増加するという原因結果の関係は意味されない．負の相関においても，一方が増加すればその結果として他方も減少するという原因結果は意味されない．

先の例に即して説明すれば，出生率と幼児死亡率は正の相関を示すが，このことは出生率が上がれば結果として幼児死亡率が上がることを意味しない．あえていうならば，幼児死亡率にしろ出生率にしろ，背後に国民の豊かさという共通の要因が隠れている．そしてここで扱った特性は，国民の貧しさが，国民の文化および生活に多面的に表れ出た現象の一部にすぎないのである．

■ 2 変数データの標本共分散

2変数データより，各特性に関しての標本平均，標本分散，そして標本標準偏差などが求めることができる．さらに二つの変数の間では，次に定義される標本共分散が計算される．

$$\text{標本共分散} = \sum_{i=1}^{n}\{(x_i - x \text{の標本平均})(y_i - y \text{の標本平均})\}/(n-1) \quad (1.19)$$

この計算式では x と y の各観測値からその平均値を引き，積をとって足し合わせる．標本分散と違って x と y の積をとるところに標本共分散の特徴がある．標本共分散の計算では，その分子は

$$\left(\sum_{i=1}^{n} x_i y_i\right) - (n \times x \text{の標本平均} \times y \text{の標本平均}) \quad (1.20)$$

と分解できる．第1項は x 値と y 値の積を計算し，合計を求める．実際の計算は(1.20)式を使って行えばよい．表1.14のデータに関しては，2, 5, 12,

13の国々を除いて，x（就学率）の標本平均値は68.1，y（出生率）の標本平均値は20.3，xの標本分散は369.2，yの標本分散は32.0などと計算できる。標本共分散は，(1.20)式の第1項を，$103 \times 10 + 88 \times 21 + 77 \times 22 + \cdots$と計算を続けて求め，最終的に$-67.8$になった。

■ 2変数間の標本相関係数

標本共分散を用いて，標本相関係数が計算される。

$$標本相関係数 = r_{xy} = \frac{標本共分散}{\sqrt{x の標本分散 \cdot y の標本分散}} \quad (1.21)$$

標本相関係数は，数学的に絶対値が1より小であることを証明できる。相関係数によって，二つの特性の結びつき具合を-1から$+1$に挟まれた数値で表現できるので実用上便利である。散布図が右上がりの傾向を示すならば，相関係数は正の値を示す。あるいは相関係数が正値なら散布図は右上がりの傾向になりやすい。それゆえに正の相関という用語が使われる。同様に，相関係数が負値を持つ場合は，散布図は右下がりになりやすい。x_iとy_iを各々標準化するならば，標本相関係数は二つの標準化データ間の標本共分散になっている。また標本分散等の定義に含まれる分母$(n-1)$は消去される。

もしxとyの間に

$$ax + by = c \quad (1.22)$$

といった線形関係があるならば，標本相関係数は1か-1の値をとる。相関係数が1か-1であれば，2変数は完全な関数関係にある。逆に相関係数が0ならばまったく相関がない状態とされる（数学的には標本共分散は二つのベクトルの積になっていて，ベクトルが直交していれば積は0になる）。結果として相関係数は絶対値が1に近ければ相関は高いとされ，0に近ければ相関は低いとされる。しかし高い相関と低い相関の境目は統計的検定によって初めて定めることができる。表1.14については相関係数は-0.62になり，数値的にもかなり高い負の相関である。

例 1.9 表 1.15 では 2 変数の値が, $x^2+y^2=10$, を満たすように作成されている。この場合, 2 変数の間に正確な関数関係があるのだが, 標本相関係数を計算するとその値は 0 になる。散布図を作成してみよう。相関係数は非線形な関係を見つけるには役に立たない。またデータが x 軸または y 軸対称になっていると, 値は 0 になる。相関分析を行う際は, 散布図を検討することが肝要である。

● 表 1.15 2 変数が円を構成するデータ

x	−1.0	−2.0	−3.0	−3.0	−2.0	−1.0	1.0	2.0	3.0	3.0	2.0	1.0
y	3.0	2.4	1.0	−1.0	−2.4	−3.0	−3.0	−2.4	−1.0	1.0	2.4	3.0

例 1.10 日本では, 献血の際にヒト免疫不全ウィルス（HIV）の検査が希望者に対して行われ, 結果は極秘裏に献血者に知らされている。表 1.16 は, 献血時に検査され, 検出されたヒト HIV 保有者の件数と自動車保有台数のデータである。両特性は何の関係もないが, 標本相関係数は 0.98 となり, ほぼ 1 に近い。このような見せかけ相関をもとにして, 誤った原因結果の関係を導かないように注意しないといけない。

● 表 1.16 献血時 HIV 抗体陽性発見件数と自動車保有台数

年度	87	88	89	90	91	92	93	94	95	96	97	98
HIV 抗体陽性件数	11	9	13	26	29	34	35	36	46	46	54	56
自動車保有台数	499	525	551	577	599	617	633	650	669	688	700	708

参考：『AIDS 動向委員会報告』（単位：人, 1998 年）
参考：『日本国勢図会』（単位：10 万台, 1999 年）

■ 標本偏相関係数

変数間の結びつきを調べる際に標本相関係数は簡潔で有益な情報を与えるが, 先にも述べたように変数 x（就学率）と変数 y（出生率）に影響を与える第三の変数 z（所得）が背後にある場合は, 変数 z の影響を排除して変数間の結びつきを計測することが望ましい。標本偏相関係数はこのような目的に役立つ測度である。偏相関係数を求めるためには x 変数と y 変数間の標本

相関係数 r_{xy}, x 変数と z 変数間の標本相関係数 r_{xz}, y 変数と z 変数間の標本相関係数 r_{yz} をまず計算しなければならない。そのうえで，z 変数の影響を除去した x 変数と y 変数の間の標本偏相関係数は

$$r_{xy|z} = \frac{r_{xy} - r_{xz}r_{zy}}{\sqrt{(1-r_{xz}^2)(1-r_{zy}^2)}} \tag{1.23}$$

$$= \frac{-0.62 - (0.63)(-0.74)}{\sqrt{(1-(0.63)^2)(1-(-0.74)^2)}} = -0.31$$

と求まる。r_{xy} は -0.62 と高い相関を示すが，標本偏相関係数は -0.31 となり，所得の影響を除去すれば就学率と出生率の相関は低い。

■ 2 変数同時度数分布表

2 変数データが得られれば，1 変数の分析と同様に度数分布表を作成することができる。たとえば縦軸に特性 x をとり，横軸に特性 y をとる。縦軸と横軸を適当に区間分けし，将棋のマス目のような表を作るのである。次に各観測値をマス目の中に割り振っていく。最終的に，マス目に何個観測値が入ったかを数えれば，2 変数同時度数分布ができる。二つの変数に関する情報が同時に必要なため，同時という形容詞がついている。2 変数同時度数分布表は分割表とも呼ばれる。表 1.14 より，分割表を作成しよう。

二つの特性について階級の数は等しくする必要はないので，出生率については 3 階級，就学率については 4 階級に分割した。各階級は下限以上，上限未満という区間からなり，全部で 12 のマス目に 15 国に関するデータを分配してある。

●表 1.17　1,000 人当たり出生数と中学校就学率

出生率＼就学率 (%)	40 – 50	50 – 60	60 – 70	70 – 100	出生率の周辺度数分布
10 – 20	0	1	2	3	6
20 – 30	3	2	1	2	8
30 – 40	1	0	0	0	1
就学率の周辺度数分布	4	3	3	5	15

小数点まで考慮して作成している。

分割表より就学率が低くて出生率が低い国はないことがわかる。また出生率が非常に高くて就学率が高い国もないことがわかる。全体として図1.12と同様に、就学率と出生率の間に、負の相関が示される。

行和は出生率に関する度数分布表に他ならない。列和は第5行に示されているが、就学率の度数分布である。このように分割表または2変数同時度数分布から、各変数に関する度数分布を簡単に導くことができる。分割表から導かれた1変数の度数分布を周辺度数分布と呼ぶ。

2変数データのまとめに必要な2変数同時度数分布および周辺度数分布は、3.5節における同時確率関数につながる。

■ 分割表を用いた標本相関係数の計算

度数分布表から標本平均値や標本分散を計算できたのと同様に、分割表から2変数の標本平均値、標本分散、そして標本共分散が計算できる。2変数の標本平均値と標本分散は、周辺度数分布より1変数の場合と同じ方法で計算できる。しかし標本共分散の計算には、分割表が必要である。

標本共分散の計算では、(1.20)式の $x_i y_i$ は、あるマス目に対応している x と y の階級値 x_i と y_i の積に他ならない。マス目の度数分だけ (x_i, y_i) 値が繰り返して観測されているとみなせば、(1.20)式の第1項の計算方法は自明であろう。

練 習 問 題

1. (1.8)式で求まった標本分散の値を使って2シグマ区間を作り，チェビシェフ不等式の妥当性を表1.4のデータにおいて検討してみなさい。

2. アメリカの1984年から1988年までの経済成長率は，10.8％，6.4％，5.6％，6.8％，7.5％であった。平均成長率を，単純平均と幾何平均を用いて求めなさい。1994年から1998年は3.5，2.3，3.4，3.9，3.9であった。2期間の差を論じなさい。同国の1人当たりGDPは11,590ドル（1980）と29,080ドル（1997）であった。平均増加倍率を求め，1を引いて平均成長率を求めなさい。

3. 標本分散の計算式(1.4)を証明しなさい。Σの操作がわからない人は，nを3として等号を証明しなさい。

4. 標本共分散の計算において，(1.19)式と(1.20)式の関係を証明しなさい。Σの操作がわからない人は，nを3としてよい。

5. 75人の学生の知能指数が次のように求められた。知能指数の度数分布表，ヒストグラム，偏差値を計算しなさい。

    106 129 127 94 109 113 100 95 97 88 97 91 86 108 98
     98 86 100 103 102 93 96 103 100 97 124 110 92 118 107
     90 102 109 95 88 86 102 94 97 107 110 96 112 116 90
     99 86 108 120 108 105 79 97 107 105 121 93 95 83 114
    118 91 104 93 99 107 101 100 100 106 97 109 101 111 90

6. 表1.14において非識字率と就学率の標本相関係数を求めなさい。

7. 次の表1.18は World Development Report（世界銀行1999）より得たものである。各国において，すべての世帯が所得の低い方から20％ごとにグループにまとめられ，各グループの所得が総所得に占める割合が記されている。最初のバングラディッシュを例にとれば，1番低所得の階級は，その所得が総所得の9.4％しか占めていないことがわかる。次の階級は13.5％などとなる。このデータを用いて，国を選んでローレンツ曲線とジニ係数を求め直しなさい。

●表1.18　五分位階級における所得の割合　　　　　　　　（％）

所得階級	1	2	3	4	5	ジニ係数
バングラディッシュ	9.4	13.5	17.2	22.0	37.9	28.3
インド	9.2	13.0	16.8	21.7	39.3	29.7
フィリピン	5.9	9.6	13.9	21.1	49.6	42.9
エジプト	8.7	12.5	16.3	21.4	41.1	32.0
韓国	5.7	11.2	15.4	22.4	45.3	
イギリス	7.1	12.8	17.2	23.1	39.8	32.6
オーストラリア	7.0	12.2	16.6	23.3	40.9	33.7
イスラエル	6.9	11.4	16.3	22.9	42.5	35.5
アメリカ	4.8	10.5	16.0	23.5	45.2	40.1
日本	8.7	13.2	17.5	23.1	37.5	

World Development Report(1999) や World Bank のホームページを参照して得た。

8. 表1.14 より出生率と幼児死亡率の分割表を作りなさい。

9. 分割表1.17 より就学率と出生率の標本相関係数を求めなさい。

10. ビール販売額における企業別シェアは次のようになっている。キリン40.3％，アサヒ34.2％，サッポロ16.0％，サントリー8.6％，オリオン0.9％（参考：『市場占有率』日本経済新聞社，1999年）。このデータをもとにして，順番をシェアの高い方からとり，ビール販売額に関するローレンツ曲線を描きなさい。

11. 物価指数の項において，1996年度を基準年として1997年のラスパイレス指数を求めなさい。またパーシェチェックをしなさい。

練習問題　47

12. 表1.19は「経済研究」(1996年)に掲載された溝口敏行氏の論文によるが，日本の長期経済統計より実質国内総生産，人口，1人当たり実質所得の成長倍率を期間に分け求めている。1人当たり所得の年平均成長率を期間に分けて計算し，その意味を検討しなさい。

●表1.19　実質国内総生産の成長　　(増加倍率)

	総生産	人口	1人当
1880-1990	62.15	3.23	19.26
1880-1940	5.92	1.90	3.16
1940-1955	1.13	1.24	0.91
1955-1990	9.23	1.37	6.71

13.* ジニ係数は(1.11)式および(1.12)式でその意味と計算方法が与えられている。この係数は，n 人の所得を x_i，その相対所得を y_i とすると

$$\sum_{i=1}^{n}\sum_{j=1}^{n}|x_i-x_j|/(2n\,総所得)=\sum_{i=1}^{j-1}\sum_{j=2}^{n}|y_i-y_j|/n$$

と定義されることが多い。表1.9より，所得分配のジニ係数を計算しなさい（5×5の表を利用して計算すること。証明は本書の水準を越えるので示さないが，この公式は(1.11)式あるいは(1.12)式と一致する。ただし n が3とか4の場合についての証明は困難でない）。

■ コラム　バリュー・アット・リスク（VaR）

　資金を運用する場合，全額を一つの株式に投資するのでは悪くするとすべてを失ってしまうことがある。資金運用のリスクを小さくするためには資金を細分し，様々な株式に投資して安全性を確保しようとする。これを，ポートフォリオによる運用という（3.5 節でも取り上げられる）。一つの株式で損をしても，他の株式から得る利益によって損を消去しようとする手法である。ポートフォリオを効率的に運用するためには様々な分析ツールがあるが，VaR はその一つで，多数の金融資産から構成されるポートフォリオの損失可能性を示す尺度である。特に VaR(99) が頻繁に使われるが，これはポートフォリオ価格の分布において最安値から見て 1% 目の価格をいう。つまり，価格が VaR(99) 以下になる可能性は 1% しかない，あるいは 99% の可能性で価格は VaR(99) 以上になるという意味を持つ。

　各ポートフォリオの損失可能性を一つの値で示すという簡便性により，VaR は幅広く用いられるようになった。もともとは J.P.Morgan 社が，株式市場終了後約 1 時間で自社で扱っているすべてのポートフォリオの損失可能性を計算し，1 ページにまとめて社長に報告するために考案したリスク指標である。

　VaR の計算方法の中で最も簡単なものはポートフォリオの価格の時系列データを用いたヒストリカル法である。たとえば，あるポートフォリオの過去の価格データが $\{X_1, X_2, \cdots, X_n\}$ と与えられているとしよう。このデータを小さい価格から大きい価格へ順に並べ直し，その結果を $\{X_{(1)}, X_{(2)}, \cdots, X_{(n)}\}$ と記述する。この数列はパーセント点で述べれば，$\{(1/n) \times 100\%, (2/n) \times 100\%, \cdots, 100\%\}$ となる。VaR(99) はこの数列の 1% 点をいう。たとえば n が 350 であれば 4 番目の価格で 1% を超えるから，VaR(99) は $X_{(4)}$ である。

　デルタ法では最初にデータから標本平均と標準偏差を計算する。そして 2 シグマ区間の下限を作る方法により，価格の VaR(99) を「標本平均 $-2.33\times$ 標準偏差」と定める。2.33 は 3 章で説明される正規分布から求まる数値で，標準正規分布の左裾（下側）1% 点である。確かに，価格が VaR(99) 以下になる可能性は 1%，VaR(99) を超える可能性は 99% になっている。

2

確　率

　結果が不確定な現象は，確率を使って解釈することが可能である。そして確率は統計学の基礎であり，本書全般にわたって繰り返し利用される。本書を理解するためには，確率の基本概念を読者は十分に理解しなければならない。確率の定義，様々な事象の確率計算，事象の独立性，条件つき確率，そしてベイズの定理などがポイントになる。高校で確率を学んでいる場合は，復習と考えて読み進んでほしい。

2.1 標本空間と確率

■ 確 率

確率とは，ある結果が起きる可能性を0から1までの数値で表した尺度である。その結果が起こる可能性がなければ確率は0，可能性が高いほど確率も高くなる。ある結果が確実に起こるなら，確率は1とされる。歪みのないサイコロならば，ある目の出る確率は1/6となる。

■ 根元事象と標本空間

サイコロ投げ遊びでは，結果があらかじめ一意に定まっていないことに特徴がある。さらに，得られる結果は偶然によって定まることにも特徴がある。このように，結果が偶然に支配される実験を**試行**（**実験**）という。結果の総数が数えられる離散実験の場合は，試行の結果を**根元事象**あるいは**基本事象**と呼ぶ。すべての可能な根元事象を集めた集合を**標本空間**という。本書では標本空間を S と記そう。

サイコロ投げの例では，根元事象は

$$A_1 = \{1\},\ A_2 = \{2\},\ \cdots,\ A_6 = \{6\}$$

の6個である。おのおの「1の目が出る」，「2の目が出る」といった内容を持つ。$\{\cdot\}$ は集合を表す記号で，$\{4\}$ などは4という数字1個の要素からなる集合である。根元事象には試行の結果が一つしか含まれず，「ある特定の結果，たとえば3の目が出る」という意味内容を持つ。

■ 事 象

標本空間の任意の部分集合を**事象**（event）という。だから離散実験における根元事象はもちろん事象である。サイコロの例では，

$$E_1 = \{1, 3, 5\},\ E_2 = \{2, 4, 6\},\ E_3 = \{1, 2, 3, 4\}$$

など数多くの事象がある。E_1 は「出る目が奇数」という事象，E_2 は「出る

目が偶数」という事象，E_3 は「出る目が 4 以下」という事象である。

標本空間自体も事象である。この一番大きな事象を**全事象**と呼ぶ。全事象はすべての根元事象の和集合で，「結果のどれかが起きる」という意味内容を持つ。サイコロ投げの例では

$$S = \{1, 2, 3, 4, 5, 6\}$$

となり，「6 個の目のどれかが出る」という事象である。和集合の記号を使えば

$$S = A_1 \cup A_2 \cup A_3 \cup A_4 \cup A_5 \cup A_6$$

となる。S は和集合の意味によって，「A_1，あるいは A_2，あるいは A_3，…，あるいは A_6 が起きる」という事象である。すべての試行の結果は全事象に含まれているから，結果が何であろうとも全事象は必ず起きる。だから全事象が起きる確率は 1 である。ただし数学的な厳密性のために，「全事象が起きる確率を 1 とする」と公理により定めなければならない。

数学的な便宜のため空集合も事象としておき，**空事象**と呼ぶ。空事象には根元事象が含まれないから，決して起こりえない事象である。空事象が起きる確率は 0 である。サイコロ投げでは「目が出ない」とか「8 が出る」とか「6 が 2 つ出る」といった例があげられよう。

■ 確率の公理

確率は次の公理を満たさなければならない。

P1　任意の事象 E が起きる確率は 0 以上 1 以下である。

P2　全事象が起きる確率は 1 である。

P3　共通な根元事象を含まない二つの事象 A と B について，A か B のどちらかが起きる確率は，A の起きる確率と B の起きる確率の和となる。

P3 は，**排反事象**に関する確率の**加法性**と呼ばれる。二つの事象に共通な事象を**積事象**という。A と B の積事象は「A と B が同時に起きる」事象である。

二つの事象の和集合になる事象を，**和事象**という。全事象は，すべての根元事象の和事象である。サイコロの例では，A を偶数の目，B を4以下の目とすれば，A と B の和事象は $\{1, 2, 3, 4, 6\}$，積事象は $\{2, 4\}$ である。共通な事象を持たない二つの事象は同時に起きない。このような事象を**排反事象**という。集合の用語を使えば，事象 A と B が排反ならば，A と B の積集合は空になっている。P3 は A と B が排反なら，A と B の和事象の起きる確率は A と B の起きる確率の和になることを意味する。

ある事象 E が起きる確率を $P(E)$ と記せば，三つの公理は

P1　任意の事象 E について，$0 \leqq P(E) \leqq 1$，

P2　$P(S)=1$，

P3　$A \cap B = \phi$ ならば，$P(A \cup B) = P(A) + P(B)$

となる。

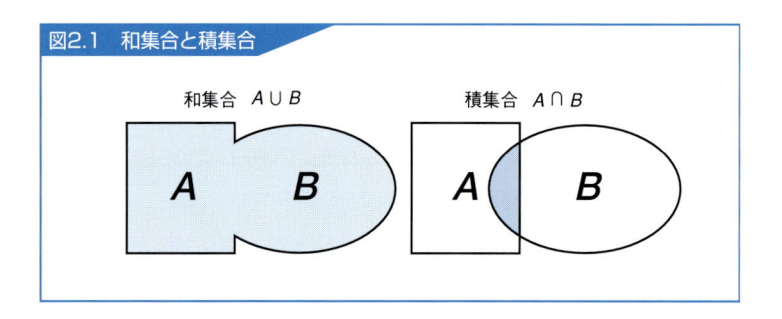

図2.1　和集合と積集合

和集合 $A \cup B$　　　積集合 $A \cap B$

■ 確率の性質

公理のもとで確率に関する様々な性質を導くことができる。証明は省くが，確率に関する基本的な性質を紹介しよう。

1) 事象 A に対して A が起きない事象を**余事象**と呼び，A^c と記す。1から A が起きる確率を引けば余事象 A^c が起きる確率が求まる。集合の用語を使えば A^c は A の補集合で，A と A^c の和集合が S になる。サイコロの例では，偶数の余事象は奇数である。偶数が起きる確率は，1から奇数が出る確率を引いて求められる。偶数と奇数の和集合は全事象になる。

2) 事象 A が事象 B の部分集合であれば，B の方が A より多くの根元事象を含んでいるから，$P(A) \leqq P(B)$。B が起きる確率の方が A が起きる確率よりも大きい。

3) 二つの事象 A と B について，

$$P(A \cup B) = P(A) + P(B) - P(A \cap B)$$

となる。事象が排反であれば右辺第3項が0になる。この性質を**加法定理**という。

4) 空事象の起きる確率は0である。

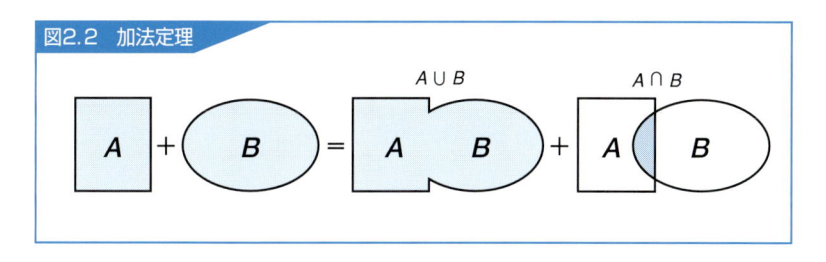

図2.2 加法定理

例2.1　52枚のトランプから1枚引き，そのカードを元に戻して2枚目のカードを引くとする。ダイヤを少なくとも1枚引く確率を計算しよう。1枚目のカードがダイヤである事象を A とし，2枚目のカードがダイヤである事象を B とする。ダイヤのカードは52枚中13枚入っているから，$P(A)=P(B)=1/4$ である。A と B がともに起こる確率は，カードを2枚引く組合せの数が 52×52，そのうち2枚ともダイヤである組合せの数が 13×13 あるから，1/16 となる。求める確率は，加法定理により 7/16 となる（1/4＋1/4−1/16＝7/16）。1枚もダイヤが含まれない事象の確率は，少なくとも1枚含まれる事象の余事象の確率だから，9/16 となる。

■ 等確率の世界

等確率の世界では，すべての根元事象が同じ確率で起こると仮定される。根元事象は互いに排反だから，全事象の起きる確率 $P(S)$ は個々の根元事象が起きる確率の総和になる。等確率の仮定により

$$1 = P(S) = \text{根元事象の数} \times \text{個々の根元事象の起きる確率}$$

だから，

$$\text{個々の根元事象が起きる確率} = \frac{1}{\text{根元事象の数}}$$

となる。したがって，ある事象が起きる確率を計算するためには，その事象に含まれる根元事象の数を計算すればよい。そして，事象 E の起きる確率は

$$P(E) = \frac{\text{事象 } E \text{ に含まれる根元事象の数}}{\text{根元事象の総数}} \tag{2.1}$$

という比率で計算できる。1) から 4) までの性質も容易に導くことができる。

■ 根元事象の数

ある事象が生じる確率を計算するためには，起こりうるすべての根元事象を数えなければならない。

サイコロを 2 回投げて目の和が 10 になる確率を求めよう。根元事象は (1, 1) から (6, 6) までの 36 通りあり，和が 10 になるのは (4, 6)，(5, 5)，(6, 4) の 3 通りだけだから 3/36 = 1/12 となる。

確率計算の基本式 (2.1) が使えるのは等確率の世界だけである。「しこみ」のあるサイコロでは，確率計算は公理に戻って考え直さなければならない。一例として，下駄を放って求める天気予報があげられよう。下駄を放る結果には，表向き，裏向き，横向きの 3 事象があるが，この 3 根元事象は等確率では起きない。

例 2.2 サイコロが歪んでいて，サイコロを投げると 1, 3, 5 の目が出る確率が各々 1/9 で，2, 4, 6 が出る確率が各々 2/9 であったとする。このとき偶数が出る確率は，P3 により 2/3 となる。

■ 連続な標本空間

標本空間に含まれる根元事象の数を数えることができるなら，根元事象が

生じる確率を用い，任意の事象が起きる確率を計算することが可能である。しかし標本空間が連続な実数区間だとすると，実数区間に含まれる実数の数を数えきることはできないから，根元事象の数を数えることは不可能である。

例 2.3　角のない丸鉛筆の軸にあらかじめ基準点 0 を決めておく。鉛筆を転がして止まったところで，基準点からの距離を測るとしよう。円周を c とすると，距離は区間 $(0, c)$ に入っている。鉛筆は区間上のすべての点で同じ確かさで止まるとしてよいが，鉛筆が止まる位置の数を数えきることはできない。したがって根元事象の数は数えることができない。

根元事象の数が数え切れないほど多く，かつ根元事象が起きる確率が正ならば，確率の総和は 1 を越えてしまい公理 P1 は満たされない。だから標本空間が連続な場合は，根元事象の起きる確率を使って他の事象の確率を計算することができない。

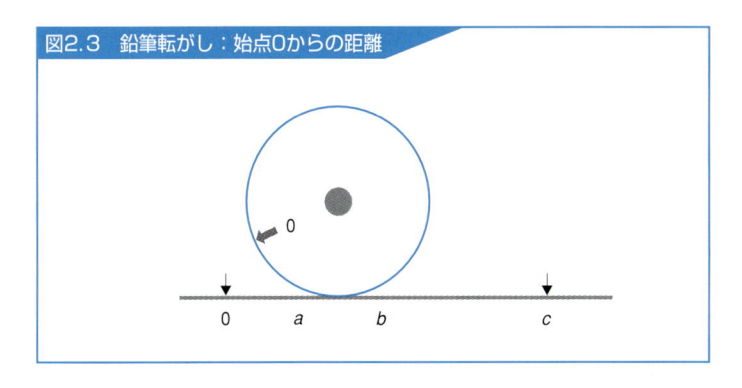

図2.3　鉛筆転がし：始点0からの距離

標本空間が連続な実数区間であっても，停止位置までの距離 X が b 以下である確率を，b が円周に占める割合と定義すればよい。つまり，

$$P(\{X \leqq b\}) = \frac{b}{c}$$

とすれば，公理を満たす確率となる。これは，直感的にも満足できる確率の定義である。統計分析で扱う確率事象は，このような連続な標本空間を背景にしていることが多い。

■ 先験的確率

いままで説明に使ってきた確率は，根元事象が生じる確率をあらかじめ与えておいて，個々の事象が起きる確率を計算した。このように，あらかじめ与えた確率を**先験的確率**という。実際にはサイコロのある目が出る確率は 1/6 かどうかはわからない。しかし他の確率，たとえば 1/7 を与え，総和が 1 になるように調整することは理論的に筋が通っているが，直感的に不自然である。

先験的な確率のほかにも**経験的確率**がある。経験的確率とは，実験の中で個々の事象が起きた割合で，相対度数のことである。

2.2 根元事象の数

■ 樹 形 図

「根元事象が同様に確か」な世界において，ある事象が起きる確率を計算するには，根元事象の総数を求めなければならない。計算法は，「場合の数」の計算法と同じである。

場合の数は樹形図を使って簡略に計算できる。たとえば袋の中に青玉 2 個と白玉 1 個が入っているとする。玉を 2 個抜き出すときに，すべての場合を得るための樹形図を作る。場合の総数は，図 2.4 から明らかなように 6 となる。したがって根元事象の総数は 6 である。

2 個のうち，白玉が 1 個含まれる確率を求めてみよう。白玉が含まれる場合の数は 4 であるから，白玉が選ばれる確率は 6 の場合中の 4，つまり 4/6 となる。

壺の中に赤玉 3 個，青玉 1 個，黒玉 1 個が入っているとしよう。その壺から 3 個の玉を選び出し 3 個とも赤である確率を求めるときなど，樹形図によって容易に答えが求まる。しかし選択の数が非常に多くなると樹形図の作成が困難になる。そして一般的には，場合の数を求める計算法が必要になる。その基本が「順列」と「組合せ」である。

図2.4 樹形図

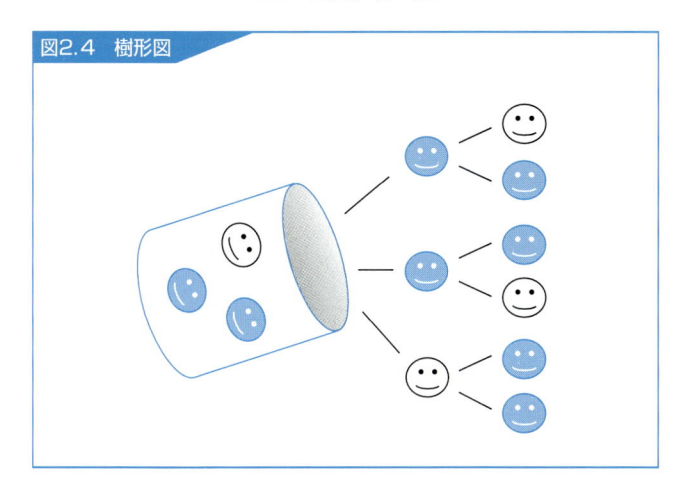

■ 順　列

番号のついたレゴ（積み木の一種）のように n 個の異なったものがあるとしよう。この n 個のものから r 個を取り出して 1 列に並べるとする。この列は n 個のものから r 個をとる順列と呼ばれるが，r 個のうち，たとえば 2 個が位置を変えれば異なった順列になる。このような順列の総数は次の定理で与えられる。

> ▶ 順列の数
>
> 異なる n 個のものから r 個を取って並べる場合の順列の総数は
>
> $$_n\mathrm{P}_r = n\cdots(n-r+1) = \frac{n!}{(n-r)!} \tag{2.2}$$
>
> となる。ここで，$n!$ は n の階乗と呼ばれ，1 から n までの自然数の積
>
> $$n! = 1\cdots n \tag{2.3}$$
>
> と定義される。n が 0 なら
>
> $$0! = 1 \tag{2.4}$$
>
> と定義される（P は Permutation の頭文字である）。

証明 n が r より大きければ，r 個の並んだ空席に空席1から順番にレゴを置いていく置き方を数えればよい。空席1には n 個のレゴのどれを置いてもよいから n 通りの置き方がある。空席2は，空席1に置かれたレゴの種類にかかわらず残りの $n-1$ のレゴから任意のものを選べばよい。以下同様の手続きを続けていって，最後の空席 r については，使われたレゴが $(r-1)$ 個だから，残っている $n-(r-1)$ のうち任意のレゴを置けばよい。結局順列の総数は

$$_nP_r = n(n-1)(n-2)\cdots(n-r+1) \tag{2.5}$$

となる。この式は

$$\frac{n(n-1)(n-2)\cdots(n-r+1)(n-r)(n-r-1)\cdots 1}{(n-r)(n-r-1)\cdots 1} \tag{2.6}$$

と書けるから，定理が導かれる。 (終わり)

たとえば n が3であれば，順列の総数は樹形図によって容易に求めることができる。赤，青，黒の3個のレゴから2個を選ぶ例なら，1個目は赤，青，黒とどれでもよく，2個目は残りの2個のどちらでもよい。結果として6組の順列が可能である。

異なった説明としては，2個の並んだ空席に3種のレゴを置くことを考えよう。まず空席1には3通りの置き方がある。次に空席2には，残りの2個のレゴから1個を選ぶ。だから，空席1に置かれたレゴの色にかかわらず2通りの置き方がある。第1の席には3通り，第2の席には2通りの置き方があるから，順列の総数は3×2，つまり6通りになる。

順列の総数を求める際，同じレゴを繰り返し使えるのであれば空席1，空席2，と列を進んでいくにつれて選択の対象が減っていくことはない。レゴの数が n 個あれば，どの席でも n 個からの選択が可能である。だから，順列の総数は n^r となる。このような順列を**重複順列**と呼ぶ。

n 個の異なるものを n 個の空席に置くには上述の公式を利用すればよい。

もし n 個の空席の始めと終わりが連なって円になっているときは，特に**円順列**と呼ばれる。円順列の総数を求めるには，最初の空席1をどこでも任意に決めてやればよい。そうすると，順列の数は残りの $n-1$ 個のものを $n-1$ の空席に埋める問題となり，(2.2)式より，$_{n-1}P_{n-1}=(n-1)!$ となる。円を回せば重複する配列は異なる順列ではないから，円順列の総数は $(n-1)!$ となる。

n 個のものは k 種類に分けられ，各種類について同じものが n_1, n_2, $\cdots$, n_k 個ずつ含まれているとする。n_1 から n_k の総和は n とする。n 個すべてを並べる順列の数は

$$\frac{n!}{n_1!n_2!\cdots n_k!} \tag{2.7}$$

となる。

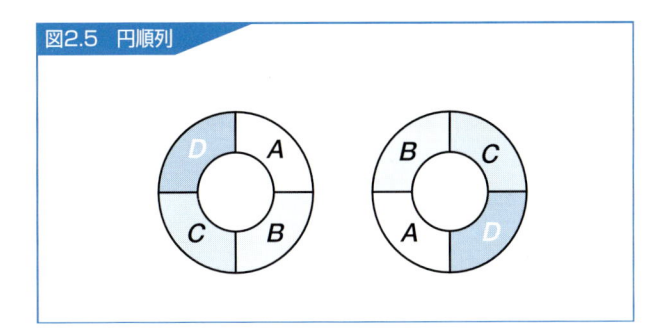

図2.5　円順列

■ 組 合 せ

n 個の異なるレゴから r 個のレゴを取るとき，選ばれた r 個の内容を**組合せ**と呼ぶ。たとえば赤青黒の玉から2個抜き出す場合，赤玉と青玉が抜き出されたとしよう。1番目に選ばれたものを最初に記し，2番目に選ばれたものを次に記すと，（赤，青）と（青，赤）の二つの順列が可能である。この二つの選び方は順列としては異なっているが，組合せとしては同じである。3個のものから2個を選ぶ際の組合せの数は3となる。

▶ 組合せの総数

n 個の異なるものから r 個を取ってできる組合せの総数は,

$$ {}_nC_r = \frac{n!}{r! \cdot (n-r)!} = \frac{{}_nP_r}{r!} \tag{2.8}$$

となる（C は Combination の頭文字である）。

証明　順列と組合せの関係を考えればよい。n 個の異なったものから r 個をとった際の順列の総数は ${}_nP_r$ となるが，これを次のように 2 段階に分けて計算しよう。

1) n 個から r 個を取り出すとき，異なった取り出し方を ${}_nC_r$ とする。ここで ${}_nC_r$ はまだ求まっていない。

2) 取り出された 1 組の r 個の集合が，いくつ異なった順列を含んでいるかを数える。

順列は並び方を問題にするが，組合せは並び方を問題にせず，選ばれた r 個は「どんぶり」で考える。第 1 段として，n 個のものが入っている大どんぶりから，r 個を小どんぶりに取り出す「取り出し方」を数える。この取り出し方が組合せの数 ${}_nC_r$ である。第 2 段として，小どんぶり中の r 個の並べ方を数えればよい。ところで，小どんぶり中に含まれる r 個の「並べ方」の数は，順列の知識により ${}_rP_r$ となる。個々の異なった r 個の取り出し方に関して ${}_rP_r$ 個の順列が数えられるから，n 個から r 個を取り出す際の順列の総和 ${}_nP_r$ は

$$ {}_nP_r = {}_nC_r \cdot {}_rP_r = {}_nC_r \cdot r! \tag{2.9}$$

と分解できる。　　　　　　　　　　　　　　　　　　　　　　　　（終わり）

例 2.4　硬貨投げ遊びでは，硬貨は表を出すか裏を出すかのどちらかだから，$S=\{表, 裏\}$ となる。この標本空間に含まれる事象の数を数えよう。事象には空事象 $\{\phi\}$ が ${}_2C_0$ 個，二つの根元事象 $\{表\}\{裏\}$ が ${}_2C_1$ 個，全事象 $\{表, 裏\}$ が ${}_2C_2$ 個ある。<u>二項定理</u>を使えば事象の数は

$$_2C_0 + {_2C_1} + {_2C_2} = 2^2$$

となる。サイコロを投げる例では、空事象が1個、S の1個の要素からなる事象が $_6C_1$ 個、2個の要素からなる事象が $_6C_2$ 個などとなり、事象の総和は二項定理により

$$_6C_0 + {_6C_1} + {_6C_2} + {_6C_3} + {_6C_4} + {_6C_5} + {_6C_6} = 2^6 \tag{2.10}$$

個である。合計は 64 個となる。

例 2.5　二項式は

$$(a+b)^2 = {_2C_0}a^2 + {_2C_1}ab + {_2C_2}b^2 = a^2 + 2ab + b^2,$$
$$(a+b)^3 = {_3C_0}a^3 + {_3C_1}a^2b + {_3C_2}ab^2 + {_3C_3}b^3 = a^3 + 3a^2b + 3ab^2 + b^3$$

の様に展開できる。各係数はその項に含まれている b の次数によって定まっている。たとえば $_3C_0$ は b が含まれない組合せ、$_3C_1$ は b が1個含まれる組合せ等である。一般的には

$$(a+b)^n = {_nC_0}a^n + {_nC_1}a^{n-1}b + \cdots + {_nC_{n-2}}a^2b^{n-2} + {_nC_{n-1}}ab^{n-1} + {_nC_n}b^n$$

となるが、この展開は二項定理と呼ばれる。係数値は組合せを用いなくても、パスカルの三角形によって容易に計算することができる。

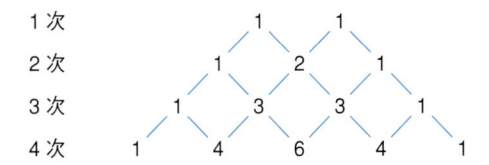

```
1次              1   1
2次            1   2   1
3次          1   3   3   1
4次        1   4   6   4   1
```

3次式の係数は2次式の係数の和より求まる。4次式の係数は3次式の係数の和から求まる。高次式の係数も同様にして導くことができる。

パスカルの三角形は左右対称だから、$_nC_m = {_nC_{n-m}}$ となる。ある段とすぐ下の段の関係から、$_nC_m = {_{n-1}C_{m-1}} + {_{n-1}C_m}$ という性質も知られている。

例 2.6　1セットのトランプはジョーカーを含まず52枚のカードからなるとする。13枚のカードが配られた際に，ダイヤのカードが7枚含まれる確率を計算しよう。まず「すべての根元事象の数」は52枚から13枚引く組合せの数で $_{52}C_{13}$ となる。また「条件を満たす事象の数」は13枚のダイヤから7枚引く組合せ数と，ダイヤでない39枚のカードから6枚を引く組合せ数の積として求まる。なぜなら，7枚のダイヤの個々の組合せについて，ダイヤでない6枚のカードのすべての組合せが対応しうるからである。したがって，求める確率は，$_{13}C_7 \cdot {}_{39}C_6 / {}_{52}C_{13}$ となる。

例 2.7　壺に4個の青玉と2個の赤玉が入っているとする。6個の玉を順番に取り出して並べる際に，赤玉が並ぶ確率を求めよう。「すべての根元事象の数」は6個の玉を並べる順列の数で，$_6P_6 = 6!$ である。赤玉が並びうる位置は5ヵ所しかないが，いったん並べば赤玉の順番はどうでもよいから順列の数は2となる。だから赤玉が並ぶ場合の数は10となる。他方，赤玉が並べば青玉は残りの4個の位置に収まればよいから，赤玉の位置にかかわらず $_4P_4 = 4!$ 個の青玉の順列がある。結局「条件を満たす根元事象の数」は $10 \times 4!$ となり，求める確率は $1/3$ である。

赤玉が両端にくる確率を求めよう。赤玉が両端にくる際は赤玉の順番はどうでもよいから場合の数は2となる。青玉の順列の数は先ほどと同じ $4!$ で，求める確率は $1/15$ である。

6個の玉のうち4個のみ取って同じ確率を計算すると，「すべての根元事象の数」は，6個から4個を取り出す順列で，$_6P_4$ 個ある。他方，赤玉を2個取る順列の数が $_2P_2$，青玉を2個取る順列が $_4P_2$ で，「条件を満たす根元事象の数」は24である。だから求める確率は $1/15$ となる。

例 2.8　3人がじゃんけんをした際に1人が勝つ確率を計算しよう。「すべての根元事象の数」は3人が各々3つの手を持つので27となる。1人が勝つ場合の数は {3人の誰かが勝つ}{勝つ人の手は3手のうち

の一つ，たとえば「ぐう」である }{ 他の 2 人の手は同じで，「ぐう」に負ける「ちょき」であると決まっている } と考えられるから，

$$_3C_1 \cdot _3C_1 \cdot _1C_1$$

となる。したがって求める確率は 1/3 となる。

3 人でじゃんけんをして 2 人が勝つ確率は 1 人が負ける確率に等しい。1 人が負ける確率は 1 人が勝つ確率に等しいから，2 人が勝つ確率は 1/3 となる。「誰も勝たない」という事象は「誰か勝つ」という事象の余事象で，確率は 1 から誰かが勝つ確率を引けば求まる。

3 人とも同じ手になる場合が 3 回ある。3 人とも異なる手になる場合の数は，3 個の異なるものの順列の数と等しく 6 となる。だから引分けの確率は 1/3 である。

2.3 独立な事象と条件つき確率

■ **条件つき確率**

事象 A が生じたという条件のもとで事象 B が生じる確率を，A のもとで B の条件つき確率と呼び，

$$P(B|A) \tag{2.11}$$

と表記する。

離散標本空間を用いて説明しよう。硬貨を 2 回投げる例で，$A=\{1$ 回目に表が出る$\}$，$B=\{2$ 回目に表が出る$\}$ としておく。A のもとでの B の条件つき確率は，1 回目に表が出たことを条件として 2 回目に表が出る確率である。この確率を求めてみよう。条件を満たす事象は，標本空間 S のうち，$\{$表，裏$\}$ $\{$表，表$\}$ の二つしかない。したがって条件のもとで B が起きる条件つき確率は，一個の 2 回目に表が出る事象 $\{$表，表$\}$ と，条件を満たす二個の根元事象の比によって 1/2 になる。

色が赤と青の 2 個のサイコロを投げる実験を行う。目の和が 4 という条件

のもとで，2個のサイコロの目が等しくなる条件つき確率を計算しよう。目の和が4だから，目の組み合わせは {2, 2}, {1, 3}, {3, 1} しか可能でない。この3個の根元事象の中で {2, 2} が出る確率は 1/3 になる。

■ 条件つき標本空間

上の二つの例で見たように，条件つき確率を計算するためには，条件となる事象のもとで制約された標本空間を作り，その制約された標本空間の中に根元事象が何個含まれているかをまず計算する。次に，この制約された標本空間の中で，結果として要件を満たす事象（条件つき事象）が何個の根元事象を含むかを計算する。条件つき確率は，この二つの根元事象の数の比として求められる。

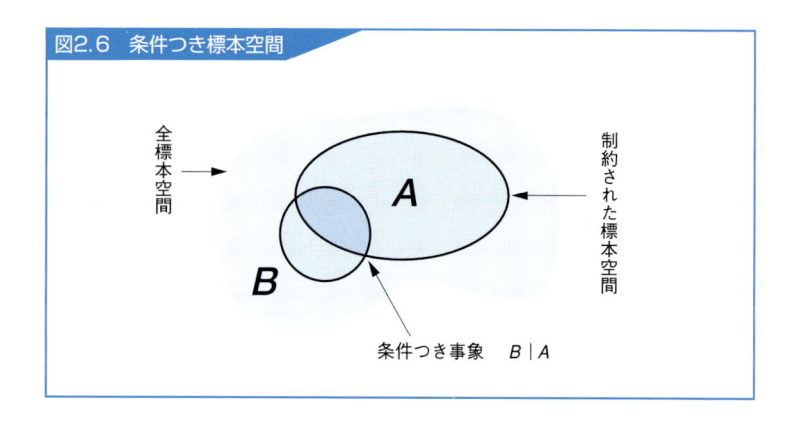

図2.6 条件つき標本空間

全標本空間 → 制約された標本空間

条件つき事象 $B|A$

以上の計算法により，条件つき確率を求めるには，条件によって制約された標本空間をあたかも本来の標本空間であるとみなし，その狭められた標本空間をもとにして望まれる結果の確率を計算すればよいことがわかる。

先に用いた記号を使えば，制約された標本空間とは事象 A である。A のもとで B が生じるということは，A と B がともに生じるということで，A と B の積事象になっている。したがって条件つき確率の計算法は

$$P(B|A) = \frac{A \cap B \text{ に含まれる根元事象の数}}{A \text{ に含まれる根元事象の数}} \tag{2.12}$$

となる。右辺の分母分子を S に含まれる根元事象数で割れば標本空間全体を基準とした条件無し確率が得られ，条件つき確率は

$$P(B|A) = \frac{P(A \cap B)}{P(A)} \tag{2.13}$$

となる。条件つき確率は主にこの式を用いて計算される。この式を書き直せば

$$P(A \cap B) = P(B|A) P(A) \tag{2.14}$$

と表現できるが，(2.14)式は確率の**乗法定理**と呼ばれる。

条件つき確率は，標本空間を条件となる事象 A に制約し，その上である事象 B が起きる確率である。だから，条件となる事象を標本空間とみなせば，条件つき確率は確率に関する公理をすべて満たす。

条件なし確率も，標本空間を全標本空間 S に制約した確率と解釈できるから，

$$P(B|S) = \frac{P(B \cap S)}{P(S)} \tag{2.15}$$

と表現できる。条件つき確率の表現は本によって異なるが，$P_A(B)$ と記すこともある。この表現法を用いれば通常の確率は $P_S(B)$ となる。

例 2.9 ポーカー中，ある人が少なくとも 1 枚のエースを持っていることがわかっているとする。そのとき，同じ人が少なくとも 2 枚のエースを持つ確率を求めよう。エースを少なくとも 1 枚持つという事象を A とし，2 枚以上持つ事象を B とする。求めるのは $P(B|A)$ である。

A の余事象 A^C は「エースを 1 枚も持たない」という事象だから，$P(A) = 1 - P(A^C)$，かつ「エースを 1 枚も持たない」組合せの数はエースでない 48 枚のカードから 5 枚を引き出す組合せ数で，$_{48}C_5$ となる。「エースのありな

しにかかわらず5枚カードを引く」組合せ数は，52枚のカードから任意の5枚を引く組合せ数で，$_{52}C_5$ となる。余事象 A^C が起きる確率は，$P(A^C)=_{48}C_5/_{52}C_5$ である。以上の計算によって $P(A)$ も求まる。

2枚のエースを持つ人は必ず「少なくとも1枚」のエースを持っているから，事象 B は事象 A の部分事象である。だから，A と B がともに起きる積事象は B に他ならない。$P(A\cap B)=P(B)$ となり，条件つき確率の分子を求めるためには事象 B の起きる確率を求めればよい。そのために B の余事象 B^C を使う。B^C には「エースを1枚だけ持つ」場合と，「エースを1枚も持たない」場合に分けられる。式に書けば

$$P(B^C) = P(エースを1枚だけ持つ) + P(エースを1枚も持たない)$$

となる。第1項の組合せの数は4枚のエースから1枚だけ引き，残りの4枚はエース以外のカードから引く組合せの数だから，$_4C_1 \times _{48}C_4$ となる。後者の組合せの数は先に求めた。二つの組合せ数の総和を「5枚任意のカードを引く」組合せの総和で割れば $P(B^C)$ が求まる。この確率より $P(B)$ を得る。

求める条件つき確率は，$P(B|A)=P(B)/P(A)$ で，計算の結果だいたい0.12と求まる。

例 2.10 ある夫婦が結婚後，将来3人の子供を作る計画を立てた。3人の子供の性の組合せは順序も考慮すると8種ある。特に第1子，第2子，第3子の順に（男，男，男）となる確率は 1/8 となる。この確率は，女が少なくとも1人混じる確率 7/8 よりかなり低いと考えられた。時がたち夫婦に2児ができたが，2人とも男子だった。ここで第3子が男である確率を計算してみよう。

A を「最初の2児が男」という事象にしよう。B を「第3子も男である」という事象とする。求めるのは，A のもとで B が起きる条件つき確率である。A が含む根元事象の数は {男，男，男} と {男，男，女} だけだから，$P(A)$ は 2/8=1/4 である。また A と B の積事象は B で，B は1個の根元事象しか含まないから，$P(A\cap B)$ は 1/8 となる。結局，第3子が男になる確率 $P(B|A)$

は 1/2 である。

明らかなように，子供が生まれる前に男子が 3 人生まれる確率は 1/8 だが，2 人生まれた後で 3 人目が男子になる条件つき確率は 1/2 である。第 3 子が男である確率と女である確率は等しい。

例 2.11 交通事故による死亡者数は非常に多いが，シートベルトと事故の関係について，座席別死亡者数に関する資料，表 2.1 を示しておこう。

● 表 2.1 座席別死亡者数 (単位：人)

	運転席	助手席	後部座席
シートベルト非着用	1,867	382	333
シートベルト着用	977	230	18
着用率（近似）	90%	85%	
一般道路着用率	87%	78%	
高速道路着用率	94%	89%	
シートベルト状況不明死者	129	15	15

警察庁交通局より得た（1998 年）。

シートベルト状況が不明な死者は除くが，この資料によって次の結果が強調される。運転席に関しては大体 90％の人がシートベルトを着用している。ところが死亡者のうちで着用していた人は，わずか 34％にすぎない。この確率を $P(シートベルト着用|事故死)=0.34$ と書く。したがって，$P(シートベルト非着用|事故死)=0.66$ となる。

実際に知りたいのは，シートベルト着用者が事故死する確率 $P(事故死|シートベルト着用)$ と，非着用者が事故死する確率 $P(事故死|シートベルト非着用)$ の二つの条件つき確率であるが，残念ながら求めることはできない。しかし二確率の比は，条件つき確率を展開することにより次のように計算できる。

$$\frac{P(事故死|非着用)}{P(事故死|着用)} = \frac{P(事故死\cap 非着用)/P(非着用)}{P(事故死\cap 着用)/P(着用)}$$

$$= \frac{P(\text{非着用} | \text{事故死})}{P(\text{着用} | \text{事故死})} \frac{P(\text{着用})}{P(\text{非着用})} = \frac{0.66}{0.34} \frac{0.90}{0.10} \approx 18$$

最後は運転手に関する数値を用いたが，「シートベルト非着用の人が事故死する」確率は，「シートベルトを着用している人が事故死する」確率より18倍も高いのである。

助手席では85%の人がシートベルトを着用しているが，$P(\text{シートベルト着用} | \text{事故死}) = 0.38$ である。助手席について同様の計算をしなさい。

■ 独立性と従属性

条件つき確率と条件のない確率が同じになるとき，条件つき確率は条件に影響されていない。このとき，二つの事象を互いに独立であるという。事象AとBの独立性の条件は，

$$P(A|B) = P(A) \tag{2.16}$$

あるいは

$$P(B|A) = P(B) \tag{2.17}$$

と定義される。いずれの条件が満たされていても，積事象に関して

$$P(A \cap B) = P(A)P(B) \tag{2.18}$$

が成立する。事象Aが事象Bに影響しないなら，事象Bも事象Aの起きる確率に影響を及ぼさない。

積事象が起きる確率が，個々の事象の起きる確率の積にならないとき，二つの事象は互いに従属であるという。

例によって独立性を説明しよう。

例2.12 赤青2色の歪みのないサイコロを投げるゲームで，「赤のサイコロが偶数になる」事象をAとし，「青のサイコロが2以下になる」事象をBとする。二つのサイコロが示す目の組合せは，総数は36だから，各根元事象が起きる確率は1/36である。事象Aに含まれる根元事象

の数は赤が偶数で，青は1から6までどれでもよいから18，事象Bに含まれる根元事象の数は青が1か2で，赤は1から6までどれでもよいから12となる。AとBの積事象は「赤のサイコロが偶数で，青のサイコロが2以下」という事象であるから，赤の目，青の目の順で記すと，(2, 1)，(4, 1)，(6, 1)，(2, 2)，(4, 2)，(6, 2)の6個の根元事象を含む。

ここで，BのもとでAが起こる条件つき確率を求めると，$P(A|B)=6/12=1/2$となる。他方，Aの起きる確率は，$P(A)=1/2$で，BのもとでのAの条件つき確率と等しい。結果として，事象Bは事象Aが起きる確率に影響を及ぼさない。

AのもとでBの起きる条件つき確率は$P(B|A)=1/3$と求まる。$P(B)$も1/3だから，事象Aは事象Bが起きる確率に影響を及ぼさない。

■ 分 割 表

分割表を説明しよう。例2.12は次のような表2.2によって，事象AとBに伴う根元事象の数を整理することができる。行和の欄は，赤いサイコロが偶数になる根元事象と奇数になる根元事象の数を示す。同様に，列和の欄では，青のサイコロが2以下の場合と，3以上の場合の根元事象の数を示している。総和は36である。表中のb, c, dは，$b=A\cap B^c$, $c=A^c\cap B$, $d=A^c\cap B^c$と書ける3個の事象を表している。したがって，$b=12$, $c=6$, $d=12$などと値を代入できる。

●表2.2 分割表

赤\青	B	B^c	行和
A	6	b	18
A^c	c	d	$c+d$
列和	12	$b+d$	36

一般的には表2.3のようになる。ただし二つの要因xとyがあって，xは事象AとA^cをとり，yはBとB^cをとるとする。一般的な表2.3のもとで，事象Aと事象Bが独立になる場合を分析してみよう。BのもとでのAの条

件つき確率は $P(A|B)=a/(a+c)$,条件のない確率は $P(A)=(a+b)/(a+b+c+d)$ である。だから,A と B が互いに独立であるためには,二つの確率が等しくならなければならない。

$$a/(a+c)=(a+b)/(a+b+c+d)$$

を解けば,独立性の条件

$$ad = bc \tag{2.19}$$

を導くことができる。

●表2.3 分割表

$x \backslash y$	B	B^c	行和
A	a	b	$a+b$
A^c	c	d	$c+d$
列和	$a+c$	$b+d$	$a+b+c+d$

ところで事象 A と事象 B が互いに独立であれば,(2.19)式より A の行と列和の行を眺めれば,$P(A|B^c)=P(A)$ となっていることがわかる。さらに,4個の事象 A と事象 B の組合せに関する**同時確率（同時相対度数）**は,各々の**周辺確率（周辺相対度数）**の積に等しいことが証明できる。同時確率は3.5節の同時確率関数に発展する。

赤と青のサイコロの例では,明らかに $ad=bc$ が成立している。

■ 独立な試行

今までの例では,一つの試行の中で硬貨を2個投げたりサイコロを2個投げたりする試行を分析した。しかしこれらの試行は硬貨を1個投げる試行を2回繰り返したとみなしてよく,個々の試行の結果が他の試行の結果に影響を与えない**独立な試行**であることがわかる。

大小2個の硬貨を投げる例でも,大硬貨の結果と小硬貨の結果の間には規則性は現れない。つまり大硬貨が表なら小硬貨は必ず裏であるといった関係はない。そして,大硬貨と小硬貨を同時に投げる試行は,大硬貨を投げる試行と,小硬貨を投げる独立な試行からなると考えればよい。

2.3 独立な事象と条件つき確率

　硬貨の例では表と裏の四つの組合せを根元事象とし，根元事象は等確率で生じるとしてきた．独立な試行の観点からは次のようになる．試行としては硬貨を1回投げることを当てはめ，標本空間 S は｛表，裏｝としておく．もちろん表あるいは裏の出る確率は 1/2 とする．このような試行を 2 回繰り返すと，通常試行の各々は独立で他の試行の結果に影響を及ぼさない．そうすると 1 回目に表が出る事象を A，2 回目に表が出る事象を B とすれば，$P(A\cap B)=P(A)P(B)=1/4$ となる．他の組合せについても同じである．

例 2.13　あるロボットには 3 個の分離した回路部があるとする．ロボットが機能するためには，すべての回路部が作動しないといけない．安全のために個々の回路部が二重になっていて，1 個が故障しても残りが作動すればよいようになっているとしよう．ある回路部の補完的な 2 個の回路がともに故障するとロボットは動かなくなる．回路は全部で 6 個になるが，個々の回路の故障率は 0.1 だとしておく．この故障率は他の回路の状態に依存しないとする．このロボットについて，a) 最初の回路部を信号が通過しない確率を求めよう．この計算は二重の回路の両方が故障する確率で，0.1 の 2 乗になる．b) 最初の回路部を信号が通過する確率を求めよう．この事象は a) の事象の補集合になっているから容易に求まる．c) すべての回路部を信号が通過する確率を求めよう．この事象は 3 個の独立な試行から成立するから，b) の 3 乗として求まる．

例 2.14　独立な試行と考える方が便利な例として，硬貨を表が出るまで投げ続ける試行を分析しよう．標本空間は $S=$｛表，裏｝，表と裏が出る確率は 1/2 とする．表を H，裏を T とすれば，n 回目に H が出るには T が $(n-1)$ 回続き，最後に H が出ればよい．1 回 1 回の硬貨投げは独立な試行だから，n 回目に H が出る確率は，

$$P(\{T\})P(\{T\})\cdots P(\{T\})P(\{H\})=(1/2)^n$$

となる．ここで $\{T\}$ などは根元事象である．したがって「4 回までに表が出

る」確率は「1 回目に出る，あるいは 2 回目に出る，あるいは 3 回目に出る，あるいは 4 回目に出る」確率だから

$$(1/2)+(1/2)^2+(1/2)^3+(1/2)^4=15/16$$

と非常に 1 に近くなる．1 回目に出る確率から n 回目に出る確率までの和は**等比数列**の和の公式により求めることができる．n の極限をとれば，「いつか表が出る」確率は 1 になる．同じ結果は「永久に表が出ない」という余事象の確率を 1 から引いても求まる．n 回目まで表が出ない確率が $(1/2)^n$ であるから，「永久に表が出ない」確率は，n の極限をとって 0 になる．

2.4 ベイズの定理*

■ **条件と結果の入れ替え**

条件つき確率が与えられている際に，条件となっている事象と結果となっている事象を逆にした確率を求めたいことがある．二つの事象を A と B とすると，与えられている条件つき確率 $P(A|B)$ を使って逆の条件つき確率 $P(B|A)$ を導くのが問題である．因果関係を逆にした確率を求めるといってもよいだろう．

1 個の条件つき確率が与えられているだけでは，条件と結果を逆にした確率を求めることはできない．18 世紀にイギリスの僧侶ベイズ（Bayes）は複数の条件つき確率を使って便利のよい定理を考案した．

▶ **ベイズの定理**

$$P(A|B)=\frac{P(B|A)P(A)}{P(B|A)P(A)+P(B|A^C)P(A^C)} \quad (2.20)$$

例 2.15 癌の検診に当たって，被検診者は癌を患っていると感じている人たち A と，癌を患っているとは感じていないが一応診てもらおうという人たち A^C に二分できるとしよう．A の割合は 30%，A^C の割合

は70％で，さらに従来の検診の結果，A のうち5％が癌を持ち，A^C のうち1％が癌を持っていることがわかっているとしよう．癌を持つという事象を B，その余事象を B^C とする．過去の観察から得られたデータは，

$P(A) = 0.3, \ P(A^C) = 0.7,$
$P(B|A) = 0.05, \ P(B|A^C) = 0.01$

となる．

以上の確率をもとにして，実際に「癌にかかっている」人（B）が，自分でも「癌にかかっていると感じている（A）」確率を求めよう．$P(A|B)$ の分子は，0.05×0.3=0.015，分母は，0.05×0.3+0.01×0.7=0.022 となる．求める確率は 15/22 である．$P(A^C|B)$ は，1から $P(A|B)$ を引いて，7/22 となる．

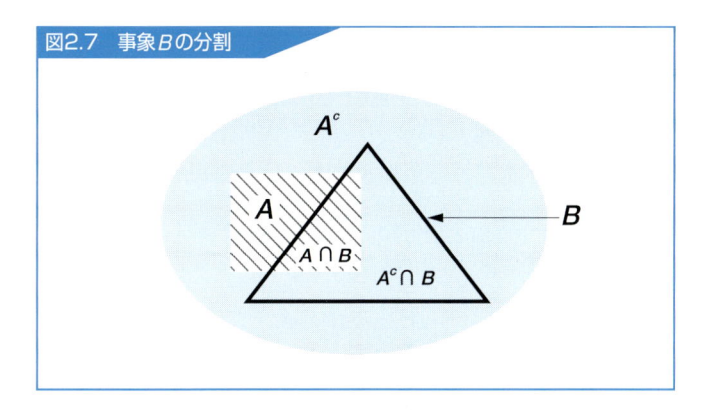

図2.7　事象 B の分割

証明　条件つき確率の定義により，求めたい条件つき確率は

$$P(A|B) = \frac{P(A \cap B)}{P(B)} \tag{2.21}$$

となる．分子は，既知の条件つき確率などを計算に使うために

$$P(A \cap B) = P(B|A)P(A) \tag{2.22}$$

と計算する．また分母は，図2.7から理解できるように，

$$P(B) = P(B \cap A) + P(B \cap A^C) \tag{2.23}$$

と分割する。B の事象は排反事象により二分されている。最終的に，条件つき確率を再び用い，

$$P(B) = P(B|A)P(A) + P(B|A^C)P(A^C) \tag{2.24}$$

と分母が求まる。　　　　　　　　　　　　　　　　　　　　　　　（終わり）

■ 一般の場合

原因の数が多数ある場合に定理を拡張しよう。A_1 から A_k を事象 B の互いに排反でかつ包括的な原因とする。個々の原因 A_i のもとで結果 B が生じる条件つき確率が既知として，原因と結果を逆にした確率を求めよう。結果 B が生じたという条件のもとで原因が A_i である確率を求めるのである。定理は次式で与えられる。

$$P(A_i|B) = \frac{P(B|A_i)P(A_i)}{P(B|A_1)P(A_1) + \cdots + P(B|A_k)P(A_k)} \tag{2.25}$$

左辺の条件つき確率と右辺の条件つき確率では，原因結果の順番が逆になっていることに特に注意しよう。定理の条件は，$A_1, A_2, \cdots, A_k$ が互いに排反かつ包括的な原因であるから，事象 B が

$$B = (B \cap A_1) \cup (B \cap A_2) \cup \cdots \cup (B \cap A_k) \tag{2.26}$$

と，分割できることである。図 2.8 は k が 3 の場合である。

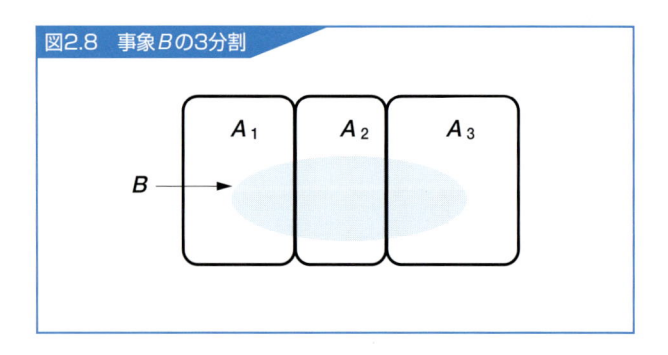

図2.8　事象 B の3分割

証明 定義により，$P(A_i|B)=P(B\cap A_i)/P(B)$ となる．排反事象の性質により，事象 B が起きる確率は

$$P(B) = P(B\cap A_1) + P(B\cap A_2) + \cdots + P(B\cap A_k) \tag{2.27}$$

と分割できる．さらに右辺の各積事象の確率は，たとえば

$$P(B\cap A_1) = P(B|A_1)P(A_1) \tag{2.28}$$

と条件つき確率を用いて書き直すことができる． （終わり）

例 2.16 ある都市銀行で住宅ローンの返済不履行の状況を調査したところ，返済不能になった人のうち 3 割は審査を優良でパスしていた．他方，返済上の問題がなかった人のうち 8 割は審査を優良でパスしていることもわかった．ちなみに，返済不能になる人は全体の 5 %，返済上の問題がない人は 95 % だとわかっている．このような情報をもとにして，審査を優良でパスしながら返済不能に陥る人の確率を計算してみよう．

返済不能を事象 B，返済完了を事象 B^C，優良でパスを事象 A とすれば，$P(A|B)=0.3$，$P(A|B^C)=0.8$，$P(B)=0.05$，$P(B^C)=0.95$ と表現できるから，ベイズの定理により $P(B|A)=3/155$ と求まる．

例 2.17 事故の発生状況についての次のデータを見てみよう．この表の第 2 行と 3 行では，シートベルト着用非着用を条件とし，事故の状況を結果とした条件つき確率がデータとして与えられている．このデータを使えば，ベイズの定理により，事故状況を所与としたときに運転手がシートベルトを着用している確率が計算できる．たとえば大破事故を見たと

●表 2.4　事故の発生状況とシートベルト

	大破	中破	小破	軽微	無損	総和
着用	11.2	29.8	47.2	11.4	0.4	100.0
非着用	24.5	34.7	31.6	7.0	2.1	100.0
条件確率（着用 | 状況）	80.4	88.5	93.1	93.6	63.2	(%)

参考：『交通安全白書』(1989 年)

き，その車の運転手がシートベルトを着用している確率を計算するのである。同様に，中破事故のなかでの着用割合，小破事故の中での着用割合などが求められる。ただしシートベルト着用率は90%とする。

　計算結果は第4行に与えられている。大きな事故では，運転手がシートベルトをしている確率は，平均シートベルト着用率90%より低くなり，小さな事故では平均シートベルト着用率90%より高くなる。ただし無損事故については，無損は事故と処理されない可能性があるためか，意外な結果になっている。

練習問題

1. トランプから1枚のカードを引くとき，そのカードがハートである事象を A，絵札である事象を B として，加法定理が成立することを証明しなさい。

2. サイコロを3回投げて目の和が4以下になる確率を求めなさい。

3. サイコロを3回振って出た目のうち，{1}と{6}は10点，{2}と{5}は5点，{3}と{4}は0点とする。3回の合計点が20点となるような組合せの数は何通りあるか。(1種国家公務員試験)

4. 1から20までの整数を一つずつ書き込んだカードが20枚あり，1から30までの整数を書き込んだカードが30枚ある。各々の束から1枚ずつカードを引いたとき，2枚のカードに書き込まれている整数の差が10以上である確率はいくらになるか。(1種国家公務員試験)

5. 赤青緑のサイコロを投げて，目の和が6であるという条件のもとで3個の目が等しくなる確率を求めなさい。同様に，目の和が9である条件のもとで目が等しくなる確率を求めなさい。

練習問題

6. ある大学の学生は表 2.5 のような構成になっていたとする。このデータより,
   a) ある学生が 3 年生である確率を求めなさい。
   b) ある学生が 2 年生でかつ女子である確率を求めなさい。
   c) ある男子の学生が選ばれた。この学生が 2 年生である条件つき確率を求めなさい。
   d) もし 22 歳以上という事象と女子学生であるという事象が独立ならば,ある学生が女子でかつ 22 歳以上である確率を求めなさい。

●表 2.5

	1 年生	2 年生	3 年生	4 年生
男子	1,325	1,200	950	1,100 人
女子	1,100	950	775	950 人
22 歳以上	85	125	350	850 人

7. 大学野球の A チームは 3 人の投手を持ち,B チームは 2 人の投手を持つ。練習試合の結果,この 5 人の投手の起用に関して,表 2.6 が得られた。表中で 1 は $P(X\cap P)$,2 は $P(X\cap Q)$ などと定義される。$P(Q)$ は Q が投げる確率とする。次の確率を求めなさい。
   a) $P(X|P)=0.2$ として,1 と 4 の確率を求めなさい。
   b) $P(X|Q)=0.8$,$P(X|R)=0.7$ とすると,$P(Q|X)$ はいくつになるか。また $P(X\cup P)$ を求めなさい。
   c) A 大の投手選択と B 大の投手選択は,独立な事象かどうか検討しなさい。

●表 2.6

B 大 \ A 大	P	Q	R	和
X	1	2	3	$P(X)$
Y	4	5	6	$P(Y)$
	$P(P)=0.3$	$P(Q)=0.5$	$P(R)=0.2$	1

8. 【例 2.15】「癌を患っていない人が癌を患っていると感じる」確率 $P(A|B^C)$ を求めなさい。

9. 【例 2.16】 返済不能になった人のうち,優良で審査をパスした人は 7 割,返済上問題がなかった人のうち優良でパスした人は 8 割とする。優良でパスした人のうち返済不能に陥る人の確率を求めなさい。

■ コラム 株価の確率的変動

金融工学では株価の変動は確率変数によって表現される。銘柄 X の現時点での株価を X_t とすると，同じ銘柄の次の時点での株価 X_{t+1} は，$X_{t+1}=X_t+\varepsilon_t$ と書かれる。ε_t は確率変数で，その値は未知である。ε_t は現時点 t（たとえば今月）と次時点 $t+1$（たとえば来月）の間に生じる予期できない変動を表現している。簡単な分析では，ε_t はプラス A 円かマイナス B 円のいずれの値しかとらないとされる。A 円得をするか B 円損するかということだが，どちらになるかはあらかじめ定まっているわけではなく，硬貨投げのように予測できない方法で決まる。

一般的には，ε_t は0を中心として任意の値をとる確率変数である。分布の中心を期待値 $E(\varepsilon_t)$ と呼び，それが0の場合は分布関数を用いて $E(\varepsilon_t)=0$ と計算される。分布関数とは，確率変数がどの値をいかなる確率でとるかという情報を集約する関数である。図2.9は株式投資の収益図である。株価が100円値上がりすれば100円の利益が出るが，次期の株価は誰にもわからない。

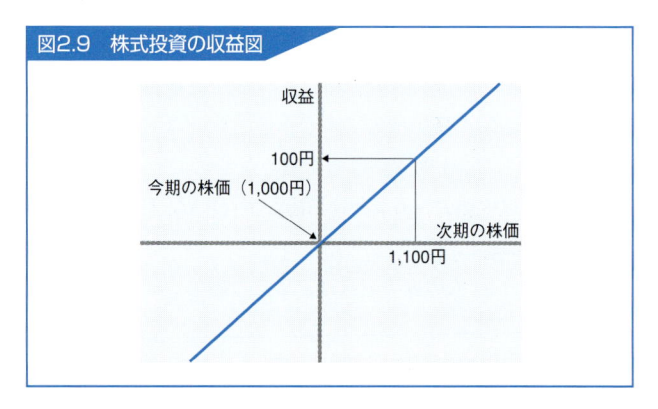

図2.9 株式投資の収益図

理論的には株式の収益率を分析の対象におく。収益率は，一期分の損得，あるいは変化分 $X_{t+1}-X_t$ を投資額 X_t で割って得られる。株式投資の場合，株式の収益率は一期分の郵便貯金利子率 r と比較される。利益率が少なくとも r はあると予想されるから株式に投資するのである。この様に考えると，先の式ではなく，収益率に関する式，$(X_{t+1}-X_t)/X_t=r+\varepsilon_t$ が分析の対象になる。

一期ごとの分析を瞬間的な時間変化に対する分析に拡張すると，収益率の式は，$dX_t/X_t=rdt+\sigma dW_t$ となる。dX_t は瞬間的な株価の変動分，rdt は瞬間的な時間に対する利子率，そして σdW_t は瞬時における確率的変動である。この様な式を**確率微分方程式**という。

3

確率変数とその分布

　第2章では試行の結果得られる事象と，事象の確率を説明した。そして確率とは，0から1までの数値で表した，事象が起きる可能性の尺度であると定義した。第3章では，事象の代わりに確率変数を利用して，確率変数によって試行の結果を表す。確率変数は，様々な値をあらかじめ定まった確率を伴ってとる。そして確率関数は，確率変数がとる値と，その値が出る確率の情報をすべて含む関数である。

　確率関数は連続確率変数の分布関数と密度関数に拡張される。さらに分布を代表する値として期待値と分散が定義される。

3.1 離散確率変数と確率関数

■ 確 率 変 数

　確率変数とは何らかの現象を観測している際に変動する量のことをいう。内閣の支持率を調査しているなら，調査の回答が確率変数 X である。確率変数 X の値は内閣を支持しているなら 1，支持していないなら -1，回答がないなら 0 という様に便宜上与える。

　A 君にとって，内閣支持不支持の質問はばかげていて始めから内閣不支持に決まっている，だからこの調査への返答は変動する量とは考えられないといった疑問が出るかもしれない。しかし A 君がこの調査で質問を受けるかどうかは事前に知られていないから，結果的には A 君の答えそのものが確率変数であるとしてよい。身長の調査などでも，A 君の身長は伸びたり縮んだりいつも変動しているわけではない。この場合も，A 君が調査に選ばれるかどうかはあらかじめ予期できないから，A 君の身長も確率変数である。

　A 君の知能指数などのように結果が未知なら理解が容易かもしれないが，A 君が調査に選ばれるかどうかわかっていないことが重要である。異なる例としては，電気工場で作られる電球の寿命がある。電気工場では生産される電球のごく一部がランダムに抽出され，そして抽出された電球の寿命が測られる。もちろん電球の寿命が確率変数 X である。

　このように確率変数とは直感的になじみやすい概念なのだが，数学的には扱いが難しい。本書では確率変数の数学的な定義は与えない。

■ 確 率 関 数

　硬貨を投げて，表が出る確率を 1/2，裏が出る確率を同じく 1/2 とする。ここで「表が出る」なら確率変数 X の値を 1 とし，「裏が出る」なら X の値を -1 とする。このように確率変数を決めておくと，事象が生じる確率を $P(\{表\})$ とか $P(\{裏\})$ というふうに定める必要はなく，

$$p(1) = \frac{1}{2}, \ p(-1) = \frac{1}{2} \tag{3.1}$$

と，確率変数 X の値でもって表現できる。あるいは，確率変数 X を明示して

$$p_X(1) = \frac{1}{2}, \ p_X(-1) = \frac{1}{2} \tag{3.2}$$

と表現する記述法もしばしば使われる（特定の事象の確率を記述する際には大文字の $P(\cdot)$ を用い，確率変数のとる値と，その値が生じる確率を記述する際には小文字の $p(\cdot)$ を用いることにしよう）。このように，確率変数のとる値とその値が生じる確率をまとめたのが確率関数である。

確率関数の定義域は実数域全体とし，1 と -1 以外の実数 x については $p(x)=0$ と定めておく。以上の事象と確率変数の値，そして確率関数の関係が図 3.1 で描かれている。各事象と横軸を結ぶ矢印が確率変数である。

以下では，混乱の起きない限り (3.1) 式の記述方法を用いよう。一般に大文字 X は確率変数を表し，小文字 x は実数を表すとする。

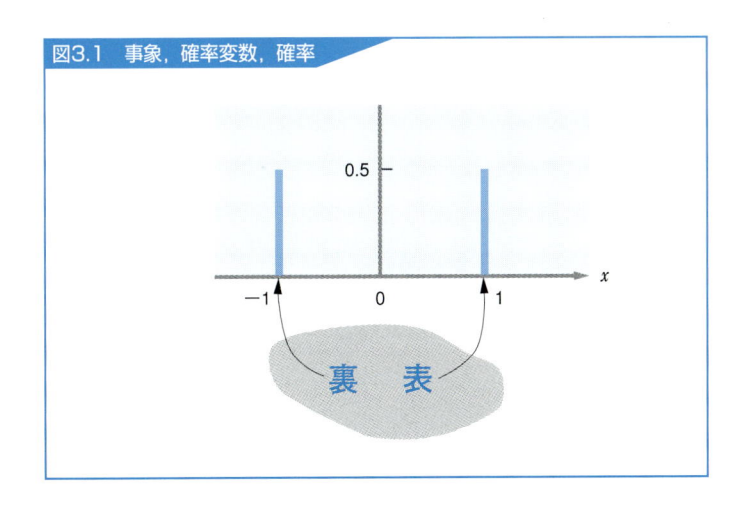

図3.1 事象，確率変数，確率

サイコロを 1 回投げる例では，出る目がすでに整数値だから，目の数を確率変数の値とするのが自然であろう．だから，

$$X(\{1\})=1, \ X(\{2\})=2, \ \cdots, \ X(\{6\})=6 \tag{3.3}$$

と確率変数を定める．個々の根元事象が起きる確率は，確率関数によって，

$$p(1)=\frac{1}{6}, \ p(2)=\frac{1}{6}, \ \cdots, \ p(6)=\frac{1}{6} \tag{3.4}$$

と記してもよい．他の実数値 x については $p(x)=0$ と定義する．

最後に一般の場合について確率関数を定義しよう．

▶ **定　義**

確率変数 X が実数値 $x_1<x_2<\cdots<x_m$ をそれぞれ 0 でない確率 $p(x_1)$, $p(x_2)$, $\cdots$, $p(x_m)$ を伴ってとり，他の実数値では $p(x)=0$ であるとする．定義域をすべての実数とする関数 $p(\cdot)$ を確率関数と呼ぶ．

■ 累積確率分布関数

確率変数 X が実数 x より小さいか等しい確率を $F(x)$ と記述すると

$$F(x)=P(\{X\leqq x\})=\sum_{i=1}^{j} p(x_i) \tag{3.5}$$

となる．x_j は X が正の確率を伴ってとる実数値のうち，高々 x に等しい値である．関数 F を確率変数 X の **累積確率分布関数**，あるいは略して分布関数という．サイコロの例では x が 1 以上で 6 以下の実数のとき，k を x 以下で最大の整数としておくと，分布関数は

$$F(x)=p(1)+p(2)+\cdots+p(k)=\sum_{i=1}^{k} p(i) \tag{3.6}$$

となる．x が 1 未満ならば，$F(x)=0$，6 以上であれば $F(x)=1$ である．確率関数と分布関数の関係は次の図 3.2 から理解できよう．

図3.2 分布関数と確率関数

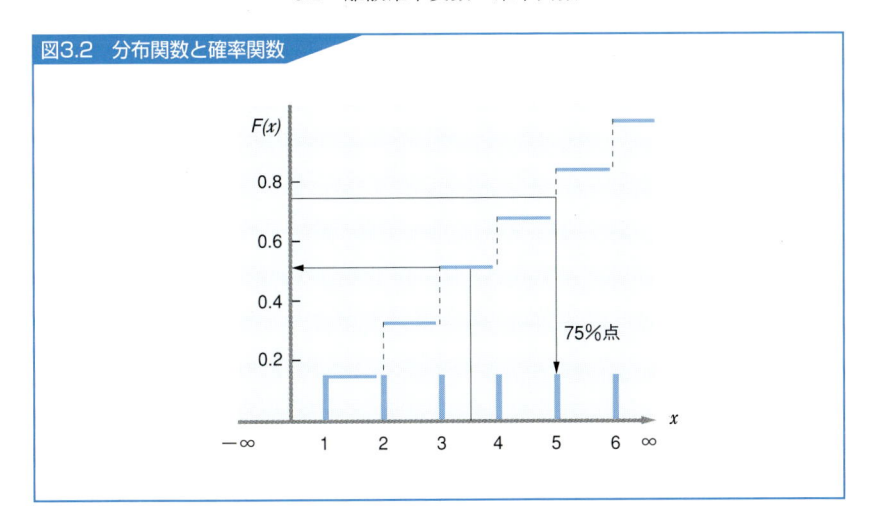

例 3.1 硬貨を 2 個投げるゲームでは，確率変数 X を表の数と定義すればよい。表の数は 0 か 1 か 2 で，確率関数は，

$$p(0)=\frac{1}{4},\ p(1)=\frac{1}{2},\ p(2)=\frac{1}{4}$$

となる。他の実数値については，$p(x)=0$ と定める。各確率は，X の値に対応する根元事象の数を，根元事象の総数 4 で割った値となっている。標本空間をもとにした確率の表現では

$$P(\{裏,\ 裏\})=\frac{1}{4},\ P(\{裏,\ 表\} \cup \{表,\ 裏\})=\frac{1}{2},\ P(\{表,\ 表\})=\frac{1}{4}$$

などとなる。

例 3.2 サイコロ投げの例で，出た目が 5，6 なら 10 円もらい，3，4 なら支払いなし，1，2 なら 10 円払うという賭においては，賭値を確率変数の値と定義すればよい。つまり，$X(\{1\})=-10$，$X(\{2\})=-10$，$X(\{3\})=0$，$X(\{4\})=0$，$X(\{5\})=10$，$X(\{6\})=10$，とする。確率関数も容易に定めることができる。

例 3.3 赤と青のサイコロを転がすゲームでは，目の和を確率変数とする。つまり $X=i+j$ で i は赤，j は青の目である。X が正の確率を伴ってとる値は 2 から 12 までの整数で，2 から 12 までの任意の整数を k とすれば

$$p(k) = P(\{X=k\}) = P(\{i+j=k \text{ を満たす } (i, j) \text{ の組合せ数}\})$$

と確率関数を決めることができる。確率関数の値は，個々の k に対応する根元事象の数を，36 で割れば求まる。上記の整数値以外では確率関数の値は 0 となる。

確率関数の例から明らかなように，標本空間に含まれる根元事象の数が整数の数と等しい場合には確率関数が定義できる。いままで紹介してきた例はすべてこの条件を満たすもので，このような標本空間に関して定められた確率変数を**離散確率変数**と呼ぶ。もし標本空間が連続ならば確率変数の特定の値に対応する確率を求めることはできない。これは 2.1 節で説明された，丸鉛筆の例 2.3 より明らかだろう。

3.2 連続確率変数と密度関数

■ **分布関数**

連続な標本空間を考えよう。例 2.3 において，a と b を c よりも小とすると，弧の長さ X が a よりも大で b よりも小である事象の確率は

$$P(\{a \leqq X \leqq b\}) = \frac{b-a}{c} \tag{3.7}$$

となる。

確率変数 X は離散確率変数と違って，c よりも小さいすべての正の実数値をとる。この性質は標本空間が連続な区間であることに起因している。このように，標本空間が連続である確率変数を**連続確率変数**と呼ぶ。X は 0 から c までのすべての実数をとりうるので，離散確率分布のように，たとえば $\{X$

$=d$} といった特定の実数については，正の確率を定義できないことはすでに述べた。

連続確率変数の場合は $\{X=d\}$ といった事象の確率が 0 であるため，離散確率変数と違って確率分布とか確率関数を定めることはできない。しかし，離散確率変数と同様に分布関数が定義できる。すべての実数 x について，分布関数 $F(x)$ は

$$F(x) = P(\{X \leqq x\}) \tag{3.8}$$

と定義される。分布関数は**累積分布関数**とも呼ばれる。累積とは総和のことだから，確率変数 X が x より小さい値をとる確率の総和が分布関数によって与えられる。例 2.3 では $F(x)=x/c$ となる。ただし x は c より小さい正の実数である。

例3.4　図 3.3 は丸い鉛筆の断面図で，円周は便宜的に 1 とする。鉛筆を転がした際に転がった距離 z が測れるように，矢印をつける。また，0 からの距離 z に対して，縦軸座標値を，$-\log(1-z)$ と，自然対数を用い定める。したがって，距離 1/4 での縦軸座標値は $-\log(1-(1/4))$，1/2

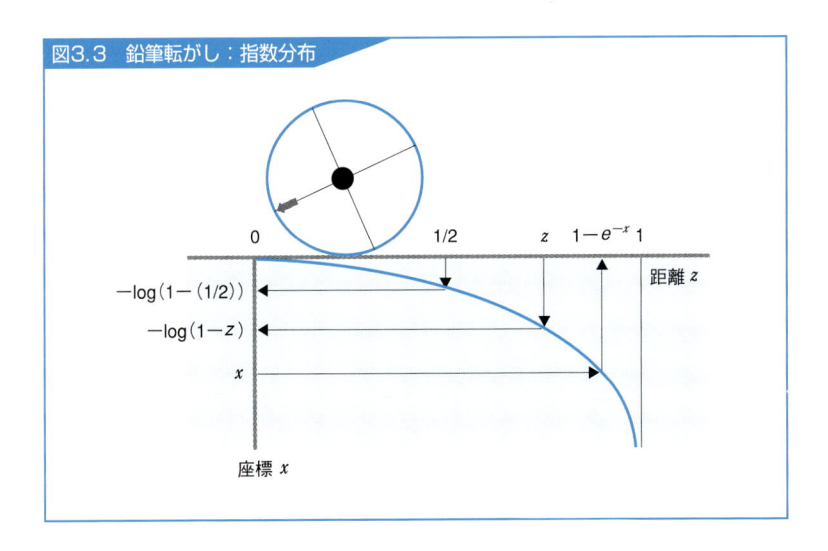

図3.3　鉛筆転がし：指数分布

では $-\log(1-(1/2))$ などとなる。距離1での縦軸座標値は無限大とする。一般的には，縦軸座標値と距離の関係，$x=-\log(1-z)$，を x について解いてみればわかるが，任意の縦軸座標値 x が与えられれば，x は距離 $z=1-e^{-x}$ に対応している（e は自然対数の底で，図3.3 の曲線は $z=1-e^{-x}$ である）。

ここで確率変数 X は鉛筆が止まった位置の縦軸座標値と定義する。ところが以上の分析により，X の分布関数は

$$F(x) = P(X \leq x) = 1 - e^{-x}$$

と定義してよい。なぜなら丸鉛筆を転がすのであるから，確率変数 X が縦軸座標値 x 以下になる確率は，x に対する距離 $z=1-e^{-x}$ に等しいと考えてよいからである（例2.3を参照せよ）。

導かれたのは指数分布関数である。この例を拡張すれば，任意の分布関数を持つ連続確率変数の標本空間を定義できるが，3.4節では正規確率変数に応用する。

■ 密度関数

連続確率変数についても確率関数に似た概念を定義することは有用である。そのためには分布関数の導関数を求め，この導関数を確率密度関数あるいは密度関数と呼ぶ。座標 x における密度関数は $f(x)$ と表記されることが多いが，定義は

$$f(x) = \frac{dF(x)}{dx} \tag{3.9}$$

である。確率変数を明らかにするため，大文字 X を f の下付き添え字として $f_X(x)$ と記すこともある。密度関数を使えば，微小区間の確率が導関数の性質により

$$P(\{x \leq X \leq x+\Delta x\}) = F(x+\Delta x) - F(x) \approx f(x)\Delta x \tag{3.10}$$

と近似できるが，Δx は微小な値，$\approx$ は近似を意味する（離散確率変数については確率関数，連続確率変数については密度関数が定義されるが，最近アメリカで使われている教科書の一部では，離散確率変数に関する確率関数さ

えも密度関数と呼んでいる)。

図 3.4 では,ある座標値における分布関数の高さが密度関数の面積になっていることを示している。密度関数の総面積は 1,そして分布関数の高さは 1 を上限とする。

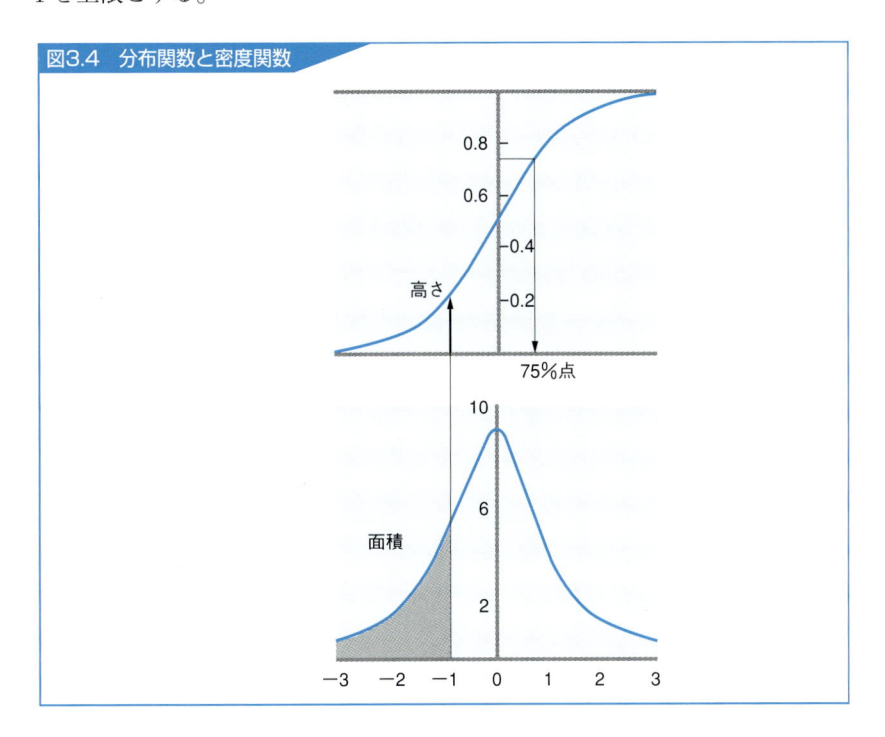

図3.4 分布関数と密度関数

例 2.3 では

$$f(x) = \frac{1}{c} \qquad 0 \leqq x \leqq c$$
$$ = 0 \qquad \text{上記の区間外} \tag{3.11}$$

となる。密度関数は分布関数の導関数であるから,逆に分布関数は密度関数の区間 $(-\infty, x)$ での定積分

$$F(x) = \int_{-\infty}^{x} f(t)dt \tag{3.12}$$

と導くことができる。分布関数の x における値は,密度関数の負の無限大か

らxまでの面積である。

■ 分布関数の性質

確率変数 X がある区間に入る確率は，積分の性質により

$$P(\{a \leqq X \leqq b\}) = F(b) - F(a) \tag{3.13}$$

と求まる。密度関数の a から b までの面積がこの事象の起きる確率である。

確率が公理という制約を満足しなければならなかったように，分布関数は次の基本的な性質を満足しなければならない。

D1　$0 \leqq F(x) \leqq 1$, $F(-\infty) = 0$, $F(\infty) = 1$
D2　$x < x'$ なら，$F(x) \leqq F(x')$

この性質は，確率の公理と連続な実数区間からなる標本空間を合わせれば導出できる。さらに，連続確率変数であれ離散確率変数であれ，D1 と D2 を満たす関数があれば，すべて分布関数として扱えることは重要である。

例3.5　x が負値ならば $F(x)=0$，$0 \leqq x \leqq 1$ については $F(x)=x^a$，1 より大なら $F(x)=1$ とする。a は正の実数である。この関数は分布関数の条件を満たし，$0 \leqq b \leqq c \leqq 1$ とすれば

$$P(\{b \leqq x \leqq c\}) = F(c) - F(b) = c^a - b^a$$

となる。密度関数を導いてみよう。どのような標本空間からこの分布関数が生じるのか，例 3.4 をもとにして考えてみよう。

例3.6　関数 $F(x)$ の定義は，$x \leqq 0$ で 0，$0 \leqq x \leqq 1/2$ で x^2，$1/2 \leqq x \leqq 1$ で $1-3(1-x)^2$，$1 \leqq x$ では 1 である。この関数が分布関数の条件を満たすことは容易に検討できる。関数 $F(x)$ の図を描いてみよう。この分布関数においても x が任意の区間に入る確率が簡単に計算できる。密度関数を導いてみよう。

3.3 分布の代表値

　確率変数に関する情報は分布関数にすべて集約されている。分布関数と確率関数，そして分布関数と密度関数は一意に対応しているのが通常だから，確率関数や密度関数にも確率変数のすべての情報が含まれている。だから確率変数の性質を知りたいならば，分布関数，密度関数，あるいは確率関数を調べればよいが，関数を表現する式や図形を検討するだけでは直感的に分布全体の性質を把握する尺度が得られない。これは，何らかの観測データから得た相対度数分布によって標本全体の特徴を直感的にまとめるのが困難である事と変わらない。3.3 節では，1.1 節で説明したデータの代表値と同様に，確率分布の特徴を要約する代表値を説明しよう。一言加えるならば，理論的な代表値は，相対度数分布をまとめる際に使われた代表値と同じ意味内容を持つ。つまり分布関数における平均，分散，標準偏差，そして様々なパーセント点（分位点）が 3.3 節で紹介される代表値である。最後に，より一般的な概念として**期待値**を説明する。

■ 確率変数の平均値（期待値）

　平均値は確率分布の中心を示す代表値の一つである。確率変数の密度関数や確率関数が与えられているなら，分布の全体は図 3.5 のように平均値において支えることができる。物理用語では平均値は**重心**と呼ばれる。平均値は期待値と呼ばれることもあるが，これは先で説明する用語からきている。

　次の公式により確率変数の平均値を計算する。連続確率変数については密度関数を $f(x)$ として，平均を μ と書くと

$$\mu = \int_{-\infty}^{\infty} x f(x) dx \tag{3.14}$$

離散確率変数 X に関しては，X が x_1, x_2, $\cdots$, x_m の m 個の値を正の確率 $p(x_1)$, $p(x_2)$, $\cdots$, $p(x_m)$ を伴ってとるとすると，

図3.5　平均値：重心

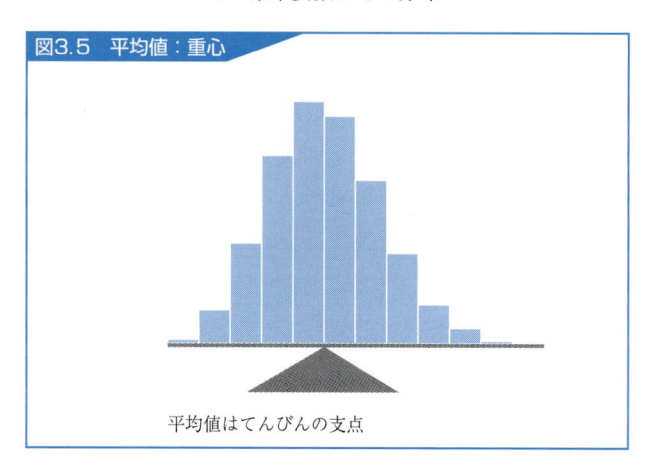

平均値はてんびんの支点

$$\mu = x_1 p(x_1) + x_2 p(x_2) + \cdots + x_m p(x_m)$$
$$= \sum_{i=1}^{m} x_i p(x_i) \tag{3.15}$$

となる。ギリシャ文字 μ はミュウと読み，平均値の記号としてよく使われている。確率変数 X の平均値であれば μ_X，確率変数 Y の平均値であれば μ_Y，と，扱われている確率変数が明示されることもある。離散の場合は確率 $p(x_1)$ から $p(x_m)$ の和が1だから，x_1 から x_m の座標値に，確率の重みをつけた加重平均が平均値である。

連続確率変数では座標値が際限なくあるから，座標値と確率の積和は計算できない。そこで，座標値と密度の積の積分値として定義される。

■ 分散と標準偏差

確率変数の平均値は分布の中心位置を示す代表値だが，中心位置の周辺での確率変数の広がり具合を示す代表値として確率変数の分散がある。散らばりを測りたいから平均値から測った「はずれ」の2乗 $(X-\mu)^2$ の加重平均を計算して分散と呼ぶ。加重平均に用いる重みは各座標値における密度や確率が使われる。連続確率変数については，x を積分変数として

$$V(X) = \int_{-\infty}^{\infty} (x-\mu)^2 f(x) dx \tag{3.16}$$

と定義され，離散確率変数については

$$\begin{aligned} V(X) &= (x_1-\mu)^2 p(x_1) + \cdots + (x_m-\mu)^2 p(x_m) \\ &= \sum_{i=1}^{m} (x_i-\mu)^2 p(x_i) \end{aligned} \tag{3.17}$$

と定義される。

確率変数 X の分散は $V(X)$，とか $\mathrm{var}(X)$ と記される。離散型では分散の意味も説明しやすい。平均値から離れた値では「はずれ」の2乗は大きいが，もしその値をとる確率が非常に小さいならば，あまり影響がない。確率関数が平均値のまわりで「厚く」，平均値から遠くはずれた値では非常に「薄い」ならば，確率関数が正である範囲が広くとも分散は小さくなる。逆の場合も容易に考えられよう。連続型では密度関数が平均値から遠くで「厚い」と，積分が発散することもある。

分散の正の平方根は確率変数の**標準偏差**と呼ばれ，よく利用される代表値である。標準偏差は sd，$s.d.$，あるいは D と記される。ギリシャ文字 σ（シグマ）で示されることも多い。

■ 期待値計算*

平均値や分散は，連続確率変数では密度関数を重みとした加重平均である。離散確率変数では，密度関数の代わりに確率関数を重みとした加重平均である。このような平均値や分散の一般的な操作法として**期待値**が知られている。期待値は**確率変数の関数**の平均値である。確率変数の任意の関数を $g(X)$ と書くなら，連続確率変数では x を積分変数として

$$E(g(X)) = \int_{-\infty}^{\infty} g(x) f(x) dx \tag{3.18}$$

と定義され，離散確率変数では

$$E(g(X)) = g(x_1)p(x_1) + \cdots + g(x_m)p(x_m)$$
$$= \sum_{i=1}^{m} g(x_i)p(x_i) \tag{3.19}$$

と定義される。確率変数 X の平均値は $g(X)=X$，分散は $g(X)=(X-\mu)^2$ と関数 g を定めた場合の期待値である。

期待値には操作上便利な性質がいくつかあるが，そのうち特に重要なものをここで紹介しよう。一般的に，

$$E(\text{定数}) = \text{定数} \tag{3.20}$$

で，「定数の期待値は元の定数」に戻る。確率変数 X の平均値からの「はずれ」の期待値を計算すると，

$$E(X-\mu) = E(X) - E(\mu) \tag{3.21}$$

と分解できる。第1項は平均値だから μ と求められる。第2項 μ の平均値は μ と求まる。したがって「はずれ」の平均値は0になる。a と b を定数とし，$g(X)=aX+b$ とすれば，

$$E(aX+b) = aE(X) + b \tag{3.22}$$

となる。確率変数の「1次式の期待値は，期待値の1次式」である。

複数の確率変数 X と Y が存在するなら，

$$E(X+Y) = E(X) + E(Y) \tag{3.23}$$

となり，「和の期待値は期待値の和」であるという公式が成立する。証明には同時分布が必要である。(3.62)式など参照されたい。同様に二つの関数 $g(X)$ と $h(X)$ については，和の期待値は期待値の和に分解できて

$$E\{cg(X) + dh(X)\} = cE\{g(X)\} + dE\{h(X)\} \tag{3.24}$$

となる。ただし c と d は定数とする。

■ 分散式の分解

期待値の定義より，分散は，

3.3 分布の代表値

$$V(X) = E\{(X-\mu)^2\}$$
$$= E(X^2 - 2X\mu + \mu^2)$$
$$= E(X^2) - E(2X\mu) + E(\mu^2) \quad (3.25)$$

と分解できる。第3項は定数の期待値だから定数にもどる。第2項は $2X\mu$ を期待値の定義に代入すれば，$E(2X\mu) = 2\mu E(X) = 2\mu^2$ となり最終的に

$$\text{分散} = E(X^2) - \mu^2 \quad (3.26)$$

と簡略な表現が求まる。分散は(3.25)式，あるいは(3.26)式から求めればよい。(3.26)式と，標本分散を計算する際に用いられる(1.4)式との類似性に注意しよう。

確率変数の1次式の分散はどうなるだろうか。$g(X) = \{aX+b-E(aX+b)\}^2$ として計算すると

$$V(aX+b) = a^2 V(X) \quad (3.27)$$

と求まる。定数 b は，分散の計算で期待値を引く際に消えてしまう。

期待値の性質をいくつかの定式化したが，ここで確率変数の標準化を導入する。確率変数 X が平均値 μ，分散 σ^2 を持つとしよう。このとき

$$Z = \frac{1}{\sigma}(X-\mu) \quad (3.28)$$

と確率変数 Z を定めれば，Z は $E(Z)=0$，$V(Z)=1$ となる。証明は各自試みてみよう。

■ 確率分布のパーセント点

代表値としては平均値や分散のほかに分布のパーセント点（percentile）や分位点（quantile）があり，分布の特徴を表すために便利である。また平均値や分散と同様に，分布の中心位置と散らばり具合もこのパーセント点を用いて表すことができる。1.1節と違い，本節では確率変数の理論的な分布に関してパーセント点を求めていることに注意しよう。

連続な確率変数 X の分布関数を $F(x)$ とすると，X の $100\alpha\%$ 点は次式を満たす t である。

$$F(t) = P(\{X \leqq t\}) = \alpha \tag{3.29}$$

図 3.4 の上図では任意の縦軸値 α に対して，分布関数を通して横軸の $100\alpha\%$ 点を見つけることができる．離散確率分布では (3.29) 式の等号を満たす座標値 t が必ずしも存在しないから，α を超える確率を与える X の実現値のうち，最小のものを $100\alpha\%$ 点とする．図 3.2 において，75% 点を求めてみよう．

パーセント点のうち，分布の**四分位点** (quartile)，**中央値**，**四分位範囲** (interquartile range) などの定義は，1.1 節で与えられた標本統計量に関する定義と類似している．

中央値と四分位範囲は，平均値と分散に非常によく似た意味を持つ代表値である．しかし，分散は「はずれ」の 2 乗の加重平均であるから，分布の両端に存在しうる大きな「はずれ」に強く影響を受ける．ところが四分位範囲は両端の 25% を切り捨てるため，極端な「はずれ」にはあまり影響を受けない安定した性質を持っている．

パーセント点は平均値などと違って積分の存在不存在は問題にならず，分布関数から常に計算しうる指標である．

例 3.7 サイコロを 2 個投げる試行において，目の和を確率変数 Z で表す．確率関数は

$$p(2) = \frac{1}{36}, \ p(3) = \frac{2}{36}, \ p(4) = \frac{3}{36},$$
$$p(5) = \frac{4}{36}, \ p(6) = \frac{5}{36}, \ p(7) = \frac{6}{36}$$

などとなる．この確率関数から分布関数 $F(x)$ を導出すると，$x<2$ なら 0，

$$F(2) = \frac{1}{36}, F(3) = \frac{3}{36}, F(4) = \frac{6}{36}, F(5) = \frac{10}{36} = 0.28, F(6) = \frac{15}{36},$$
$$F(7) = \frac{21}{36} = 0.58, \ F(8) = \frac{26}{36}, \ F(9) = \frac{30}{36} = 0.83, \ F(10) = \frac{33}{36},$$
$$F(11) = \frac{35}{36}$$

x が 12 以上なら 1 となる。$x=4$ だと 25％ を越えないので，25％ 点は 0.25 を越える確率をもたらす x の中の最小値となり，$x_{0.25}=5$ と求まる。$F(x)=0.5$ を満たす x は存在しないから，中央値は同様にして，$x_{0.5}=7$ と求まる。この例では中央値と平均値が一致している。75％ 点は，$x_{0.75}=9$ になる。このように離散確率変数では，求まるパーセント点が望まれるパーセントからはずれることが多い。四分位範囲は 4 である。

例 3.8 a を正の整数とし，連続確率変数 X の分布関数を

$$F(x)=x^a,\ 0\leqq x\leqq 1$$

x が負値なら 0，1 より大なら 1 とする（4.8 節 (4.38) 式で説明されるが，これは (0, 1) 区間一様分布から求まる標本最大値の分布関数である）。パーセント点は容易に求まって，任意の 0 から 1 までの確率 y について $100y$％ 点 x_y は，$y=x^a$ より，$x_y=y^{1/a}$ と求まる。$F(x_y)=y$ になることも容易にわかる。a が 2 なら，中央値は $1/\sqrt{2}\approx 0.71$，第 1 四分位点は 1/2，第 3 四分位点は，$\sqrt{3}/2\approx 0.87$ となる。四分位範囲はだいたい 0.37 である。

他方同じ確率分布について平均値と分散を計算してみよう。密度関数は，ax^{a-1} となるから，平均値は

$$E(X)=\int_0^1 x\cdot ax^{a-1}dx=\int_0^1 ax^a dx=\frac{a}{1+a}$$

と求まる。同様に $E(X^2)=a/(2+a)$ となる。a をたとえば 2 とすれば $E(X)=2/3$，$V(X)=1/18$ である。

3.4 基本的な分布関数

3.4 節では統計学で最も頻繁に扱われる分布関数を取り上げ，その性質を説明する。分布関数には未知の係数が含まれるのが通常であるが，この未知の係数を**パラメーター**（parameter）とか**母数**と呼ぶ。分布関数は確率変数

が連続型であるか離散型であるかによって,連続分布関数と離散分布関数に大別できる.

■ ベルヌーイ試行

結果が2種類しかない試行(実験)をベルヌーイ試行(Bernoulli trials)という.確率計算の章で繰り返し例にあげられた硬貨投げのゲームは,その例である.通常試行の結果は「成功」と「失敗」に分けられるから標本空間は$S=\{成功,失敗\}$となる.硬貨投げのゲームでは表が出れば「成功」,裏が出れば「失敗」とすればよい.また「成功」「失敗」という用語を他の用語に変えることも自由である.成功の確率は,

$$P(\{\,成功\,\})=p, \ \ P(\{\,失敗\,\})=q=1-p, \tag{3.30}$$

と一般的に定めておく.サイコロを投げて出る目が2以下なら成功,3以上なら失敗とすれば,$p=1/3$,$q=2/3$となる.ベルヌーイ試行はこのように簡単な実験であるが,二項分布(binomial distribution)を構成する基礎になる.

ベルヌーイ確率変数Xは試行が$\{成功\}$なら1,$\{失敗\}$なら0と定義する.xを0か1をとる変数とすれば,ベルヌーイ試行における確率関数は,

$$P(X=x)=p^x(1-p)^{1-x}, \quad x=1,0$$

となる.他の実数値においては確率関数は0である.

■ 二項分布

独立なベルヌーイ試行をn回繰り返してみよう.独立なベルヌーイ試行における確率変数をX_i,$i=1,\cdots,n$と表記すると,各X_iは1か0の値をとる.確率変数Xをベルヌーイ試行の総和$X=X_1+\cdots+X_n$と定義しよう.定義により,Xの意味は,「n回の試行のうちで成功した回数」となる.だからXは0からnまでの整数値をとる.

xを0からnまでの整数値をとる変数とすれば,成功回数がxに等しい確

率は

$$P(\{X=x\})=p(x)={}_n\mathrm{C}_x p^x q^{n-x}, \quad x=0,\ \cdots,\ n \tag{3.31}$$

となる。この確率関数から明らかなように，二項分布を決める母数は n と p である。特定の n と p を伴った二項分布を $B(n,\ p)$ と記す。二項定理により確率の総和は 1 になる。

二項確率変数の平均値と分散は，確率関数を用いて $E(X)=np$, $V(X)=npq$ と計算できる。分散は $E(X(X-1))$ を計算すると手早く求まる。二項確率変数が独立に分布するベルヌーイ確率変数の和であることから，ベルヌーイ確率変数の平均値と分散より同じ結論を導くこともできる。

二項確率表（巻末付表 2）は，特定の n と p の組合せについて，成功回数が 0 回から n 回になる確率を与える。もし p が 0.5 より大きいなら，p と q を入れ替えて，失敗回数に関する確率を求めればよい。

すでに述べたように，独立に分布し，かつ成功確率を共有する二項確率変数 X と Y は，各々独立なベルヌーイ確率変数の和であるから，$X+Y$ も同じく独立なベルヌーイ確率変数の和になっている。だから，$X+Y$ はやはり二項確率変数になる。この性質を**二項確率変数の再生性**という。

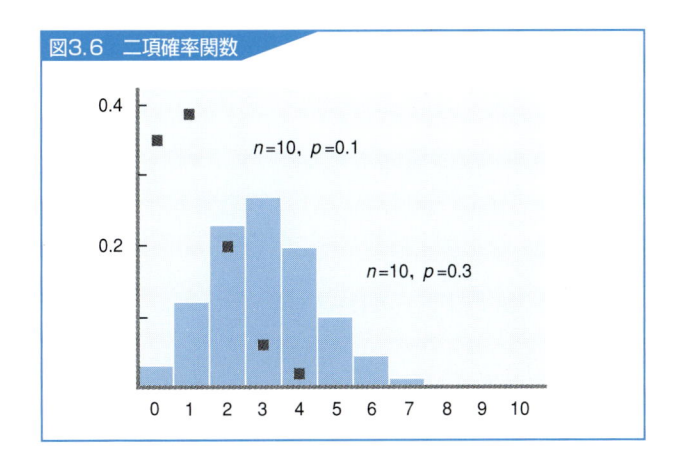

図3.6　二項確率関数

例3.9 関西では8月の最後の週にお地蔵さんをお祠りする地蔵盆の風習がある。お地蔵さんは特定の宗教に限られているというので，子供祭りと名が変えられたりもする。この地蔵盆では子供たちはお菓子をもらい，ヨーヨー釣りや金魚すくいを楽しむが，この金魚は非常に高い確率ですぐ死んでしまう。

ある子供が5匹の金魚をすくったとする。個々の金魚が1週間以内に死ぬ確率が9割だとしよう。また個々の金魚が生きているか死ぬかは独立な試行だとしよう。生きていれば成功，死ねば失敗と決めるならば，金魚が x 匹生きている確率は二項分布によって与えられ，確率関数で記述すると，

$$p(x) = {}_5\mathrm{C}_x (0.1)^x (0.9)^{5-x}$$

となる。したがって金魚が全部生きる確率は，$p(5)=0.00001$，以下 $p(4)=0.00045$, $p(3)=0.0081$, $p(2)=0.079$, $p(1)=0.32805$, $p(0)=0.59049$, となる。少なくとも1匹生きる確率は1匹も生き残らないという事象の余事象だから，

$$P(\{X \geq 1\}) = 1 - p(0) \approx 0.41$$

となる。高々1匹しか生きない確率は

$$P(\{X \leq 1\}) = p(0) + p(1) \approx 0.92$$

と非常に高い。

この例では平均値は0.5，分散は0.45である。中央値は0，第1四分位点は0，第3四分位点は1となり，パーセント点は分布の特徴を表すには荒すぎる。平均値の理解も難しい。

(3.31)式の証明 n 回の試行は独立であるので，x 回の成功の確率は p^x，$(n-x)$ 回の失敗の確率は q^{n-x} である。成功と失敗を各々 S, F と記す。最初の x 回が成功ならば，この確率は

$$P(\{S, S, \cdots, S, F, F, \cdots, F\}) = P(\{S\})^x P(\{F\})^{n-x}$$
$$= p^x q^{n-x} \tag{3.32}$$

となる。実際，n 回のうち x 回の成功はどこで起きてもよい。また，n 回の内 x 回成功する組合せは ${}_n\mathrm{C}_x$ 存在する。(3.32)式で求められた確率を生じる

3.4 基本的な分布関数

事象が，この組合せの数だけ存在するのである。　　　　　　　（終わり）

■ ポアソン分布

　交通量の多いある交差点で，1年間に起きる交通事故の回数はどのような統計的な性質を持つのだろうか。このような現象はベルヌーイ試行の繰り返しとして理解することができる。たとえば1年間を 8,760 時間に分割し，事故が起きるか否かのベルヌーイ試行を 8,760 回繰り返したと考える。もし事故が1年間に 24 回起きれば，時間当たり平均 24/8760 を各ベルヌーイ試行における事故発生率とみなす。したがって，記号 $B(8760, 24/8760)$ によって事故の年間発生回数を表現する。

　もし事故が1時間に2回起きると，どのように処理すればよいだろうか。この場合は時間区切りを 30 分とする。そして 17,520 回ベルヌーイ試行を繰り返して 24 回事象が発生したと理解するのである。確率関数は $B(17520, 24/17520)$ となる。さらに，もし 30 分に2回事故が起きたらどうするか。以下，時間の刻みを短くして分析を続けていくが，最終的には，λ（ラムダ）を1年間の平均事故発生回数 (24) とすると，発生回数 X の確率関数は

$$p(x) = \frac{\lambda^x \exp(-\lambda)}{x!}, \quad x = 0, 1, \cdots, \infty \tag{3.33}$$

となる（$\exp(-\lambda) = e^{-\lambda}$ は，指数関数である）。試行回数 n を無限まで増やすので，事象が起きる回数も無限大まで可能である。この確率関数をポアソン確率関数と呼ぶ。直感的に，ポアソン分布は n が大きいときの二項分布である。巻末付表3にポアソン分布表が与えられている。関数 $\exp(-\lambda)$ の性質により確率の総和は1になる。

　ポアソン確率関数では λ だけが未知母数である。したがって λ の値が決まれば分布のすべてがわかる。ポアソン確率変数の平均値と分散は

$$E(X) = \lambda, \quad V(X) = \lambda \tag{3.34}$$

と求まる。平均値と分散は同じ値になり，かつポアソン母数 λ に等しい。この関係は重要でポアソン母数 λ の値を決める際に利用される。

図3.7　ポアソン確率関数

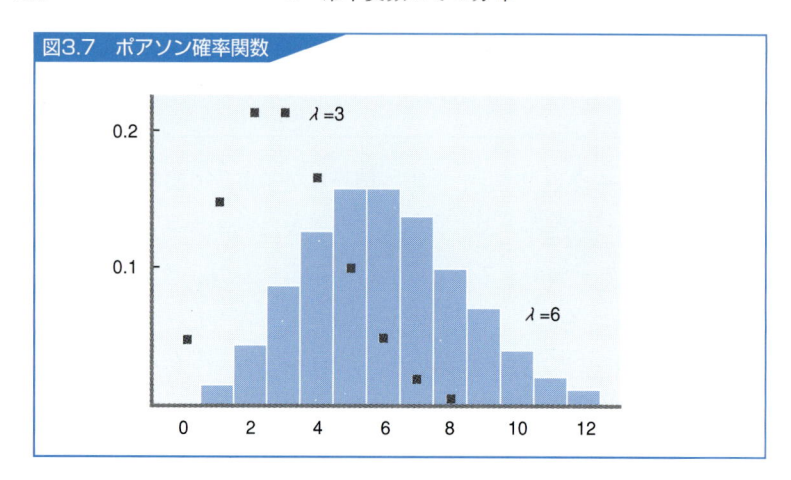

(3.33)式の証明＊　連続な時間内に起きるある事象（事故）の数を数える際に，次のような条件が満たされるとしよう。

1) 時間（1年）を非常に細かく細分すれば，細分された時間内にその事象が2回以上起きる確率はほぼ0である。この細分化された時間を取り上げれば，事象が「起きる」か「起きないか」のベルヌーイ試行であるとみなせる。

2) 個々の細分化された時間内（1時間または30分）に起きる事象は，他の時間に起きる事象とは独立していると理解できる。細分化された時間ではおのおの独立なベルヌーイ試行が繰り返されているとみなしてよい。

3) 細分化された時間を h（例では1/8760）とするなら，h 中に事象が起きる確率は時間に比例して，λh(年間平均×h) としてよい。

このような状況から，ある細分化された時間中に事象が起きるか起きないかはベルヌーイ試行になっていて，「成功」の確率は細分された時間 h に比例して，$p=\lambda h$ であるとみなすことができる。さらに全時間1（たとえば1年）を n 区間に分割すると，細分された時間 h は $h=1/n$（たとえば 1/8760）となる。この細分された時間内に事象が起きる確率は (λ/n) である。以上の準備をもとにして，全時間中に事象が起きる回数を確率変数 X で示せば，$P(X=x)$ は，n 区間のうち x 区間で事象が起きる確率と理解できる。これは

3.4 基本的な分布関数

二項確率関数によって

$$p(x) = {}_nC_x \left(\frac{\lambda}{n}\right)^x \left(1-\frac{\lambda}{n}\right)^{n-x}, \quad x = 0, 1, \cdots, n \quad (3.35)$$

と近似できる．つまり「成功の確率は λ/n」「独立な試行の回数は n」という二つのキーワードから上述の確率関数が導かれる．ここで n の無限大をとって(3.35)式の極限を求めると，(3.33)式が導かれる． （終わり）

例 3.10 ある駐車場に午後3時から5時に到着する車の台数がポアソン分布に従って分布しているかどうか検討しよう．まず非常に微小な時間をとればその微小時間に到着する車の台数は0か1であろう（条件1）．またある時間に車が到着したかどうかは，他の時間の事象には影響を与えないであろう（条件2）．さらに事象が起きる確率，つまり車が到着する確率は，時間に比例して増加するであろう（条件3）．以上の分析により，駐車場に到着する車の台数はポアソン分布に従うと理解できる．

過去の記録からしてこの時間帯は，1分間に0.1台の割合で車が到着していることがわかった．そうすると2時間に10台以上車が到着する確率はいくらになるだろうか．

過去の記録より，2時間に12台の割合で車が到着しているから，λ を12とする．到着台数を X で表すと，

$$P(\{X \geq 10\}) = 1 - P(\{X \leq 9\})$$

となる．この確率は，巻末付表3の λ が12の列より0.76と求まる．

例 3.11 『日本統計年鑑』（1999年度）によると1998(1986)年に起きた自動車事故による死者総数は8,797(12,458)人，東京371(741)，大阪394(721)，愛知423(709)，北海道533(630)，神奈川345(605)となっている．もっとも人口との比率を考慮すれば都道府県間に顕著な差異はない．

過去の記録から大阪市では平均して1日に1人の交通事故死亡者があることがわかっているとする．この条件のもとで，1週間に交通事故死亡者が5

人以下である確率を求めてみよう。1週間の交通事故死亡者数を確率変数 X で表すと，先に述べた3条件を検討すれば，X がポアソン分布に従うと考えても差し支えないことがわかる。1週間に交通事故で平均7人死ぬから，λ は7としてよい。求める確率 $P(\{X \leqq 5\})$ は，巻末付表3より 0.3 となり，かなり小さい。

例3.12　『日本統計年鑑』によると，1996(1986)年度の労働者数はほぼ 4,790(3,670) 万人で，そのうち新規に労働者災害補償保険を受けたものは，ほぼ 66(86) 万人である。労災を新たに受けた労働者は 1.38 (2.34)％である。内訳は，林業が 7.8(5.7)％，漁業が 2.9(7.5)％，鉱業が 3.1 (10.1)％，建設業が 13.7(2.7)％，製造業が 32(31)％，運輸業が 5.5(2.8)％，その他 48(17)％となっている。ただし，公務員は公務災害に含まれていて労災には入らない。

ある工場で，労働者が1年間の勤務中に事故に遭う確率は 0.5％であるとする。そうするとある労働者が事故に 10 年間一度も遭わない確率は，λ が 0.05 のポアソン分布より $\exp(-0.05)=0.951$ となる。

■ 二項確率の当てはめ

同じ確率を，事故に遭うか遭わないかというベルヌーイ試行とみなそう。事故に遭えば $x=1$，遭わなければ $x=0$ とすると，ベルヌーイ確率関数を用いて，確率関数は $p^x(1-p)^{1-x}$ となる。そして事故に遭わない確率は 0.95 と求まる。ポアソン分布から求まった確率と二項分布から求まった確率は非常に近い。しかし，二項分布では，単位時間内に1回を超えて事故に遭う可能性はまったくないと前提されることに注意しよう。二つの確率は p が小さいほど近い（数学的な性質により，ポアソン確率の方が大きい値を与えることが知られている）。

この例ではポアソン分布によって理解すべき事象を二項分布に誤って当てはめたが，逆に二項確率はポアソン確率関数によって近似できることが知ら

れている。

■ **二項確率のポアソン近似（小数の法則）**

二項確率関数は2個の母数 n と p で特定化できるが，n が十分大きくかつ p が小ならば，(3.33)式と(3.34)式により

$$_n\mathrm{C}_x p^x q^{n-x} \approx (np)^x \frac{\exp(-np)}{x!} \tag{3.36}$$

と近似できる。

例3.13 ある花の種の発芽率は97％である。この種が1,000粒まかれたとき芽が出ない種の数を X とするとその確率関数は

$$p(x) = {_{1000}\mathrm{C}_x}(0.03)^x(0.97)^{1000-x}$$

である。平均値 np は30だが，X がたとえば25以上で35以下になる確率を求めるのはかなり面倒である。対数変換により簡便化できるにしろ手間はかかる。結果は

$$\sum_{i=25}^{35} p(i) = 0.693$$

となる。他方ポアソン分布で近似すると，ポアソン母数を30として，0.686と求まる（計算には巻末付表3よりも完備した表を使っている。Excel も利用可能である）。ポアソン近似はかなり正確である。

■ **一様分布**

確率変数 X の密度関数が連続区間 ($a \leqq x \leqq b$) で一定，区間外では0であるとする。このような分布を一様分布と呼ぶ。分布の母数は区間の両端の値 a と b である。密度関数の面積は1だから，密度は $1/(b-a)$ となる。

一様分布は長方形の形の密度関数を持つ。鉛筆を転がす試行から求められた密度関数(3.11)式は一様分布の例である。

確率変数 X の平均値および分散の計算は容易である。

$$E(X) = \frac{1}{b-a}\int_a^b x\,dx = \frac{a+b}{2} \tag{3.37}$$

したがって平均値は区間の中点になっている。また

$$E(X^2) = \frac{1}{b-a}\int_a^b x^2\,dx = \frac{a^2+ab+b^2}{3} \tag{3.38}$$

だから，分散は

$$V(X) = \frac{(b-a)^2}{12} \tag{3.39}$$

となる。分散は b と a の差が大きいほど大きくなる。図を描いてみれば，b と a の差が大きくなれば分布の散らばりも大きくなることが容易に理解できよう。分布の範囲が $(0,1)$ なら分散は $1/12$ である。中央値および他の四分位点は自明であろう。四分位範囲は 0.5，標準偏差は大体 0.29 となる。練習として，一様確率変数の分布関数を求めなさい。

■ 指数分布

ポアソン分布を導く際には基準時間を 1（1 年）とし，ある交差点において 1 年間に起きる事故の回数を確率変数とした。ここでは基準時間を y，この基準時間に起きる事故の平均回数を λy としよう。この場合，y 時間における事故発生回数の確率関数は，(3.33)式の λ を λy に置き換えれば求まる。次に，事故が起きるまでの時間を確率変数 Y で表し，事故発生までの時間が y より短い確率 $P(Y \leqq y)$ を求めよう。この確率は，ポアソン確率関数の観点からは，y 時間内に事故が 1 回以上起きる確率に等しい。排反を考えればこれは

$$1 - P(y\text{ 時間内に事故が起きない})$$

確率であり，第二項は $\exp(-\lambda y)$ であるから

$$F(y) = P(Y \leqq y) = 1 - \exp(-\lambda y)$$

となる。例 3.4 と同じ分布関数になる。

例3.14 Y をある人が失業してからの日数であるとする。Y が指数分布を持つ確率変数であれば，失業期間が y 以上である確率は

$$P(Y \geq y) = 1 - F(y) = \exp(-\lambda y)$$

である。このように，指数分布を使えば，失業の継続期間が容易に表現できるので，継続モデル (duration model) といわれる。調査点 y からさらに t 期間経過して再調査したが，依然として失業していたとする。この確率は $\exp(-\lambda(y+t))$ である。y 時点で調査をしているので，「y で失業中」を条件とし，「$y+t$ で依然として失業中」である確率を求めると，

$$P(Y \geq y+t | Y \geq y) = P(Y \geq y+t) / P(Y \geq y) = \exp(-\lambda t)$$

となる（分子は失業期間が「y 以上」と「$y+t$ 以上」の積事象である）。この結果は $P(Y \geq t)$ に等しい。y の期間にかかわらずさらに t 期間失業をする確率は，職を失って t 期間失業する確率と等しい。このモデルは，失業期間が長くなっても復職可能性が高くならないという性質を持ち，指数分布の無記憶性といわれる。

■ 正規分布

正規確率変数 X は次のような密度関数を持つ。

$$f(x) = \frac{1}{\sigma\sqrt{2\pi}} \exp\left(-\frac{1}{2\sigma^2}(x-\mu)^2\right) \tag{3.40}$$

変数 x の定義域は $-\infty$ から ∞ までで，証明は難しいが確率変数 X の平均値は μ，分散は σ^2 と計算できる。分布の形状は μ を中心とした対称な形をしており，中心部が最も高い滑らかな釣り鐘形になっている。裾は無限に広がるが，裾での密度は 0 に限りなく近づいていく。分布は左右対称であるから中央値は平均値に等しい。

密度関数の定義からわかるように，正規分布の母数は μ と σ である。このことより平均が μ，分散が σ^2 である正規分布を $n(\mu, \sigma^2)$ と記す。「X が $n(\mu, \sigma^2)$ に従って分布する」というときは密度関数が (3.40) 式であることを意味

する。

分布関数は定積分で表現され，

$$F(x) = P(\{X \leq x\}) = \int_{-\infty}^{x} f(x)dx \tag{3.41}$$

となる．x が無限であれば，この確率は 1 になる．(3.41)式の数値計算は簡単ではない．そのため，平均値が 0，分散が 1 の場合の**標準正規分布**について分布表が用意されている．

分散は分布の散らばり具合を示す母数だが，正規密度関数の図 3.8 で分散の性質を確認しよう．平均値が同じで分散が異なる二つの密度関数を描いてみると，分散の大なる方が分散の小なる密度関数よりも平坦な釣り鐘形になっている．

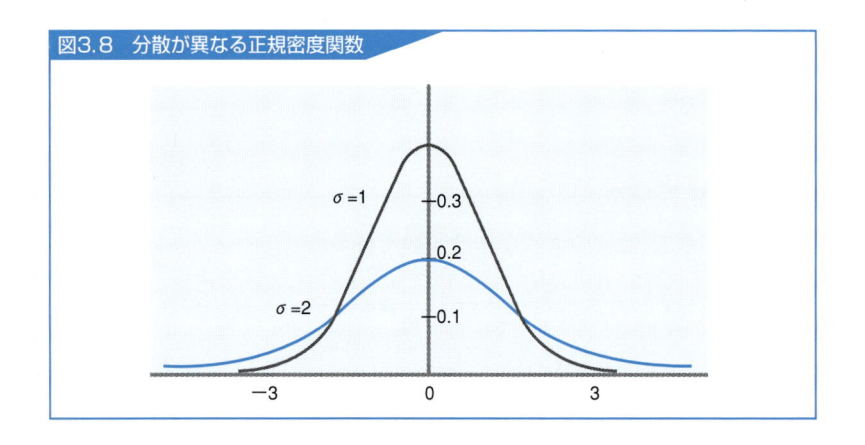

図3.8 分散が異なる正規密度関数

次に分散は同一だが平均値が異なる密度関数をいくつか描いてみよう．図 3.9 では分散が同じだから，2 個の密度関数はまったく同じ形になっている．しかし平均値が異なるために，2 個の密度関数は互いに横に平行移動した位置にある．

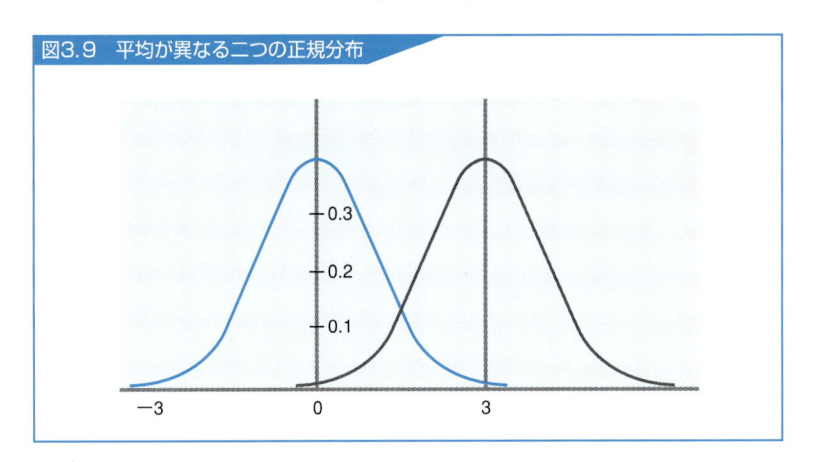

図3.9 平均が異なる二つの正規分布

■ 標準正規分布表の使い方

平均値が0，分散が1である正規分布を**標準正規分布**と呼ぶが，その密度関数は(3.40)式が簡略されて，

$$f(x) = \frac{1}{\sqrt{2\pi}} \exp\left(-\frac{x^2}{2}\right) \tag{3.42}$$

となる．分布関数はやはり定積分でしか表現できないが，その分布表は実用上重要である．

一般に，確率 α について $P\{Z \leqq z\} = \alpha$ を満たす座標値 z を巻末付表4から求めればよい．z を 100α パーセント点という．確率 α が0.5以上であれば，表から直接にパーセント点が求まる．α が0.5以下であれば，分布の対称性を使って $1-\alpha$ を満たす z を探し負の符号をつける．

第1四分位点を求めるためには，第3四分位点を先に求めなければならない．第3四分位点は巻末付表4から次式を満たす z を探せばよい．

$$P(\{Z \leqq z\}) = 0.75 \tag{3.43}$$

z の導き方は，表中の .7454, .7486, .7517, .7549 などの数値が並ぶ行を見て，行頭の0.6をまず読み取る．次に .7486, .7517 の列を見て，列頭の .07 と .08 を読み取る．行頭と列頭の値から z は 0.67 と 0.68 の間にあるが，ここでは0.68としておこう（厳密には，**補完法**を用いて座標値を求める．Excel

では厳密な値が得られる)。第3四分位点が0.68だから第1四分位点は-0.68になる。以上の結果を式に書き直してみよう。$\approx$ は近似を示すとして

$$P(\{Z \leqq -0.68\}) \approx 0.25 \tag{3.44}$$
$$P(\{Z \leqq 0.68\}) \approx 0.75 \tag{3.45}$$

となるから,

$$P(\{-0.68 \leqq Z \leqq 0.68\})$$
$$= P(\{Z \leqq 0.68\}) - P(\{Z \leqq -0.68\}) \approx 0.50 \tag{3.46}$$

である。四分位範囲は 1.35 になる。

第3四分位点と同じ求め方で,

$$P(\{-1.65 \leqq Z \leqq 1.65\}) \approx 0.90 \tag{3.47}$$
$$P(\{-1.96 \leqq Z \leqq 1.96\}) \approx 0.95 \tag{3.48}$$
$$P(\{-2.58 \leqq Z \leqq 2.58\}) \approx 0.99 \tag{3.49}$$

を得る。この3式は標準正規分布の性質として重要である。

■ 正規確率変数の標準化

確率変数 X を平均 μ, 分散 σ^2 の正規確率変数として,X が区間 (a, b) に入る確率

$$P(\{a \leqq X \leqq b\}) \tag{3.50}$$

を求めよう。この確率を求めるためには,3.3節で説明された確率変数の標準化を使う。(3.50)式中の不等式の各辺から平均を引いて

$$a - \mu \leqq X - \mu \leqq b - \mu \tag{3.51}$$

と変形し,σ で割る。ここで $Z = (X - \mu)/\sigma$ と定義すれば,不等式は

$$\frac{a - \mu}{\sigma} \leqq Z \leqq \frac{b - \mu}{\sigma} \tag{3.52}$$

となる。Z は**標準正規確率変数**であり,平均値が0,分散は1である。

不等式の上限と下限を使うと,求める確率は

$$P(\{a \leqq X \leqq b\}) = P\left(\left\{Z \leqq \frac{b-\mu}{\sigma}\right\}\right) - P\left(\left\{Z \leqq \frac{a-\mu}{\sigma}\right\}\right) \quad (3.53)$$

となるが,この右辺は巻末付表 4 より計算できる.

X の任意のパーセント点（100α％点）を求めよう.そのためには,まず Z の 100α％点 t を求める.Z の定義より,Z を与えたときの X の表現は,

$$X = \sigma Z + \mu \quad (3.54)$$

となる.ここで Z に t を代入すると,$\sigma t + \mu$ が X の 100α％点になる.以上の関係を式で書けば

$$P(\{X \leqq \sigma t + \mu\}) = P(\{Z \leqq t\}) = \alpha \quad (3.55)$$

となる.難しそうだが,本書では標準化変数に関する変換を繰り返し使うので,ここで操作に慣れて欲しい.

例 3.15 X が $n(\mu, \sigma^2)$ ならば,(3.52)式により「1 シグマ」,「2 シグマ」,「3 シグマ」は,巻末付表 4 を用いて,$P(\{-1 \leqq Z \leqq 1\}) \approx 0.68$,$P(\{-2 \leqq Z \leqq 2\}) \approx 0.95$,$P(\{-3 \leqq Z \leqq 3\}) \approx 0.99$ と求まる.1 シグマに全体の 7 割,2 シグマに全体の 9 割 5 分,3 シグマには 99％が含まれている.

例 3.16 X が $n(2, 4)$ として,区間 $(2, 4)$ に入る確率を求めよう.不等式,$2 \leqq X \leqq 4$ のすべての辺から 2 を引いて,$0 \leqq X - 2 \leqq 2$ と変換し,さらにすべての辺を標準偏差 2 で割ると,$0 \leqq Z \leqq 1$ になる.結局 Z が区間 $(0, 1)$ に入る確率を求めればよく,巻末付表 4 より 0.34 となる.

X の 75％点は,$P(\{Z \leqq 0.68\}) \approx 0.75$,だから,$Z \times 2 \leqq 1.36$,$2 \times Z + 2 \leqq 3.36$.3.36 と求まる.この例の重要性は,標準型さえ覚えておけば,(3.53)式とか (3.55)式は記憶する必要がないということにある.

■ 正規乱数の発生[*]

確率変数を含む現象を理解するために,計算機を用いた様々な実験が行わ

れる。このような実験を**シミュレーション**という。シミュレーションで特に頻繁に使われるのが，乱数の発生である。例2.3で一様確率変数を説明したが，一様乱数とは一様確率変数の実現値である。例2.3では，円周を1とし，実際に鉛筆を転がしてみて，0から鉛筆が止まった位置までの距離を測れば，それが乱数値であると理解すればよい。

標準正規乱数の発生は図3.10のように考える。まず鉛筆を転がし止まった位置をZとする。このZは一様乱数である。そして矢印で示されたように，曲線を通してZに対する縦軸座標Xを見つければ，このXが標準正規乱数，つまり標準正規確率変数の実現値になっている。

図において，曲線は標準正規分布関数に他ならない（寝かした形になっているが，負の無限大で0になり，正の無限大で1になっている）。Excelでは，正規乱数は分析ツールによって容易に発生することができる。

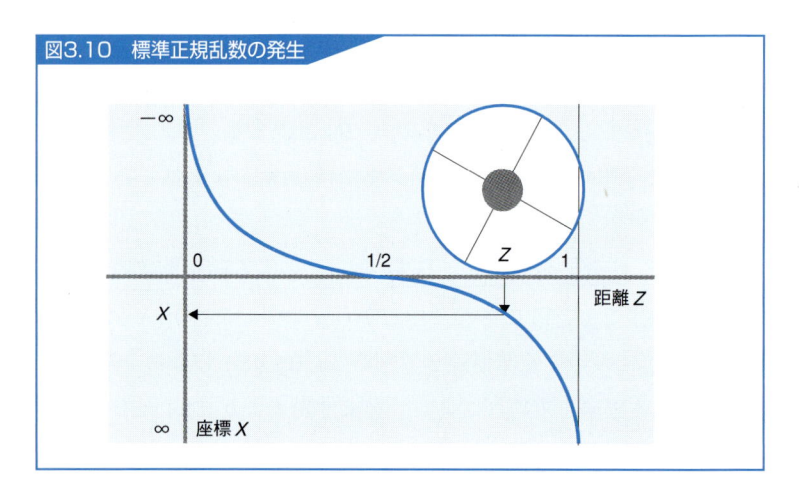

図3.10 標準正規乱数の発生

例3.17　標準正規乱数を400個パソコンで作成し，ヒストグラムにまとめると図3.11のようになった（横軸座標は区間の上限を示している）。一見してわかるように，ヒストグラムは理論的な分布からはずれており，分布の滑らかさも見られない。しかし，乱数では，この程度のずれは常に予期されている。

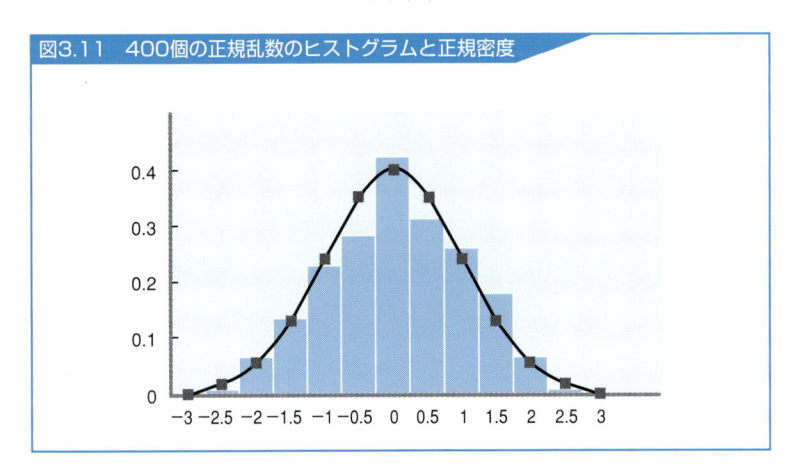

> **図3.11　400個の正規乱数のヒストグラムと正規密度**

400個の値の標本平均を計算すると，0.06となった。したがって，2シグマ区間は（−1.94, 2.06）と求まる。この区間からはみ出たのは19個で，割合からいえばほぼ5％であった。

3.5　同時確率関数*

この節では，2.3節で導入した複数の確率変数の間で生じる分割表や独立性をよりくわしく説明しよう。

■ 同時確率関数

複数個の確率変数によって初めて理解できる試行も数多くある。壺の中に赤，青，緑の3種の玉が2個ずつ計6個入っていて，そのうち2個を取り出す試行を分析してみよう。この試行では赤と青の玉が何個取り出されるかを問題とし，取り出された赤玉の数をX，青玉の数をYとする。XとYはともに離散確率関数で，各々0，1，2の整数値をとり，XとYの和は2より小さい。取り出された赤玉の数をi，取り出された青玉の数をjとすると，iとjの特定の組合せが起きる確率は次のようになる。

$$P(\{X=i, Y=j\}) = \frac{{}_2C_i \cdot {}_2C_j \cdot {}_2C_{(2-i-j)}}{{}_6C_2} \tag{3.56}$$

この式では i と j はともに 0 から 2 までの整数値をとり，かつ i と j の和は 2 より小でないといけない．(3.56)式中，分子は，最初の項が 2 個の赤玉から i 個抜き出す組合せである．第 2 の項は 2 個の青玉から j 個抜き出す組合せである．そして最後の項は，2 個の緑玉から $(2-i-j)$ 個抜き出す組合せである．分母は 6 個の玉から任意の 2 個を取り出す組合せである．

確率関数は，

$$p(i,j) = P(\{X=i, Y=j\}), \quad i+j \leq 2 \tag{3.57}$$

となる．確率関数の引数の順番を正確に示すために，左辺を

$$p_{X,Y}(i,j) \tag{3.58}$$

と記述することもある．X の引数が先に示され，Y の引数が次に示されている．

すべての i と j の組合せについて同時確率を計算してみると，次の表 3.1 ができる．表 3.1 では，各組合せをとる確率が示されているが，このような複数の確率変数に関する確率関数を**同時確率関数**と呼ぶ．

表 3.1 は理論的に得られた確率関数だが，実際に 3 色の玉が入った壺から玉を 2 個抜き出す試行を，40 回ほど繰り返してみよう．そして 40 回の試行の結果を表にまとめると，1.7 節で説明したデータの**分割表**が得られる．

●表 3.1　同時確率関数

赤(X)\青(Y)	0	1	2	行和
0	1/15	4/15	1/15	2/5
1	4/15	4/15	0	8/15
2	1/15	0	0	1/15
列和	2/5	8/15	1/15	1

同時確率関数から任意の事象の確率が計算できる．たとえば

$$P(\{X \geq 1, Y=1\}) = p(1,1) + p(2,1) = \frac{4}{15} \tag{3.59}$$

となる．

■ 周辺確率関数

　同時確率分布から個々の確率変数の分布を導こう。表 3.1 において行和は $X=0$, $X=1$, $X=2$ の各行を横に足した値からなっていて，X の 1 変数確率関数になっている。このことを調べるために，X の分布を計算してみよう。X の分布は $P(\{X=0\})$, $P(\{X=1\})$, $P(\{X=2\})$ の 3 個の確率を求めれば得られるが，組合せより

$$P_X(i) = \frac{{}_2C_i \cdot {}_4C_{2-i}}{{}_6C_2}, \quad i=0,1,2 \tag{3.60}$$

となる。分子は 2 個の赤玉から i 個抜き取り，他の 4 個の玉から残りを抜き取る組合せで，分母は 6 個から 2 個抜き取る組合せである。各 i についてこの確率を計算してみれば，表 3.1 の行和と同じ結果になる。つまり第 2 行の和が $p_X(0)$，第 3 行の和が $p_X(1)$，第 4 行の和が $p_X(2)$ である。X と Y は対象だから，Y の確率関数も同様に計算できる。表 3.1 の列和が Y の確率変数になっている。

　同時確率分布がわかっていれば，個々の確率変数の確率分布も付随的に導出できるが，個々の確率変数の確率分布を特に周辺分布と呼ぶ。または離散確率変数に限れば，周辺確率関数と呼ぶ。「周辺」の意味は周辺確率関数が，文字通り同時確率関数表の縁に求められることにある。

　周辺分布は同時確率関数から導く必要はないことは先に述べた。しかし，逆に個々の確率変数の確率関数が与えられていても，通常は同時確率関数を導くことはできない。表 3.1 についていえば，行和と列和が与えられていても同時確率関数を導くことはできない。したがって同時確率関数の方が周辺確率関数よりも多くの情報を含んでいる。

　同時確率関数には，2 個の確率変数間の絡まり具合も情報として含まれている。しかし，個々の周辺分布関数には，残りの変数の情報は含みえないのである。

■ 共 分 散

確率変数 X と Y の平均値や分散は周辺確率関数から求めればよい。同時確率関数が存在する場合は，各確率変数の平均値や分散だけでなく，X と Y の共分散が計算できる。確率変数 X と Y の共分散は

$$\mathrm{COV}(X,Y)=E\{(X-\mu_X)(Y-\mu_Y)\} \tag{3.61}$$

と定義されるが，右辺は(3.25)式や(1.20)式と同様に

$$E\{(X-\mu_X)(Y-\mu_Y)\}=E(XY)-\mu_X\mu_Y \tag{3.62}$$

と分解できる。さらに，右辺の第1項は同時確率関数に関する期待値であり，一般の同時確率関数 $p(x_i,y_j)$, $i=1,\cdots,n$；$j=1,\cdots,m$, について

$$E(XY)=\sum_{i=1}^{n}\sum_{j=1}^{m}x_iy_jp(x_i,y_j) \tag{3.63}$$

と定義される。この期待値の意味は，1変数の場合と同じで，X と Y の取るすべての値について，積 x_iy_j の加重平均となっている。

表3.1では，X と Y は同じ確率関数を持つが，周辺分布を用いて平均値と分散を求めてみると各々 2/3, 16/45 となる。さらに，

$$E(XY)=1\times1\times\frac{4}{15}=\frac{4}{15}$$

となる。表3.1では全部で9個の組合せがあるが，(3.63)式の計算では，1項を除いて他項はすべて積が0である。共分散は $-8/45$ である。

2個の確率変数間の結びつき具合を測る特性値として相関係数がある。データから計算される相関係数は(1.21)式で定義されたが，ここで定義されるのは母集団における相関係数である。

$$\rho=\frac{\mathrm{COV}(X,Y)}{\sqrt{V(X)V(Y)}} \tag{3.64}$$

相関係数はコーシー・シュワルツ（Cauchy-Schwarz）の不等式によって，絶対値が1より小さいことを証明できる。絶対値が1になるための必要十分条件は，2個の確率変数間に1次の関係，$X=aY+b$, が存在することである。

3.5 同時確率関数*

■ 独 立 性

同時確率関数 $p(x_i, y_j)$ は本来 $P(\{X=x_i, Y=y_j\})$ と書けることは赤玉青玉の例から理解できよう。もし事象 $\{X=x_i\}$ と事象 $\{Y=y_j\}$ が互いに独立ならば，同時事象の確率は個々の事象が起きる確率の積に分解でき

$$P(\{X=x_i, Y=y_j\}) = P(\{X=x_i\}) \cdot P(\{Y=y_j\}) \tag{3.65}$$

となる。このように同時確率関数が周辺確率関数の積として表わせるとき，確率変数 X と Y は独立に分布するという。

独立な確率変数については，周辺確率関数が与えられていれば，周辺確率関数の積として同時確率関数を求めることができる。式に書けば

$$p(x_i, y_j) = p_X(x_i) \cdot p_Y(y_j) \tag{3.66}$$

となる。2 変数が独立であれば，相関係数は 0 になる。

■ 条件つき確率関数

2.3 節において，ある事象のもとでの条件つき確率を定義した。同時確率関数においても，たとえば $\{X=i\}$ という事象のもとでの $\{Y=j\}$ の条件つき確率がある。表 3.1 に戻って X が 1 のもとでの Y の条件つき確率を求めるには，$X=1$ の行を，行和で割ればよい。結果は，

$$P(Y=0|X=1) = \frac{1}{2}, \quad P(Y=1|X=1) = \frac{1}{2},$$
$$P(Y=2|X=1) = 0 \tag{3.67}$$

となる。

「X が 1 である」という制約のもとで，標本空間 S は赤玉，青玉の順で $(1, 0), (1, 1), (1, 2),$ の 3 個の根元事象しか持たない。だから「X が 1」という条件のもとで制約された標本空間は，この 3 個の根元事象のみからなり，根元事象の生じる確率の和は 1 になっている。3 個の確率が，「X が 1 である」という条件のもとで確率分布の要件を満たすことがわかる。そしてこのような確率分布を，X が 1 のもとでの条件つき確率分布と呼ぶ。確率関数の形で

書けば，条件つき確率関数は，

$$p_{Y|X}(0|1) = \frac{1}{2}, \ p_{Y|X}(1|1) = \frac{1}{2}, \ p_{Y|X}(2|1) = 0 \quad (3.68)$$

となる。

条件つき確率関数は確率関数であるから，**条件つき平均値**，**条件つき分散**，**条件つき期待値**，条件つき相関係数（偏相関係数）などが導出できることも明らかだろう。先の例では「X が1」の条件のもとでは条件つき平均値は1/2，条件つき分散は1/4となる。

■ 連続確率変数

連続確率変数についても複数の確率変数の同時分布がしばしば利用される。同時確率関数などの代わりに，同時密度関数，周辺密度関数，条件つき密度関数などの諸概念が定義される。

■ リスクと収益

以上で学んだ確率変数の性質を使えば，ファイナンス理論で扱われる債券のポートフォリオ（組合せ）についての分析が可能になる。簡単な説明をするために，a と b を株式とし，各々1円当たり予想される収益が A と B であるとしよう。収益は定まっていないから A と B は確率変数で，期待値（期待収益）は

$$E(A) = \mu_A, \ E(B) = \mu_B$$

とする。さらに A と B の分散（リスク）を各々

$$V(A) = \sigma_A^2, \ V(B) = \sigma_B^2,$$

収益の相関係数を ρ（ロー）とする。1円当たりの収益を**収益率**，また収益率の標準偏差 σ（シグマ）を**ボラティリィティ**（Volatility）と呼ぶ。

■ ポートフォリオ

株式 a あるいは株式 b を1万円分持つのではなく，a と b の1万円分の組

合せ（ポートフォリオ）を持つとしよう．1万円の一部を a に，残りを b に振り分けるのである．1万円分の投資信託と考えてもよい．ポートフォリオの収益率を C と記せば

$$C = tA + (1-t)B \tag{3.69}$$

となる．振り分け比率 t は，正の値だが1より小である．収益はリスクを負担することにより生まれる．だから，儲けが大ならリスクも大であるとし，a はハイリスク・ハイリターン型の株式，b はローリスク・ローリターン型とする．だから，$\mu_A > \mu_B$，$\sigma_A^2 > \sigma_B^2$ である．以下，期待収益率およびリスクのみならず，両株式の相関係数 ρ も既知としよう．このような条件の下で，ポートフォリオ C の性質を分析する．

ポートフォリオの期待収益率は，(3.69)式の期待値を計算して

$$\mu_C = t\mu_A + (1-t)\mu_B \tag{3.70}$$

となる．また分散は (3.69)式から(3.70)式を引き，2乗の期待値を計算すれば

$$\sigma_C^2 = t^2 \sigma_A^2 + 2t(1-t)\sigma_A \sigma_B \rho + (1-t)^2 \sigma_B^2 \tag{3.71}$$

ボラティリティは $\sigma_C = \{t^2 \sigma_A^2 + 2t(1-t)\sigma_A \sigma_B \rho + (1-t)^2 \sigma_B^2\}^{1/2}$ となる．

■ ポートフォリオ収益率とリスク

ポートフォリオの収益率 μ_C とリスクの関係を考えてみよう．t を定めれば，(3.70)式より μ_C が決まる．これを逆に μ_C を決めれば t が定まると理解すれば，振り分け率は

$$t = \frac{\mu_C - \mu_B}{\mu_A - \mu_B} \tag{3.72}$$

となり，振り分け率はポートフォリオの期待収益率によって決まる．この振り分け率を(3.71)式に代入すれば，σ_C^2 と μ_C の関係が決まる．(3.71)式の右辺は，μ_C の2次式であるので，縦軸に収益率 μ_C，横軸にボラティリティをとって両者の関係を図示する．

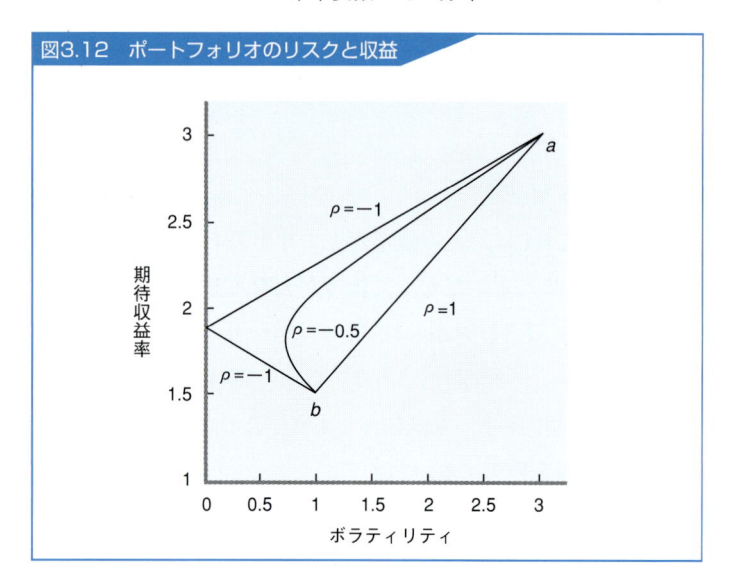

図3.12 ポートフォリオのリスクと収益

■ 数値例とポートフォリオの性質

図3.12 では，$\mu_A=3$，$\mu_B=1.5$，$\sigma_A=3$，$\sigma_B=1$ としておく。(3.71)式では，μ_C^2 の項は係数が正である。相関係数 ρ の値を変化させて，このボラティリティと収益の関係を図示すると，図 3.12 のようになる。中心は，σ_C の 2 次曲線である（ポートフォリオの収益は，リスクが小である株式 b の収益より大でないと意味がない。しかしリスクが大である a の収益を超えることはできない。a と b の座標は明らかであろう）。

図から次のような関係がわかる。

1) $\rho=1$ であれば，(3.71)式は両辺の平方が計算でき，$\sigma_C=t\sigma_A+(1-t)\sigma_B$ となる。これは直線であり，かつ a 点と b 点を通る（$\mu_C=\mu_A$ および $\mu_C=\mu_B$ を代入して検討しよう。図中の三角形の一辺に対応している）。

2) $\rho=-1$ なら，$\sigma_C=|t\sigma_A-(1-t)\sigma_B|$ となる。この式は，縦軸上で交差する 2 直線をもたらす。交差点ではリスクは 0 になる。

3) ρ が 1 と -1 以外であれば，ボラティリティは 2 次曲線のような形状を持ち，3 角形の中に入る。

4) 株式 a と b が負の相関を持つ場合は，b よりも大きな期待収益をあげながら，容易にリスクを小さくすることができる。

5) 郵便貯金のように b のリスク σ_B が 0 ならば，$\sigma_C = t\sigma_A$ となり，a と b の座標を結ぶ直線になる。

6) $\rho=0$ でも，ボラティリティは a 以下になる。$\rho=0$ は a と b が全く無関係という意味を持つので，b の選択が容易な場合がある。

練習問題

1. Z を二つのサイコロを投げたときの和を表す確率変数とする。Z の確率関数を求めなさい。また Z の分布関数を求めなさい。Z が 5 以上 8 以下になる確率を求めなさい。

2. x が区間 $(0, 2)$ に入るとき $f(x)=c$，区間外では $f(x)=0$ となる密度関数の定数 c を求めなさい。またこの密度関数の平均値と分散を求めなさい。

3. 歪みのないサイコロを投げる試行において，目の分散を求めなさい。

4. 平均値が 1，分散が 3 である正規確率変数 X が区間 $(1, 4)$ に入る確率を求めなさい。同じ確率変数の 95％点を求めなさい。

5.* $F(x)$ は，x が 1 より小のとき 0，1 より大なるとき $1-(1/x)$ とする。
  a) $F(x)$ が分布関数の条件を満たすことを調べなさい。
  b) $F(x)$ の密度関数を求めなさい。
  c) x が空間 $(2, 3)$ に入る確率を求めなさい。
  d) この確率関数の平均値を求めなさい（注：平均値は積分計算の結果得られるが，積分自体が発散する可能性がある。また $(1/x)$ の不定積分は $\log(x) +$ 積分定数である）。
  e) この分布関数を持つ確率変数 X の四分位点を求めなさい。

6. $F(x)=x^a$，$0 \leq x \leq 1$，の例において，α パーセント点を求めなさい。

7. n が 4, p が 1/4 である二項確率関数を求めなさい。

8. ポアソン分布の説明に使われた例 3.10 で,
   a) 1 時間に 6 台以上到着する確率を求めなさい。
   b) 10 分に 1 台以上到着する確率を求め a) と比べなさい。

9. λ が 2 のポアソン分布表（巻末付表 3）をもとにして，ポアソン確率変数の平均と分散を計算しなさい。計算値と λ との差異を検討しなさい。

10. 同時確率関数が表 3.2 のように与えられている。

●表 3.2

X\Y	2	1	−1	−2	行和
1	1/4	0	0	1/4	1/2
−1	0	1/4	1/4	0	1/2
列和	1/4	1/4	1/4	1/4	

確率変数 X と Y の平均，分散，共分散，相関係数を計算しなさい。2 個の確率変数は独立に分布しているかどうか調べなさい。

11. ある株式 a の株価（1 万円）は確率 1/3 で 2 倍に，確率 2/3 で半分になると予想される。この株式の期待収益とリスクを計算しなさい。

12. 株式 b の株価（1 万円）は確率 1/3 で 4 倍，確率 2/3 で 1/4 になるという。a と同様に b の期待収益とリスクを計算しなさい。さらに，a と b を半分ずつ組合せたポートフォリオの期待収益と分散を計算しなさい。ただし $\rho=-1/4$，つまり a と b は反対の変動をしやすいとする。

13. 問題 11 は株式 a を 1 期保有したときの結果であるとする。同じ株式をつづけて 2 期保有した際の期待収益とリスクを計算しなさい。n 期持ちつづけるとどうなるか。n 期後の期待収益とリスクを計算しなさい。

4

標 本 分 布

　統計調査を行い統計的推測を進めるためには，第1に，母集団と呼ばれる調査対象者の全体を定める。この母集団は十分な考察のもとに設定されるべきで，母集団の定め方がいいかげんでは，本来の調査目的とは的のはずれた調査や統計的推測が行われかねない。母集団から標本を抽出し，標本から様々な値を計算して母集団の性質を分析するが，標本の抽出が確率的に行われるために，標本から計算される標本平均とか標本分散が確率変数になる。したがって，標本平均や標本分散も確率関数や密度関数を持つことになるが，このような標本平均や標本分散の分布を標本分布という。母分布が第3章で説明された正規分布であるとしても，理論的な分析なしでは標本平均や分散の分布を導くことができないのである。第4章では，基本的な標本統計量の分布を導出する。

4.1 無作為抽出と無作為標本

■ 標本

調査の仕方は**全数調査**と**標本調査**に大別できる。全数調査は国勢調査のように文字どおり**母集団**（population）をあまねくすべて調べる方法で，費用と時間がかかる。国勢調査は全数調査で行われるが，製品の寿命などを調べる際には全製品の寿命を調べてしまっては販売する製品が残らず，全数調査は意味がない。母集団が有限個の個体からなる有限母集団であれば全数調査は物理的には可能だが，母集団が無限個の個体を含む**無限母集団**では，全数調査は本来不可能である。

統計的推測の基本的な姿勢は，母集団が無限であろうと有限であろうと，母集団に比べて小さい標本を採取し，母集団全体に対してできる限り信頼のおける推測を行うことにある。

標本調査は調査対象者の一部を取り出して調査する方法で，取り出すことを**抽出**（サンプリング）といい，抽出された一部の対象者を**標本**（サンプル）と呼ぶ。**データ**とか**資料**と呼ぶこともある。標本という用語は動物，植物あるいは物が対象なら不都合はないが，人が調査対象の場合には具合が悪い（対象者 subjects と呼ぶ分野もあるようだ）。用語はともかく，統計学の目標は，得られた標本を用いて母集団の特徴を推定結果に縮約し，母集団に関する様々な仮説を検証することにある。

■ ランダムサンプル

標本抽出は恣意性が含まれないよう公平に行われなければならない。そして恣意性が含まれない抽出法として**無作為抽出**（ランダムサンプリング）が使われる。無作為抽出は母集団からデタラメに調査対象者を選び出す方法で，母集団をまんべんなく代表するよう配慮されなければならない。そのためには次節で説明する乱数の使用が不可欠になる。

4.1 無作為抽出と無作為標本

デタラメに抽出された標本を**無作為標本**あるいは**ランダムサンプル**という。どのような標本調査も無作為抽出に基づかないといけないが，しばしば無作為標本の体裁をとりながら作為的な調査がまかり通ることは承知の通りである。

■ 母集団の記述

以下，無限母集団から n 個の個体を抽出して得られた無作為標本を，「大きさ n の無作為標本」と呼ぶ。「大きさ n の無作為標本」を $\{X_1, X_2, \cdots, X_n\}$ と記述するときは，ある無限母集団から抽出された個体は確率変数 X で表現され，X_1 から X_n は独立で同一の分布に従うと理解する。母集団の性質とは確率変数 X の分布と同義であるから，分布を明示して「母集団が正規分布」とか，より簡潔に「正規母集団からの標本」などと表現することもしばしば行われる。

「現内閣を支持するかどうか」といった質問に対する抽出された人の答えが，「はい」か「いいえ」であるとしよう。この場合 X の分布は，「はい」なら 1，「いいえ」なら 0 をとる「ベルヌーイ確率分布に従う」とされる。「母集団はベルヌーイ分布である」とか，「ベルヌーイ母集団」，「母分布はベルヌーイ」といってもよい。「母集団」という用語を用いず，「ベルヌーイ確率変数 X に関する無作為標本を $\{X_1, \cdots, X_n\}$ とする」と述べられることもある。内容は変わらない。

■ 統　計　量

確率変数 $X_1, X_2, \cdots, X_n$ の関数 $s(X_1, X_2, \cdots, X_n)$ を**統計量**という。ただし，この関数には未知母数が含まれないとする。既知の n について標本平均 $\{X_1+X_2+\cdots+X_n\}/n$ は統計量の例である。統計量は確率変数であって，その平均値，分散，パーセント点，そして分布などを求めることによって性質が理解できる。「量」とは計算方法であると理解してもよい。

統計量 $s(X_1, X_2, \cdots, X_n)$ に含まれる確率変数 $X_1, X_2, \cdots, X_n$ を各々観測

値 $x_1, x_2, \cdots, x_n$ に置き換えれば，$s(x_1, x_2, \cdots, x_n)$ は統計値と呼ばれる。

　統計量の性質を理解する際には，無限母集団から得た無作為標本が基準となる。母集団が有限であっても，抽出されたものを元に戻しながら抽出を続ける場合は，母集団は無限であると扱ってよい。元に戻す抽出法を復元抽出と呼ぶ。有限母集団から非復元抽出された標本では，分析法が異なってくる。

■ 乱数と乱数表

　無作為抽出にとって不可欠である乱数と乱数表の取扱いを説明しよう。0から9までの数字を2回ずつ割り振った正20面体を乱数サイと呼び，デタラメな数列を作るために使われる。乱数サイを1回投げる試行では，標本空間は0から9までの10個の基本事象を含む。また，個々の基本事象の起きる確率は1/10である。

　乱数列の例をあげると

　　80422 96933 40837 89771 78098 93506 78799 48910 35182 71835 72562

などとなっている。数えやすいよう，5個ずつ整数を組んである。このような乱数列が無作為標本の抽出に使われる。たとえば，番号のついた1,000名の学生の中から50名を無作為に抽出する場合には，すごろくの方法で3桁の数を選び，これを50回繰り返せばよい（000を1,000とする）。

　乱数表（巻末付表1）は，乱数列を表にしたもので，乱数表を使うにはサイコロを2回振るなどして行と列の番号を決める。このようにして決まった行と列の交点を最初の乱数とする。次の乱数はサイコロを再度振り，規則性がない方法で選んでいけばよい。

　乱数表に含まれる乱数は，次の重要な性質を持つ。

1) n 個の乱数を選んで0から9までが出る割合を計算すると，n が増えるに従い 0.1 に近い値となる。
2) 1)の性質は，乱数表から無作為に抽出されたすべての乱数列についていえる。

ここにあげた乱数は 0 から 9 までの整数が同じ確率で現れるように工夫されている。他に正規確率変数の性質を持つべく作られた正規乱数，一様確率変数の性質を持つべく作られた一様乱数など，今日の計算技術によれば目的にかなった分布を持つ乱数を自由に作り出すことができる。

4.2 標本平均の分布

■ 無作為標本から得た標本平均

確率変数の基本的な分布型を前章で説明した。ところで実際の統計的推論では，確率変数の関数である統計量の分布が問題となる。その最も単純な場合が標本平均の分布である。

データが与えられると標本平均は 1 個しか求まらない。しかしデータが繰り返し得られれば，標本平均値も繰り返し得ることができる。このように考えると，標本平均が分布を持つことが理解できよう。

他方，母分布の平均値（母平均）や分散（母分散）は未知ではあるが，値が定まっている。母分布が知られていなくとも，標本平均の平均値と分散について次の定理を得る。観測個数が大であるほど，標本平均は母平均の周囲に集中していることがわかる。

▶ **定理 4.1**

確率変数 X の平均値は μ，分散は σ^2 であるとする（母集団の平均値が μ，分散は σ^2 ということと同義である）。無作為標本 $\{X_1, X_2, \cdots, X_n\}$ より標本平均

$$\overline{X} = \frac{1}{n}(X_1 + X_2 + \cdots + X_n) = \frac{1}{n}\sum_{i=1}^{n} X_i \tag{4.1}$$

を求めると，$\overline{X}$ の平均値は μ，分散は σ^2/n となる。

証明 「和の期待値は期待値の和」という基本性質(3.23)式により,

$$E(X_1+X_2+\cdots+X_n)=\sum_{i=1}^{n}E(X_i) \tag{4.2}$$

と変形できる。連続確率変数を例にあげると,右辺は

$$\sum_{i=1}^{n}\int_{-\infty}^{\infty}x_i f(x_i)dx_i=\sum_{i=1}^{n}\mu=n\mu \tag{4.3}$$

となるから平均値の性質は明らかである($f(x)$はXの密度関数である)。次に分散を計算しよう。平均値がμだから,標本平均の定義により分散は

$$E[(\overline{X}-\mu)^2]=\frac{1}{n^2}E\{[(X_1-\mu)+(X_2-\mu)+\cdots+(X_n-\mu)]^2\} \tag{4.4}$$

となる。2乗を展開すればn^2個の項が含まれる。そのうちn個は2乗の形,他の$n(n-1)$個は積の形になっている。ここで積の項については,確率変数の独立性により「積の期待値」が「期待値の積」に分解でき

$$E\{(X_1-\mu)(X_2-\mu)\}=E\{(X_1-\mu)\}E\{(X_2-\mu)\}=0\times 0$$

となる。期待値$E\{(X_2-\mu)\}$は0である。2乗の形になっているn項については,分散の定義により,たとえば

$$E\{(X_1-\mu)^2\}=V(X_1)=\sigma^2 \tag{4.5}$$

となる。2乗の項の期待値が全体でn個あるから定理の結果を得る。

(終わり)

この定理で必要なのは,母集団における平均値と分散が存在することだけである。平均値と分散の値が既知である必要はない。母分布などは特定されなくてよい。定理の意味は重要である。同一母集団から大きさnの標本を得たとき,標本平均が持つ分布の平均値は,母平均値に等しい。その分散は母分散の$1/n$になっている。分散は散らばり具合を示すから,nが大きいほど標本平均の散らばりは小さくなる。

例4.1
確率変数 X は1をとる確率が p であるベルヌーイ確率関数を持つとしよう。母平均値は p, 分散は $p(1-p)$ だから、大きさ n の無作為標本を得れば、定理により標本平均の平均値は p, 分散は $p(1-p)/n$ となる。

■ 統計量の分布

標本分布を求めるとは、確率変数 X に関する無作為標本 $\{X_1, X_2, \cdots, X_n\}$ があり、この無作為標本から求まる統計量 $s\{X_1, X_2, \cdots, X_n\}$、たとえば標本平均, の分布を求めることである。母集団における確率変数 X の分布が与えられていても、標本平均の分布の導出は容易ではない。導出できたとしても非常に面倒になることもある。

例4.2
母集団の分布が $(0, 1)$ 区間での一様分布であるとしよう。この場合は和の分布は複雑になる。和を W とすれば、n が2のときは W の密度関数は底辺を $(0, 2)$ とする二等辺三角形になっている。$\overline{X}$ の密度関数は底辺を $(0, 1)$ とする二等辺三角形である。n が3のときは、密度関数は2次曲線の組合せになり、釣り鐘型を示す（証明は高度である）。

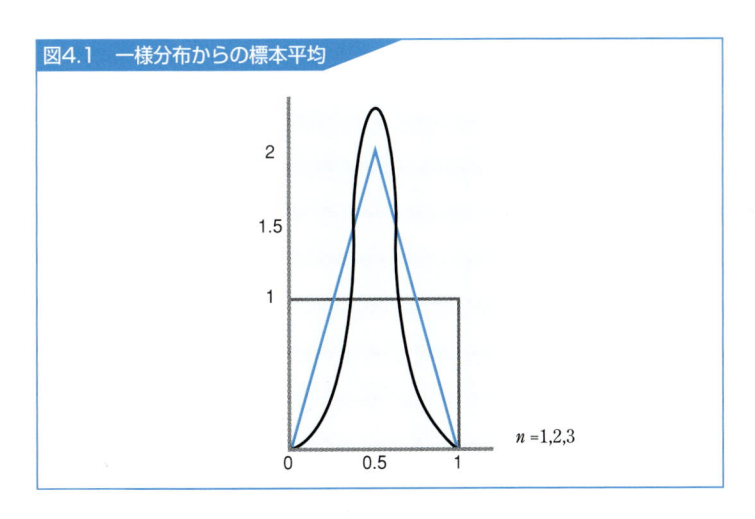

図4.1　一様分布からの標本平均

■ 標本成功率の分布

ベルヌーイ試行において，標本平均 $\overline{X}$ は n 分の 1，n 分の 2，といった分数値をとる。その標本分布，

$$p_{\overline{X}}(x) = P(\{\overline{X}=x\}), \quad x=0, \ \frac{1}{n}, \ \frac{2}{n}, \ \cdots, \ 1$$

を求めると，

$$p_{\overline{X}}(x) = {}_nC_{nx} p^{nx}(1-p)^{n-nx}$$

となる。この確率関数より，$\overline{X}$ の平均値は p，分散は $p(1-p)/n$ と求まる。平均と分散は，定理 4.1 によっても導くことができる。

証明 * $Y = \sum_{i=1}^{n} X_i$ は $B(n,p)$ に従って分布しているから，確率関数は
$P_Y(y) = {}_nC_y p^y(1-p)^{n-y}, \ y=0, \ 1, \ 2, \ \cdots, \ n$

である。$\overline{X}$ と Y の定義から，$P(\{\overline{X}=x\}) = P(\{Y=nx\})$，となる。したがって，$\overline{X}$ の確率関数は Y の確率関数中の変数 y を nx に変えればよい。

(終わり)

ベルヌーイ分布から得る標本平均はその分子が成功回数になっているから，**標本成功率**という意味を持つ。図 4.2 では p が 0.3，n が 10 と 100 の場合について成功率の分布を示す。100 の図は連続曲線のように見える。

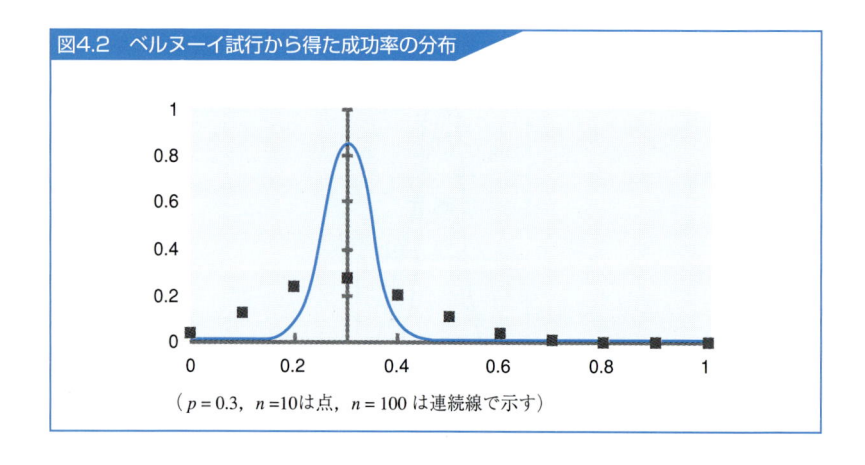

図4.2 ベルヌーイ試行から得た成功率の分布

($p=0.3$，$n=10$ は点，$n=100$ は連続線で示す)

■ 統計量の期待値

統計量 $s(X_1, \cdots, X_n)$ の関数 $g(s)$，たとえば $\overline{X}$ の 2 乗の数学的期待値を求める方法は 2 通りある。s の密度関数を $f(s)$ とすると，$g(s)$ の期待値は

$$E(g(s)) = \int_{-\infty}^{\infty} g(x) f(x) dx \tag{4.6}$$

となる（右辺の x は積分変数であるので，記号は自由である）。

他方，統計量 s は $s(X_1, \cdots, X_n)$ という表現からも明らかなように，確率変数 X_1 から X_n の関数である。したがって $g(s)$ の数学的期待は $X_1, \cdots, X_n$ の密度関数を用いて計算することもできる。この二つの計算は同じ値をもたらす。

$g(s) = \overline{X}$ とすると，期待値は $p_{\overline{X}}(x)$ を用い，(4.6)式に沿って計算することができる。あるいは定理 4.1 によって，$\overline{X}$ を構成する個々の確率変数に関して期待値を計算してもよい。

例 4.3 【ポアソン分布の再生性】 母分布が母数 μ のポアソン分布である場合を分析する。独立なポアソン確率変数の和はやはりポアソン確率変数で，その母数は個々のポアソン母数の和になっている。だから，$Y = \sum_{i=1}^{n} X_i$ は母数が $n\mu$ のポアソン分布を持つ。その確率関数は，次式で与えられる。

$$p_Y(k) = \frac{(n\mu)^k \exp(-n\mu)}{k!}, \quad k = 0,\ 1,\ 2,\ \cdots,\ \infty$$

ポアソン分布の再生性を用いれば，$\overline{X}$ の分布は二項確率変数の例と同様に求まる。つまり，

$$P(\{\overline{X} = x\}) = P(\{Y = nx\}), \quad x = 0,\ \frac{1}{n},\ \frac{2}{n},\ \cdots,\ \infty$$

の関係より，Y の確率関数中の k を nx に置き換えればよい。この標本分布を用いて，$\overline{X}$ の期待値と分散を求めなさい。

■ 正規確率変数の和の分布

正規母集団 $n(\mu, \sigma^2)$ から標本母集団を得た場合には，$\overline{X}$ の分布はどのようになるだろうか。定理 4.1 によって，平均値は μ，分散は σ^2/n になるが，$\overline{X}$ の分布を知るには平均と分散だけでは不十分である。次の一般的な定理が重要である。

> **▶ 定理 4.2　正規分布の再生性**
>
> 確率変数 X_i, $i=1, 2, \cdots, m$, が $n(\mu_i, \sigma_i^2)$ に従って独立に分布しているとする。c_i を定数列とすれば，$\sum_{i=1}^{m} c_i X_i$ は，$n\left(\sum_{i=1}^{m} c_i \mu_i, \sum_{i=1}^{m} (c_i \sigma_i)^2\right)$ に従って分布する。

本書のレベルを超えるが，この定理は<u>積率母関数</u>により証明できる。n 個の独立な正規確率変数から得た任意の 1 次関数 $c_1 X_1 + c_2 X_2 + \cdots + c_m X_m$ は，やはり正規確率変数になることがわかる。したがって平均値と分散だけを計算すれば，1 次結合の分布を完全に知ることができる。

定理 4.1 と 4.2 をあわせれば，次の性質が導かれる。

> **▶ 定理 4.2 系**
>
> 正規母集団 $n(\mu, \sigma^2)$ から大きさ n の無作為標本を得たとする。標本平均 $\overline{X}$ は，$n\left(\mu, \dfrac{1}{n}\sigma^2\right)$ に従って分布する。

■ 有限母集団からの標本平均*

以上では，標本が無限母集団から得た無作為抽出の場合を説明した。次に，標本が有限母集団から非復元抽出されている場合について，標本平均の性質を説明しよう。

母集団の大きさを N としよう。だから，母集団に含まれる調査対象者は N 人である。この母集団から大きさ n の標本を非復元抽出する。記号を使うなら母集団は $\{x_1, x_2, \cdots, x_N\}$ で，小文字 x は母集団を形成している要素を表す。標本は $\{X_1, X_2, \cdots, X_n\}$ とする。小文字は確率変数を意味せず，

大文字は誰が標本に入るかわからないので確率変数である。

母集団は有限だから，母平均は母集団に含まれるすべての要素の平均値を求めればよく

$$\mu = \frac{1}{N}(x_1 + x_2 + \cdots + x_N) \tag{4.7}$$

となる。また母分散は

$$\sigma^2 = \frac{1}{N}\sum_{i=1}^{N}(x_i - \mu)^2 \tag{4.8}$$

である（(1.3)式を参照のこと）。

標本平均の定義は無限母集団の場合と変わらない。有限母集団からの非復元抽出の際も標本平均の期待値は母平均に一致し，

$$E(\overline{X}) = \mu \tag{4.9}$$

となる。標本平均の分散は

$$V(\overline{X}) = \frac{N-n}{N-1}\frac{\sigma^2}{n} \tag{4.10}$$

となり，無限母集団の場合よりも小さくなる。二式は導出しないが，標本平均の期待値は N が 3 の場合について次の例で証明する。

例 4.4 母集団は 3 個しか観測対象を含まず $\{x_1, x_2, x_3\}$，この母集団から大きさ 2 の無作為標本を抽出する。標本のすべて組合せは $\{x_1, x_2\}, \{x_1, x_3\}, \{x_2, x_3\}$，また各組合せを抽出する確率は 1/3 である。期待値は

$$E(\overline{X}) = \frac{1}{3}\left\{\frac{1}{2}(x_1+x_2) + \frac{1}{2}(x_1+x_3) + \frac{1}{2}(x_2+x_3)\right\}$$
$$= \frac{1}{3}(x_1+x_2+x_3)$$

つまり μ となる。

■ 層別抽出からの標本平均

　母集団がいくつかの性質を異にするグループから構成されている場合がある。このような母集団を調査する際は，まず母集団を異なるグループに分割し，その上で無作為抽出するのが自然である。分割された母集団は層 (strata, 単数型は stratum) と呼ばれ，抽出法は**層別抽出** (stratified sampling) あるいは**層化抽出**と呼ばれる。観測個数を n とすれば，n を層の大きさに応じて層の間で比例配分するのが自然であろう。この抽出を**層別比例抽出法**という。層別比例抽出法により得られた標本から母平均を推定する場合は，各層の標本平均を各層の割合を重みとして加重平均する。

　層別抽出を用いて計算された標本平均は，通常の標本平均よりも小さな分散を持つことが証明できる。たとえば選挙の結果を予測では，選挙区全体で無作為抽出を行って予測する方法がまずあげられる。これは異なる層を認識しない予測である。他方，選挙区を富裕層と貧困層に分け，富裕層と貧困層で別個に無作為抽出を行い，その結果を用いて予測する方法もある。後者の方が散らばりが少ないよい予測を与えるのである。

　正確には，層別抽出では各層の母平均を別個推定できるゆえに，標本平均の分散が減少する。各層の母平均が同じなら，層別抽出と無作為抽出から求まる標本平均の分散は同値になる。したがって母集団が異なるグループから構成されていても，平均が同じで散らばり具合にだけ大小がある場合は，層別抽出によって標本平均の精度を上げることはできない。

例 4.5　1999 年度版の『日本統計年鑑』によるとピアノ保有率は表 4.1 のようになっている。表から明らかなように，世帯種によってピアノの保有率はかなり異なっている。また 1975 年から 22 年で，世帯の種類にかかわらずピアノの保有率が高くなっていることがわかる。「家計収入の種類別世帯数」は第 4 行に示されており，各層が占める割合は（　　）の中に記されている。

　1997 年のデータを層別標本から求められた保有率とする。層別平均を用い

た標本平均値は

$$19.2 \times 0.038 + 23.0 \times 0.672 + 24.9 \times 0.29 = 23.4$$

と求まる．無作為抽出により求められたピアノ保有率は22.3％であった．

● 表4.1 ピアノ保有率

	農業	勤労者世帯	自営業世帯	合計
1975年	4.7%	12.2%	15.4%	
1997年	19.2%	23.0%	24.9%	
世帯数(1997)	146(3.8%)	2,609(67.2%)	1,125(29%)	3,880

4.3 チェビシェフの不等式と大数の法則

■ はずれ確率

観測値が特定の区間からはずれる割合は，1.1節で紹介したチェビシェフの不等式によっておおまかな値を知ることができる．この節では，任意の確率変数に関する性質として，チェビシェフの不等式を一般化する．

平均まわりの散らばり具合を検討する．また便宜上，確率変数 X を $Z=(X-\mu)/\sigma$ と標準化しておく．そして，Z が任意の区間

$$-c \leq Z \leq c \tag{4.11}$$

からはずれる確率を大まかに知るのが，チェビシェフの不等式の目的である．この区間は c が1なら1シグマ区間，2なら2シグマ区間と呼ばれることはすでに説明した通りである（3.4節を参照せよ．データに関するチェビシェフの不等式は1.1節を参照せよ）．

> ▶ **定理 4.3 確率変数の分布に関するチェビシェフの不等式**
>
> 正の実数 λ について，標準化された確率変数 Z は次の不等式を満たす．
>
> $$P(\{|Z| \geq \lambda\}) \leq \frac{1}{\lambda^2} \tag{4.12}$$

証明＊ Z の平均値は 0 分散は 1 であるから分散の定義より

$$1 = \int_{-\infty}^{\infty} z^2 f(z) dz$$

となる。ここで積分域を正と負に二分すると恒等的に

$$1 = \int_{-\infty}^{0} z^2 f(z) dz + \int_{0}^{\infty} z^2 f(z) dz$$

となるが，積分域を λ までに縮小すると，不等号

$$\geq \int_{-\infty}^{-\lambda} z^2 f(z) dz + \int_{\lambda}^{\infty} z^2 f(z) dz$$

を得る。z^2 を積分域における z^2 の最小値 λ^2 に変えると，下限が

$$\geq \lambda^2 \left(\int_{-\infty}^{-\lambda} f(z) dz + \int_{\lambda}^{\infty} f(z) dz \right) = \lambda^2 P(\{|Z| \geq \lambda\})$$

となる。　　　　　　　　　　　　　　　　　　　　　　　　　（終わり）

定理は，Z が μ から λ 以上はずれる「はずれ確率」の大まかな上限を与えるだけである。たとえば λ が 1 以上の場合は，2 シグマをはずれる確率は上限が 1/4，3 シグマは 1/9 となる。λ が 1 なら，はずれ確率の上限は 1 で，1 以下では応用上役に立たない。図 4.3 では，2 シグマをはずれる確率は 1/4 より小さい。

標準化をしない確率変数 X に関しては，(4.12)式を変形すれば

$$P(\{|X - \mu| \geq \sigma \lambda\}) \leq \frac{1}{\lambda^2} \tag{4.13}$$

となる。標準化さえ知っていれば，(4.12)式の方が覚えやすいだろう。さらに $\sigma \lambda$ を c と置き換えれば

$$P(\{|X - \mu| \geq c\}) \leq \frac{\sigma^2}{c^2} \tag{4.14}$$

となる。この式は定数 c によって**固定区間**を定め，その固定区間をはずれる確率の上限を与える。はずれではなく，区間に入る確率を求めたいのであれば，下限が次式で与えられる。

図4.3 2シグマ区間

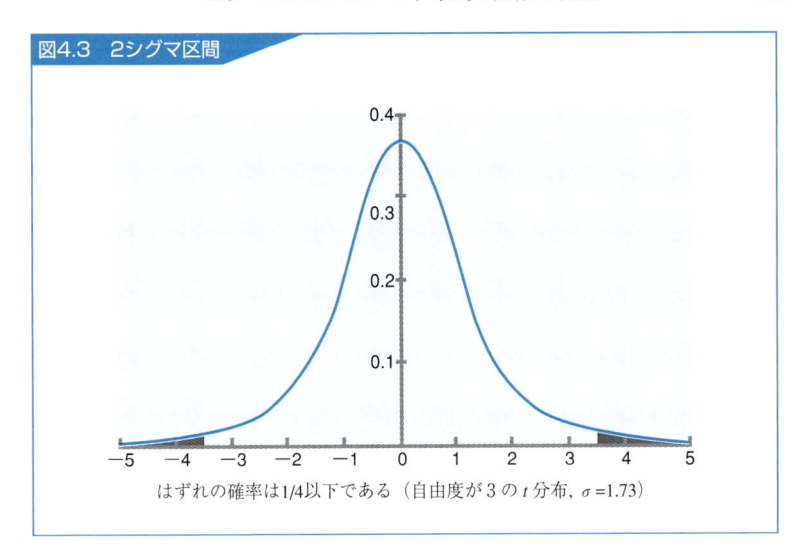

はずれの確率は1/4以下である（自由度が3のt分布, $\sigma=1.73$）

$$P(\{|X-\mu|\leqq c\})\geqq 1-\frac{\sigma^2}{c^2} \tag{4.15}$$

(4.12)式および(4.13)式についても，下限をたやすく導出できる。チェビシェフの不等式により次の大数の法則が証明できる。

■ 標本平均のはずれ確率

> **▶ 定理 4.4　大数の法則 1**
>
> 確率変数 X に関する無作為標本 $\{X_1, \cdots, X_n\}$ があり，X の母平均は μ，母分散は σ^2 とする。標本平均 $\overline{X}$ が，母平均から正の定数 c 以上はずれる確率の極限は 0，つまり
> $$\lim_{n\to\infty} P(\{|\overline{X}-\mu|\geqq c\})=0$$
> となる。

証明　(4.14)式で X を $\overline{X}$ に換える。また $\overline{X}$ の分散が σ^2/n だから，不等号の右辺の σ^2 を σ^2/n に換えればよい。

標本平均は都合のよい性質を持っている。標本を使って母数を測定することを**推定**と呼ぶが，大数の法則により，n が大きいならば，標本平均が母平均 μ からはずれる確率は非常に小さいことがわかる。

例 4.6 ベルヌーイ分布から得た，大きさ n の無作為標本があるとする。標本平均 $\overline{X}$ は標本成功率であり，かつその期待値は成功率 p に等しいから，母数 p の予想（推定）に役立つ。実際 p からのはずれの分散は $p(1-p)/n$ で，n が大きければ分散は 0 に収束する。$\overline{X}$ の確率関数を図示すれば，n が増えるにつれ分布は p のまわりに集中していき，n が 1,000 のときはほとんど点 p における**一点分布**になる。ただし一点分布とは 1 個の実数値だけを確率 1 でとり，他の値は実現しない確率変数の分布である。

図 4.2 はベルヌーイ試行から得た標本平均の分布である。μ はこの例では $p=0.3$ であるが，横軸座標に特定の区間を決めれば，$n=100$ の場合の方が区間からはずれる確率が小さくなる。n を増やせばはずれ確率は減少する。極限においては，はずれ確率は 0 になる。これが大数の法則である。

最後に大数の法則 1 よりも強い結果を持つ定理を述べておこう。この定理では母集団確率変数 X の分散は発散してもよい。証明は省略する。

▶ **定理 4.5 大数の法則 2** *

確率変数 X に関する無作為標本 $\{X_1, \cdots, X_n\}$ があり $E(X)=\mu$ とする。任意の正の定数 c について

$$\lim_{n\to\infty} P(\{|\overline{X}-\mu| \geqq c\}) = 0 \tag{4.16}$$

となる。ただし $\overline{X}$ は標本平均とする。

4.4 中心極限定理

■ 標準化統計量の分布

大数の法則によって標本平均は母平均 μ のまわりで分布し,はずれ確率は n が大きくなれば 0 に収束することがわかった。極限で標本平均の分布は一点分布になるが,一点分布とは定数に他ならず,確率変数の分布としては異常である。そこで標本平均を変形した統計量の分布が,一点ではなく広がりを持つ分布になるか否かに関心がもたれる。中心極限定理はこのような疑問に答えるもので,応用上重要である。

> ▶ **定理 4.6 中心極限定理**
>
> 無作為標本 $\{X_1, X_2, \cdots, X_n\}$ があり,母平均は μ,母分散は σ^2 であるとする。標本平均 $\overline{X}$ を標準化した統計量
>
> $$Z = \frac{\sqrt{n}}{\sigma}(\overline{X} - \mu) \tag{4.17}$$
>
> の分布は,n が大であれば標準正規分布で近似できる。

標本平均 $\overline{X}$ の平均値と分散は定理 4.1 で求まっているから,Z の平均値は 0,分散は 1 である。分母の n を外に出して,(4.17)式を

$$Z = \frac{1}{\sigma\sqrt{n}}\left(\sum_{i=1}^{n} X_i - n\mu\right) = \frac{1}{\sigma\sqrt{n}}\sum_{i=1}^{n}(X_i - \mu) \tag{4.18}$$

と書くこともできる。この定理により,n が大きければ Z の分布は正規分布で近似できる。定理が利用できるための条件は,母分布が平均と分散を持つことで,分布型はわかっていなくてもよい。

この定理により,n が大きければ標本平均が任意の区間に入る確率を近似的に求めることができる。たとえば区間 (a, b) に入る確率は,$\overline{X}$ を標準化すれば,

$$P(\{a \leqq \overline{X} \leqq b\})$$
$$= P\left(\left\{\frac{1}{\sigma}\sqrt{n}(a-\mu) \leqq Z \leqq \frac{1}{\sigma}\sqrt{n}(b-\mu)\right\}\right) \quad (4.19)$$

となる。不等式の新しい上限と下限を a', b' とすれば，$\overline{X}$ が区間 (a, b) に入る確率は Z が区間 (a', b') に入る確率と同じである。後者は標準正規分布によって近似できる。中心極限定理を使って近似的に確率を求める際も，確率変数の標準化が役に立っている。ただし母平均と母分散の値がわかっていなければ，応用上は(4.19)式の確率は計算できない。

例 4.7 ある蛍光灯の生産工程から生産される蛍光灯の寿命は過去の記録から平均 1,300 時間，標準偏差 σ が 25 時間であったとする。ある日この生産工程より 16 本の蛍光灯を抜き出し，その寿命の標本調査を行うことになったが，16 本の蛍光灯の平均寿命が 1,300 時間以上で 1,325 時間以下である確率を求めよう。

この問題は a が 1,300，b が 1,325，n が 16，σ が 25 だから a' は 0，b' は 4 となる。この二つの数値により，巻末付表 4 から求まる確率はほぼ 0.5 となる。

標本平均が 95% の確率を伴って入る区間 $(-b, b)$ を求めよう。標準正規分布の知識，あるいは巻末付表 4 によって

$$P(\{-1.96 \leqq Z \leqq 1.96\}) \approx 0.95$$

であるから，$b'=1.96$ を b について解けば，$b=1312.5$ と求まる。だから

$$P(\{1287.5 \leqq \overline{X} \leqq 1312.5\}) \approx 0.95$$

となる。母平均が 1,300 時間であれば，標本平均が 1,300 時間から 12.5 時間以上はずれるのは 100 回の内 5 回程度であることがわかる。

■ 厳密分布の正規近似

中心極限定理による近似を使う場合には 2 種の異なった状況がある。第 1 は標本分布が導けない場合である。第 2 は，標本分布が複雑で，確率計算が

困難な場合である．一様分布の場合など，複雑ではあるが標本平均の分布は知られている．しかし，応用では，中心極限定理による近似計算が使われる．

正規母集団では，標本平均は正規分布の再生性により厳密に正規分布に従って分布している．だから，中心極限定理によらず，正規分布表によって確率などを厳密に計算することができる．

もっとも母集団での確率変数の分布が正規分布に従うという仮定は，単なる近似として述べられていることが多い．だから，近似的な正規母集団の条件下で正規分布の再生性を使って厳密な確率を求めることも，平均と分散しか与えられていない母集団の下で中心極限定理を使って近似的に確率を求めることも，内容においては差異がない．

■ 中心極限定理によるポアソン分布の正規近似

母数 μ が大であれば，ポアソン確率変数の分布は正規分布で近似できる．式で表現するならば，X が母数 μ のポアソン分布に従って分布しており，かつ μ が大ならば，

$$P(\{a \leqq X \leqq b\}) = P\left(\left\{\frac{1}{\sqrt{\mu}}(a-\mu) \leqq Z \leqq \frac{1}{\sqrt{\mu}}(b-\mu)\right\}\right) \quad (4.20)$$

となる．ただし Z は標準化確率変数で，右辺の確率は標準正規分布によって近似できる．

ポアソン分布の形状は，母数 μ が大きいほど正規分布に近くなっていることに注意しよう．分布表を一見しただけではわからないかもしれないが，少なくとも μ が小さければ，ポアソン分布が平均のまわりで対称な分布になっているとはいいがたい．正規近似の精度は μ が大きいほど改善する．

証明* $X_1, \cdots, X_n$ を母数が λ のポアソン確率変数とする．n が大であれば中心極限定理および(4.18)式により標準化統計量

$$Z = \frac{1}{\sqrt{n\lambda}}\left(\sum_{i=1}^{n} X_i - n\lambda\right) = \frac{1}{\sqrt{n\lambda}}\sum_{i=1}^{n}(X_i - \lambda) \quad (4.21)$$

の分布は，標準正規分布で近似できる．ところで $\sum_{i=1}^{n} X_i$ を X と記せば，ポア

ソン分布の再生性によって，X は母数が $n\lambda$ のポアソン分布に従う。さらに $n\lambda$ を μ と記せば，(4.21)式は母数が μ のポアソン確率変数を標準化しているにすぎない。その分布は，標準正規分布で近似できる。　　　（終わり）

図4.4 では，平坦な点々が，$n=5$，$\lambda=1$，したがって $\mu=5$ の場合のポアソン確率関数を示している。平均は5であるが，分布は左右対称にはなっていない。標準化統計量の確率関数は縦軸を中心とする点で示す。標準正規密度関数は縦軸を中心とする滑らかな曲線である。標準化統計量は $n=5$ であるので標準正規から少しずれていることが理解できよう。観測個数を大きくすればこのずれは小さくなり，極限ではなくなる。

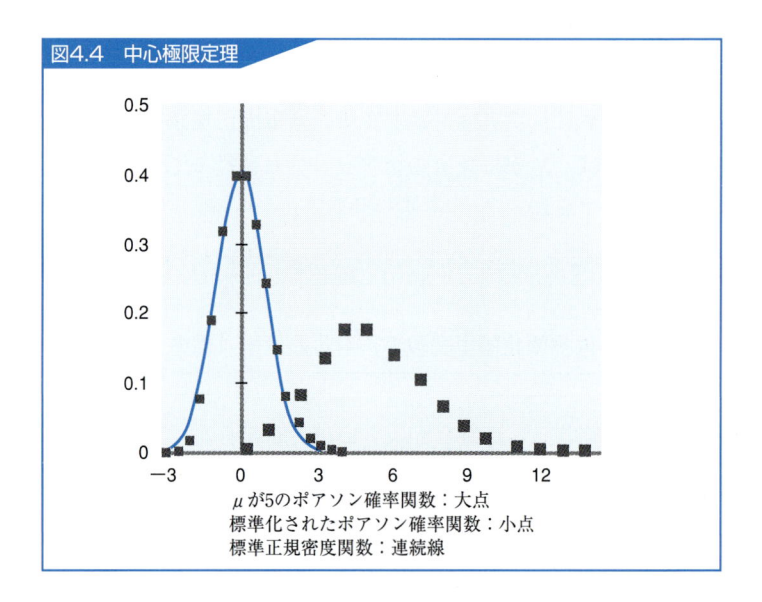

図4.4 中心極限定理

μ が5のポアソン確率関数：大点
標準化されたポアソン確率関数：小点
標準正規密度関数：連続線

例4.8　ある自動車セールスマンが売る乗用車の販売台数は，4週間に1台の割合のポアソン確率分布に従っているとする。4週間の売上数を確率変数 X_i と記すなら，X_i は λ が1のポアソン分布に従う。同じセールスマンが1年間（52週間）に15台以上20台以下の乗用車を販売する確率を求めよう。

ポアソン分布を適用すると1年間の販売量，X_1 から X_{13} までの和 X は母数が 13 のポアソン分布に従っている．厳密な確率は巻末付表 3，$\lambda=13$ の列より

$$P(\{15 \leqq X \leqq 20\}) = 0.301$$

となる．等式，$P(\{15 \leqq X \leqq 20\}) = P(\{X \leqq 20\}) - P(\{X \leqq 14\})$ を使っている．

この確率を正規近似すれば，X の平均値も分散も 13 だから巻末付表 4 より

$$P(\{15 \leqq X \leqq 20\}) = P(\{Z \leqq 7/\sqrt{13}\}) - P(\{Z \leqq 1/\sqrt{13}\})$$
$$\approx 0.974 - 0.610 = 0.36$$

となる．第 1 の等号は X を標準化しているだけだが，第 2 の等号は標準正規による近似値である．

近似の精度があまりよくないから**連続性補正**（continuity correction）を導入する．連続性補正は離散分布を正規近似する際に区間の上限を 0.5 広げる方法である．この例に応用すると

$$P(\{15 \leqq X \leqq 20\}) = P(\{X \leqq 20.5\}) - P(\{X \leqq 14.5\})$$
$$= P(\{Z \leqq 7.5/\sqrt{13}\}) - P(\{Z \leqq 1.5/\sqrt{13}\})$$
$$\approx 0.981 - 0.661 = 0.32$$

と計算され，近似の精度は多少改善する．

■ 中心極限定理による二項確率の正規近似

二項分布に関する計算では正規近似が頻繁に使われる．母分布が，成功率 p であるベルヌーイ分布であるとする．無作為標本 $\{X_1, X_2, \cdots, X_n\}$ の総和を X と記す．X の平均値は np，分散は npq，$q=1-p$ であるから，標準化すると，

$$Z = \frac{1}{\sqrt{npq}}(X - np) \tag{4.22}$$

となる．中心極限定理により，n が大きければ Z の分布は標準正規分布で近似できる．ポアソン分布と同様に，次の確率

$$P(\{X \leqq b\}) = P\left(\left\{Z \leqq \frac{1}{\sqrt{npq}}(b-np+0.5)\right\}\right) \tag{4.23}$$

は，標準正規分布表により近似的に求めればよい．(4.23)式で，右辺の不等式の上限に含まれる 0.5 は連続性補正による．

n が大きければ，二項確率分布は標準正規分布で近似できる．二項分布の図形を眺めればわかるように，二項分布が平均値のまわりで対称になるには，平均値 np がかなり大きくないといけない．p が 0.5 なら np は 5 以上であることが望ましい．だから，n は 10 以上でないといけない．p が 0.1 だと n が 50 でも分布の裾はかなり厚く，中心部は平均値と分散が共通する正規分布よりも薄い．

例 4.9　例 4.6 で説明した方法でベルヌーイ実験をたとえば 10 回すると，10 個の値から標本平均が 1 個計算できる．この手続きを 100 回繰り返せば，標本平均が 100 個求まる．そしてこの 100 個の標本平均は真の確率 0.7 のまわりで分布しているが，実際にこの実験を行うと次の度数分布表を得た．第 1 行は標本平均がとった値，第 2 行は観測された度数である（確率変数の性質を実際に実験を繰り返して確かめることを，シミュレーションという．例 3.16 を参照せよ）．

●表 4.2　ベルヌーイ (0.7) のシミュレーション

座標値	0.4	0.5	0.6	0.7	0.8	0.9	1.0	計
座数	3	16	18	23	19	20	1	100

ここで X を n が 10，p が 0.7 の二項確率変数とする．(4.22)式を用い変換すれば，たとえば標本平均が 0.85 より小さい値をとる確率は正規近似により

$$P(X/10 \leqq 0.85) = P(X \leqq 8.5) \approx P(Z \leqq 1.035) = 0.8497$$

と巻末付表 4 より求まる．二項確率分布表からは，厳密な確率が 0.851 と求まるから，正規近似は正確である（巻末付表 2 の $n=10$，$p=0.3$ の列より，

失敗回数が1回以下の確率は，0.149になる）。実験結果から求まる確率は0.79である。繰り返し回数を100くらいではなく1,000回くらいにすれば，実験結果と二項確率分布表の値は似てくる。

例4.10　あるテレビ工場では生産工程から1週間に20台抽出し，性能検査を行う。抽出された個々のテレビは欠陥確率 p が 0.1 のベルヌーイ分布に従っているとしよう。さらに20台中もし3台以上欠陥が見つかれば，その工程は生産を中止し欠陥の原因を究明することになっている。したがって工程を停止しないですむには欠陥台数は2台以下でないといけない。

欠陥台数を X とすれば，X は母数が20と0.1の二項分布に従うから，工程を中止しないですむ確率は，巻末付表2の，$n=20$，$p=0.1$ の列より

$$P(\{X \leq 2\}) = 0.677$$

となる。正規近似をすると，平均値は $np=2$ だから，巻末付表4より

$$P(\{X \leq 2\}) = P(\{Z \leq 0\}) \approx 0.5$$

である。近似はあまりよくない。連続性補正をすれば $npq=1.8$ だから

$$P(\{Z \leq 0.5/\sqrt{1.8}\}) \approx 0.644$$

となり，かなり改善される。小数の法則によるポアソン近似(3.36)式を使えば

$$P(\{X \leq 2\}) \approx \sum_{i=0}^{2} 2^i \frac{\exp(-2)}{i!} = 0.677$$

となり，近似は正確である（巻末付表3，λ が2の列を見る）。

例4.11　ヒト免疫不全ウィルス（HIV）は感染してもAIDSを発病するとは限らず，感染者のうちで何ら症状を出さない人が70%いるとされる。日本では1988年5月の時点では感染者が1,038人，そのうち患者が80名で発病率は30%よりもはるかに低い。

1999年時点ではHIV感染者数は3,404，さらにAIDS患者は1,576人で，

他の国々と比較すれば総数は依然として非常に少ないが，発病率は30％に近くなっている。累積死亡者数は1,155名である（エイズ動向委員会報告）。

世界的には98年度の新規感染者は580万人，HIV/AIDSを持って生きている人々が3,340万人，内15歳未満の子供は120万人となっている。98年度にAIDSで死亡した人は総数250万人，内訳は成人男性110万人，成人女性90万人，子供50万人という。流行開始以来の累積死亡者は1,390万人と悲惨である (http://www.who.int/emc-hiv/)。

ある感染者が発病するか否か統計的にはベルヌーイ試行になっていて，たとえば100名の感染者のうち発病しない者が70％，つまり70名以上である確率は二項確率関数によって計算できる。母数がnが100，pが0.7だから求める確率は

$$P(\{70 \leqq 非発病者 \leqq 100\})$$

だが，同じ確率は発病者が30％，つまり30名以下である確率によって得られる。この場合，nが100の詳細な分布表，あるいはExcelの「ワークシート関数」を用いると，成功確率pを0.3として

$$P(\{0 \leqq 発病者 \leqq 30\})$$

と求まる。成功確率pが0.5以上なら通常このような余事象に関する確率を求める。Xを発病者数として正規近似すると，巻末付表4より

$$P(\{X \leqq 30\}) = P\left(\left\{Z \leqq \frac{1}{\sqrt{21}}(30.5-30)\right\}\right) \approx 0.544$$

と求まる。近似は非常によい。30は二項分布の平均であるが，平均までの確率が0.5を少し越える。nがさらに大きくなれば0.5に収束する。

4.5 標本分散の分布

■ χ^2 分布（カイ2乗分布）

χ^2分布は互いに独立な標準正規確率変数の2乗和の分布で，この独立な確率変数の数を自由度と呼ぶ。Z_1からZ_kを独立に分布する標準正規確率変数

とすると

$$W = Z_1^2 + Z_2^2 + \cdots + Z_k^2 \tag{4.24}$$

が自由度 k の χ^2 確率変数で，k の値によって図 4.5 の様に分布が変化する。主要なパーセント点は巻末付表 5 で与えられている。

$\{X_i\}$ が平均 μ，分散 σ^2 の独立な正規確率変数であれば，

$$\frac{1}{\sigma^2} \sum_{i=1}^{k} (X_i - \mu)^2 \tag{4.25}$$

が自由度 k の χ^2 確率変数になる。χ^2 確率変数は再生性を持つ。

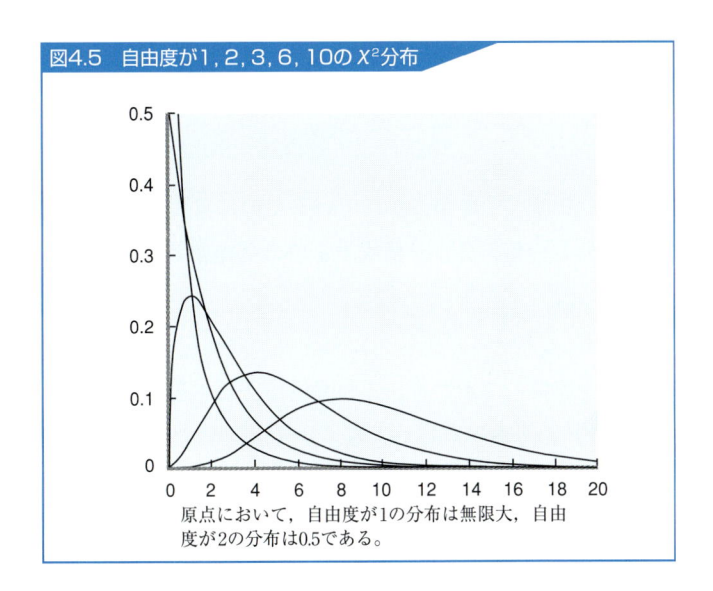

図4.5 自由度が1, 2, 3, 6, 10の χ^2 分布

原点において，自由度が1の分布は無限大，自由度が2の分布は0.5である。

■ 理論的性質*

たとえば Z_1^2 の平均値は Z_1 の分散だから 1 である。したがって W の平均値は，右辺に含まれる個々の項の平均値を足し合わせて，k になる。χ^2 確率変数の分散は自由度の 2 倍に等しい（密度関数は練習問題 15 に与えられている。分散は密度関数を使って計算する）。

■ 標本分散の分布

正規母集団から得た大きさ n の標本があったとしよう。標本分散は

$$S^2 = \frac{1}{n-1} \sum_{i=1}^{n} (X_i - \overline{X})^2 \tag{4.26}$$

と定義されるが，標本分散も統計量であることは明らかであろう。この標本分散の分布に関しては，次の定理がある。

> ▶ **定理 4.7**
>
> $n(\mu, \sigma^2)$ から得た無作為標本を $\{X_1, \cdots, X_n\}$ とすると，
>
> $$Y = \frac{1}{\sigma^2} \sum_{i=1}^{n} (X_i - \overline{X})^2 \tag{4.27}$$
>
> は自由度が $n-1$ の χ^2 分布に従って分布する。

Y では各 X_i から標本平均が引かれているために自由度が 1 減っている。直感的な説明は難しいが，分子を構成する項の単純和

$$\sum_{i=1}^{n} (X_i - \overline{X}) = \sum_{i=1}^{n} X_i - n\overline{X} \tag{4.28}$$

が 0 であることを指摘しておこう。この関係により左辺 n 項は独立性を失う。

定理によって S^2 の分布が計算できる。S^2 がある区間に入る確率を求めよう。σ を既知，W が自由度 $n-1$ の χ^2 確率変数とすれば，

$$P(\{a \leqq S^2 \leqq b\}) = P\left(\left\{\frac{1}{\sigma^2}(n-1)a \leqq W \leqq \frac{1}{\sigma^2}(n-1)b\right\}\right) \tag{4.29}$$

と変換できるから，任意の区間に S^2 が挟まれる確率は巻末付表 5 によって求めることができる。

S^2 の期待値は χ^2 確率変数の期待値より

$$E(S^2) = \frac{1}{n-1} \sigma^2 E(W) = \sigma^2 \tag{4.30}$$

となる。これは母分散に他ならない（S^2 は母分散の**不偏推定量**であるという。

4.5 標本分散の分布

5.7 節で説明される)。

例 4.12 母集団が正規分布であるとする。n が 20 の標本から標本分散を求めたところ、その値は 1.5 であった。母分散が 1 なら、標本分散が 1.5 より大きい確率は

$$P(\{1.5 \leqq S^2\}) = P(\{28.5 \leqq 19S^2\})$$
$$= P(\{28.5 \leqq \text{自由度が 19 の}\chi^2\text{確率変数}\})$$
$$= 0.0743$$

となる(列頭 0.100 と列頭 0.050 から近似する。0.075 としてもよい)。標準化すると

$$P(\{(28.5-19)/\sqrt{38} \leqq Z\}) \approx 0.0616$$

と標準正規分布で近似できる。自由度が大きければ近似の精度が改善されることは、図 4.5 からも明らかであろう。

例 4.13 母集団が正規分布であるとする。n が 20 の標本から得た標本分散の分布は、定理 4.7 により自由度が 19 の χ^2 分布を用いて計算できる。さらに自由度 19 の χ^2 確率変数 W が 90% の確率をもって入る区間は、巻末付表 5 の自由度 19 の行、5% 点と 95% 点から

$$P(\{10.12 \leqq W \leqq 30.14\}) = 0.90$$

と求めることができる。この式は

$$P\left(\left\{10.12 \leqq \frac{(n-1)S^2}{\sigma^2} \leqq 30.14\right\}\right) = 0.90$$

と変換できる。さらに

$$P\left(\left\{\frac{(n-1)S^2}{30.14} \leqq \sigma^2 \leqq \frac{(n-1)S^2}{10.12}\right\}\right) = 0.90$$

を得る。この式ではあらかじめ与えられた確率 0.90 を満たすように、区間の上限と下限が確率変数によって定められている。そして母分散 σ^2 は、確率 0.90 でこの区間に挟まれている。

4.6 標本平均と標本標準偏差の比の分布

■ t 分 布

Z を標準正規確率変数，W を自由度 k の χ^2 確率変数としよう。さらに Z と W が独立に分布していれば

$$t = \frac{Z}{\sqrt{W/k}} \tag{4.31}$$

は自由度 k の t 確率変数で，その分布を自由度が k の **t 分布** という。t 密度関数の分布型は図 4.6 のようになる。

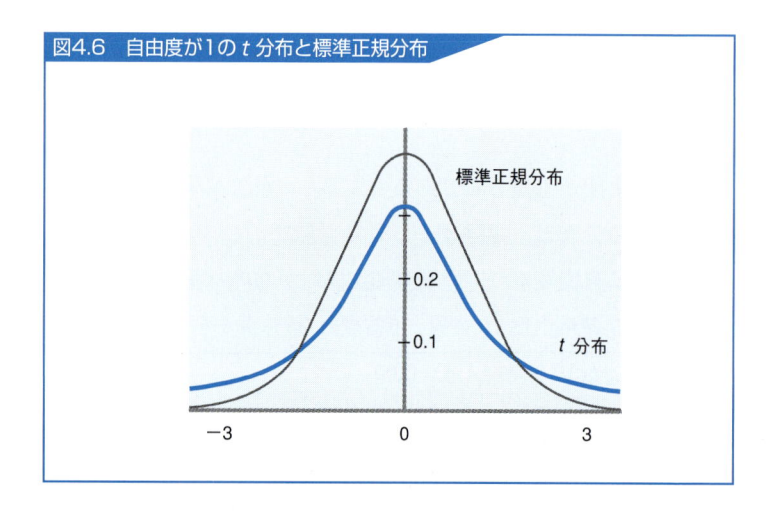

図4.6　自由度が1の t 分布と標準正規分布

t 分布は原点に関して対称な分布である。自由度が 1 のときは期待値も分散も存在しない。自由度が 2 のときは，期待値は存在するが分散が存在しない。自由度が 3 以上になってはじめて期待値も分散も存在する。

期待値は 0，分散は $k/(k-2)$ となるから，分散は 1 より多少大きい（章末に密度関数が与えられている）。自由度がある程度大きければ分散は 1 とほとんど変わらない。図からも自由度が大きくなれば分布の裾が薄くなり，散

4.6 標本平均と標本標準偏差の比の分布

らばりが小さくなることが理解できよう。

■ t 分布の正規近似

t 分布は自由度が大きければ標準正規分布で近似でき，

$$P(\{t \leqq c\}) \approx P(\{Z \leqq c\}) \tag{4.32}$$

となる（W は k 個の独立な確率変数の和であるから，k が大であれば W/k は大数の法則により 1 に収束する。t 確率変数の分母が 1 に近づくから，t 確率変数は分子の標準正規確率変数と変わらなくなる）。

■ t 統計量の分布

正規母集団 $n(\mu, \sigma^2)$ からの標本平均と標本分散の分布は定理 4.2 系と定理 4.7 で与えられるが，標本平均と標準偏差の比

$$t = \frac{1}{S}\sqrt{n}(\overline{X} - \mu) \tag{4.33}$$

は自由度が $n-1$ の t 分布に従って分布している。この比を t 統計量（t 比）という。n が大なら t 統計量の分布は $n(0,1)$ で近似できる。

$(\overline{X} - \mu)$ の分布は $n(0, \sigma^2/n)$ だから，標準化すると

$$\frac{1}{\sigma}\sqrt{n}(\overline{X} - \mu) \tag{4.34}$$

が標準正規確率変数となる。この確率変数の定義中で σ は未知だから，σ を S に置き換えると，分布は標準正規から t 分布に変わる。しかし分子の μ は未知であることに変わりない。

例 4.14 ある電球工場で生産される電球の寿命は，平均が 800 時間の正規分布に従っているとする。生産される電球のうち 12 個を無作為抽出し，寿命を調べて標本分散を計算したところ 144 時間^2 であった。従来の検査基準として，抽出された 12 個の電球の平均寿命が 800 時間から 6 時

間以上はずれていなければ，生産工程は正常であると判断される。

統計的には，生産工程がまったく正常であったとしても，12個の電球の標本平均が800時間から6時間以上不足する可能性がある。このような誤りを6.8節で第1種の過誤と呼ぶが，この確率は

$$P(\{\overline{X}-800\leqq -6\})=P\Big(\Big\{\frac{\sqrt{12}(\overline{X}-800)}{12}\leqq \frac{-6\times\sqrt{12}}{12}\Big\}\Big)$$

によって求まる。不等式の右辺は3の平方根である。左辺は自由度が11のt確率変数で，求める確率は0.056となる（巻末付表6では，ほぼ0.05とみなしてもよい）。これが第1種の過誤の確率である。標準正規分布で近似するとこの確率は0.042と求まり，t分布よりも値が小さくなる。正規分布はt分布よりも薄い裾を持っているので，この結果は当然である。標本が大きくなれば近似の精度も高くなる。

4.7　標本分散比の分布*

■ F 分 布

Vを自由度がmのχ^2確率変数としWを自由度がkの同じくχ^2確率変数とする。ここでVとWが独立に分布していれば，VとWの比率

$$F=\frac{V/m}{W/k} \tag{4.35}$$

は自由度がmとkのF分布に従って分布する。密度関数の形状は図4.7のようになる。分子の自由度が1の場合はt統計量(4.31)式の2乗に等しい。

F確率変数の期待値は$k/(k-2)$と求まる。またkが3以上でないと期待値は存在しない。kが大きければ期待値はほぼ1である（密度関数は章末に与えられている）。

図4.7　F分布

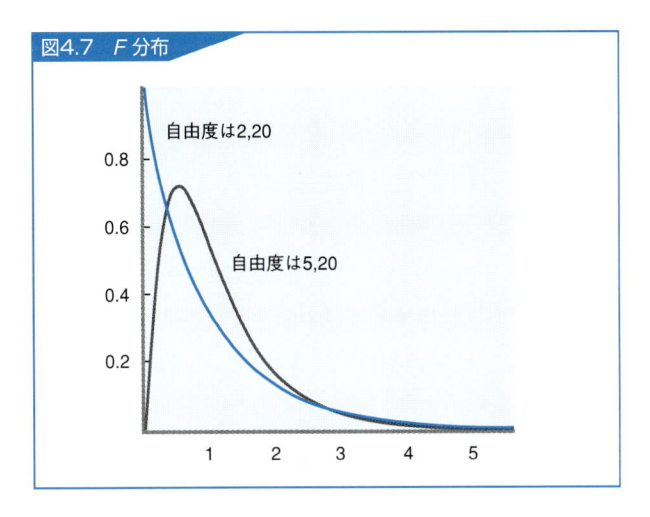

自由度は2,20
自由度は5,20

■ F 統計量の分布

正規母集団が2種あるとしよう。各母集団から大きさが n_1, n_2 の無作為標本を抽出し，得られる標本分散を S_1^2, S_2^2 とする。母分散 σ_1^2, σ_2^2 は既知であるとすると，F 統計量（F 比）

$$F = \frac{S_1^2/\sigma_1^2}{S_2^2/\sigma_2^2} \tag{4.36}$$

は自由度が n_1-1, n_2-1 の F 分布に従って分布する。分散が未知の場合でも，2個の母分散が等しければ F 統計量は標本分散の比に一致する。

4.8　順序統計量*

母集団から抽出された無作為標本を $\{X_1, X_2, \cdots, X_n\}$ とする。標本に含まれる各個体を，小さい値から順に並べ替えて，$X_{(1)}, X_{(2)}, \cdots, X_{(n)}$ と書く。このように，大きさの順に並べた個体を**順序統計量**と呼ぶ。この順序統計量は次のような基本的な統計量を含む。

最大値（統計量）：$X_{(n)}$

最小値（統計量）：$X_{(1)}$

範囲（統計量）（レインジ。定義は，最大値 − 最小値）
$$: X_{(n)} - X_{(1)}$$
中央値（統計量）（メディアン）

n が奇数で $2m+1$ ならば中央値（統計量）は $X_{(m+1)}$ である。最大値（統計量）と最小値（統計量）から中点（ミッドレインジ）も定義できる。また，任意のパーセント点も順序統計量だが，n が有限であるから近似値しか求まらない。たとえば $100\alpha\%$ 点は $n\alpha$ 番目の順序統計量だが，一般には $n\alpha$ が整数とは限らないので $n\alpha$ に近い整数で置き換える。その他

四分位点

四分位範囲

などもある。注意すべき点は，最大値や最小値にしても，順序統計量全体がわかってはじめて決めることができることである。1個個体が抜けても，最大値や最小値が変わる可能性がある。中央値も変わりうる。そういう意味で，順序統計量は $s(X_1, X_2, \cdots, X_n)$ と書ける。

母集団における分布型にかかわらず，順序統計量の分布関数や密度関数が導出されている。母分布が $F(x)$ であるとすると，最小値と最大値の分布は最も簡単で，「すべての X は x より大」という事象の排反より

$$P(\{X_{(1)} \leqq x\}) = 1 - (1 - F(x))^n \tag{4.37}$$

となる。さらに「すべての X は x より小」という事象の確率より

$$P(\{X_{(n)} \leqq x\}) = F(x)^n \tag{4.38}$$

となる。一般論は本書の水準を越えるので説明は行わない。

例 4.15 サイコロを 10 回投げて最小値が 4 以下である確率は，(4.37) 式より $1-(1/3)^{10}$ となる。3 以下である確率は $1-(1/2)^{10}$ となる。最大値が 2 以下である確率は $(1/3)^{10}$ となる。

練 習 問 題

1. 各学生は1桁の乱数を50個とり，0から9までの数が出る標本確率を求めなさい。次に2人の学生の結果を合わせ，新たに確率を求めなさい。学生の数をさらに増やしていき，経験確率がどのような値になるか記録しなさい。

2. A君は乱数表から部分列を選ぶ際に，0を探し0の次の数を記録して数列をつくった。もちろん0の次が0ならばそのまま記録する。このような数列は乱数列といえるだろうか。

3. 例4.9では二項確率変数の近似の精度を $n=10$, $p=0.7$ について調べたが，同様の実験を n が50について行った。度数分布表は表4.3のようになった。実験結果から求まる確率と，正規近似から求まる確率を比較しなさい。また例4.9の結果とも比較しなさい。

●表4.3

階級	～0.525	～0.575	～0.625	～0.675	～0.725	～0.775	～0.825	～0.875	計
度数	2	2	6	23	31	26	8	2	100

4. バナナの卸業者A氏は，傷などない完全な商品を小売業者に発送する。完全に新鮮なバナナも時間がたてば傷んでくる。A氏が4箱について実験してみると，それぞれ110時間，106時間，98時間，112時間で傷み始めた。他方，得意先のB小売店はしばしば商品に対する苦情を伝えてくるが，この苦情についてA氏は疑問を抱いている。なぜならB小売店までの運送時間は高々96時間で，A氏が行った実験からは，96時間では商品が傷み始める可能性が非常に少ないからである。以上の情報をもとにして次の問に答えなさい。
    a) 損傷が始まるまでの平均時間と標準偏差を求めなさい。
    b) 損傷が始まるまでの時間が正規分布であるとする。a)で得た値を平均と標準偏差とし，96時間以下で損傷が始まる確率を求めなさい。

5. 標準正規母集団から n が 20 の無作為標本を得たとする。この標本から求まる標本分散の S^2 の 50％点，75％点，90％点，95％点を求めなさい。

6. 【例4.8】 セールスマンが 20 台から 30 台売る確率を，連続性補正を用いて計算しなさい（ポアソン確率は 0.034 である）。

7. 【例4.14】 α を 1％にするには，新たな検査基準を何時間にすればよいか（自由度が 11 の t 分布より右裾 1％点を求める。標準化統計量と 1％点に関する不等式を整理し，検査基準を求める）。正規分布で近似した場合にはどうなるか。

8. NTT が無作為に 144 本の長距離電話の通話時間を調べたところ，平均は 5 分，標準偏差は 1 分 30 秒であった。真の平均が 4 分 45 秒であるとわかっているとして，標本平均が少なくとも 5 分になる確率を求めなさい。さらに真の平均が 5 分 10 秒であるとして，標本平均が高々 5 分になる確率を求めなさい。
   通話時間の分布が平均および分散が未知の正規分布である，と仮定する場合としない場合において，求められる確率に生じる違いを述べなさい。

9. $\sigma=50$，n が 50，有限母集団の大きさが 100 のとき，標本平均の標準偏差を求めなさい。復元抽出の場合，標本平均の標準偏差はいくらになるか。

10. 標準正規確率変数と t 確率変数の違いを検討しなさい。一般の自由度について，標準正規確率変数および t 確率変数が 2 より大である確率の差異を述べなさい。

11. ある使い捨て剃刀のメーカーは，15 回の爽快な切れ味を保証する。ところが，5 名の利用者が実験を行ったところ，各々 12, 16, 10, 14, 8 回が限度であった。このデータをもとにすると，メーカーの宣伝はいかに評価されるだろうか（帰無仮説：95％の人は少なくとも 15 回使える）。

12. 【例4.11】 個人の発病率が 0.28 であるとして，100 人中 30 人以上が発病する確率を正規近似を用いて求めなさい（大数の法則の世界では，観測個数が大であれば，標本全体の発病確率は個人の発病確率に一致する）。

練 習 問 題

13. 定理4.2を変形すれば $\sqrt{n}(\overline{X}-\mu)/\sigma$ は $n(0, 1)$ の分布を持つ。また定理4.7により $(n-1)S^2/\sigma^2$ は自由度 $n-1$ の χ^2 分布を持つ。この両者を(4.31)式に当てはめ，(4.33)式を導きなさい。

14.** 観測個数を3とする。順序統計量を使うと中央値は $X_{(2)}$ となるが，この中央値の分布関数を求めなさい。ただし母集団における分布関数は $F(x)$ とする（注：$P(X_{(2)} \leq x)$ を求めるが，この事象は A：$\{X_{(1)}, X_{(2)}, X_{(3)}$ のすべて $\leq x\}$，B：$\{X_{(1)}$ と $X_{(2)} \leq x$，かつ $X_{(3)} \geq x\}$ という2つの背反事象を含む。A は $\{X_1, X_2, X_3$ のすべて $\leq x\}$ と同義である。B は $\{X_1, X_2, X_3$ の内2個が x より小，1個が x より大$\}$ と同義である）。

15.** 自由度が m の χ^2 確率変数 W は次の密度関数を持つ。
$$f(x) = \frac{1}{2^{m/2}\Gamma(m/2)} x^{m/2-1} e^{-x/2}$$
ただし m は自然数，x は正の実数をとる。$\Gamma(\cdot)$ はガンマ関数と呼ばれ，$\Gamma(1)=1$，$\Gamma(1/2)=\sqrt{\pi}$ となる。n を自然数とすれば $\Gamma(n+1)=n\Gamma(n)=n!$，奇数なら $\Gamma(n/2)=((n-2)/2)\Gamma((n-2)/2)$ などとなる。密度関数の性質より $f(x)$ の面積は1である。この性質を用いて

a)　$E(W)=m$ を証明しなさい。
b)　$V(W)=2m$ を証明しなさい。

参考：関数型は複雑であるが，自由度 m の t 確率変数 X の密度関数は
$$f(x) = \frac{\Gamma((m+1)/2)}{\Gamma(m/2)\Gamma(1/2)\sqrt{m}} \left(1+\frac{x^2}{m}\right)^{-(m+1)/2}$$
となる。ただし分布範囲は $(-\infty, \infty)$ である。$E(X)=0$ となることは分布の対称性より明らかであろう。$V(X)=m/(m-2)$ の証明には変数変換が必要である。同じく，自由度が m，n の F 確率変数 X の密度関数は
$$f(x) = \frac{\Gamma((m+n)/2)}{\Gamma(m/2)\Gamma(n/2)} \left(\frac{m}{n}\right)^{m/2} \left(1+\frac{m}{n}x\right)^{-(m+n)/2} x^{(m-2)/2}$$
と与えられる。期待値の計算には同じく変数変換が必要である。

■ コラム　株式のコール・オプション

　現在 1,000 円の銘柄 X がこれから値上がりする，と予想するならば，半年後に X を 1,000 円で買うという約束をしてもおかしくない。この様な約束を先物取引という。半年後に 1,100 円になっていればこの株を約束通り 1,000 円で買い，即座に 1,100 円で売れば 100 円の利益が出る。半年後に 900 円になっていれば，900 円の株を 1,000 円で買うわけで，即座に売ったとすると 100 円の損が出る。このような先物取引の収益は 78 頁図 2.9 と変わらない。

　背景は変わらないが，値上がりが予想されるという条件の下で，(ヨーロッパ型) コール・オプションは株価が半年後に契約価格 1,000 円以上であれば 1,000 円で買えるが，1,000 円以下であれば放っておいてよいという契約である。1,100 円なら 100 円の利益をもたらす。しかし，900 円なら何もせず，先物取引では避けられなかった 100 円の損失を回避する。契約価格を権利行使価格と呼ぶが，これは損のないうまい話で，収益図は図 4.8 の実線と一致する。

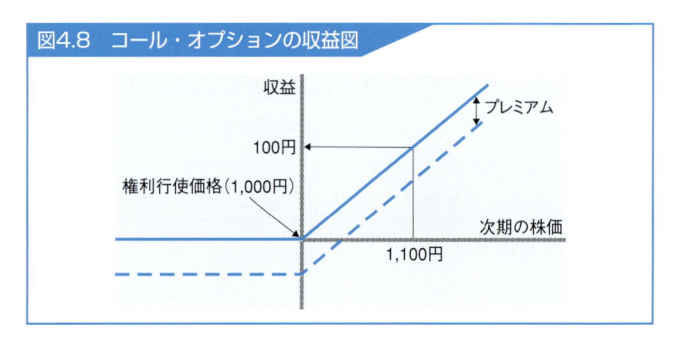

図4.8　コール・オプションの収益図

　この様な契約は損がないから買うのはよいが，売る人は必ず損をするわけで商売として成り立つはずがない。実際は，このオプション契約を買うためには価格を支払わねばならないが，この価格をプレミアムと呼ぶ。プレミアムを払ってコール・オプションを買い，もし株価が権利行使価格を超えれば差額からプレミアムを引いた額だけ儲ける。しかし株価が権利行使価格以下であれば，プレミアム分損をするのである。それではプレミアムはどう決まるのだろうか。

　このオプションの権利行使日における価値は，株価と権利行使価格を比較して大なる方に等しい。このオプション価値の期待値を，78 頁で示した確率微分方程式に従って変動する株式収益率の下で導出すると，それがプレミアムになる。この導出は複雑だが，これを導いたのがブラックとショールズである。値上がりではなく値下がりが予想される場合は，プット・オプションが使われる。

5

母数の推定

　前章までの知識を用いて，いよいよ統計的推測の方法を学ぼう。統計的推測の第1として母集団に含まれている**母数**（パラメーター）を推定する。第4章で述べたように，母集団とは調査対象を意味する。母数とは母集団を特徴づける指標である。そして推定とは，標本調査の結果を用いて母数の値を決める方法である。

　第4章では母集団を確率変数の分布によって表現したが，母数とは確率変数の分布を特徴づけるいくつかの係数である。たとえば，ある母集団から得られる観測個数 n の無作為標本（ランダムサンプル）を $\{X_1, \cdots, X_n\}$ と記し，各確率変数の平均は μ であると述べることは，μ が母集団における母数であることを示している。

　推定の方法を**推定量**と呼ぶ。推定量は標本を構成する確率変数 $X_1, \cdots, X_n$ の関数になっている。統計量と同様，推定量は未知母数を含まない関数

$$s(X_1, \cdots, X_n)$$

と書けるが，母数の値を決める計算方法と理解してもよい。推定量は確率変数である。推定量の値が標本観測値によって定まると，定まった値を**推定値**と呼ぶ。繰り返すが推定量は確率変数であり，推定値はその実現値である。

5.1 平均の推定（分散は既知）

■ 点推定

推定問題には大きく分けて**点推定**（point estimation）と**区間推定**（interval estimation）がある。点推定は母数を1個の数値で定めようとする方法である。推定値が母数に一致することは不可能であろうが，おおよそ母数に近い値を与えればよい。

例5.1 A君の数学の成績は気ままに変動していて，試験の点数は，未知平均 μ の正規分布に従うとしよう。標準偏差は10点とする。最近5回の成績は78, 62, 84, 87, 54であった。この成績より母平均の点推定値として標本平均値73がまず考えられる。

点推定とは母集団に含まれる未知母数に数値を与える方法のことである。μ の点推定としてはメディアン78点を考えてもよい。他にも，幾何平均 = 78.1，刈り込み平均 =74.7，などが知られている。点推定には数多くの方法があるが，各方法の統計的な性質を調べて統計的に信頼できる方法を利用しないといけない。特定の観測値，たとえば54，を推定に使うことは，信頼性の観点から望ましくない。

■ 標本平均の性質

平均 μ，分散 σ^2 の正規分布から得た無作為標本を $\{X_1, \cdots, X_n\}$ としよう。σ は既知とする。ここで母平均 μ の推定量として，標本平均

$$\overline{X} = \frac{1}{n}(X_1 + X_2 + \cdots + X_n) \tag{5.1}$$

の性質を分析する。

5.1 平均の推定（分散は既知）

■ 不 偏 性

定理 4.2 系により，$\overline{X}$ は $n(\mu, \sigma^2/n)$ に従って分布しているから，$E(\overline{X})= \mu$，となる。推定量の期待値が，母数に一致するとき，推定量は不偏性を持つという。$\overline{X}$ は不偏推定量である。

■ 一 致 性

観測個数 n が無限大に増えれば，任意の正数 c について，推定量 $\overline{X}$ が母数 μ から c 以上はずれる確率 $P(\{|\overline{X}-\mu|\geq c\})$ は 0 に収束する。したがって，n が大であれば，推定量は母数に近い値を示すと理解される。この性質を持つ推定量を，一致推定量という。$\overline{X}$ は μ の一致推定量である。

平均 μ を推定する問題では一致推定量は数多く存在する。特に中央値は μ の一致推定値としてよく知られているが，一致性の証明は難しい。

図 5.1 では，$\overline{X}$ の密度関数を異なる観測個数について描いてある。推定量 $\overline{X}$ は母数 μ を中心として釣り鐘型分布を持つが，n が大きくなれば分布は μ に集中する。n が無限大になれば，μ の一点に集中する。

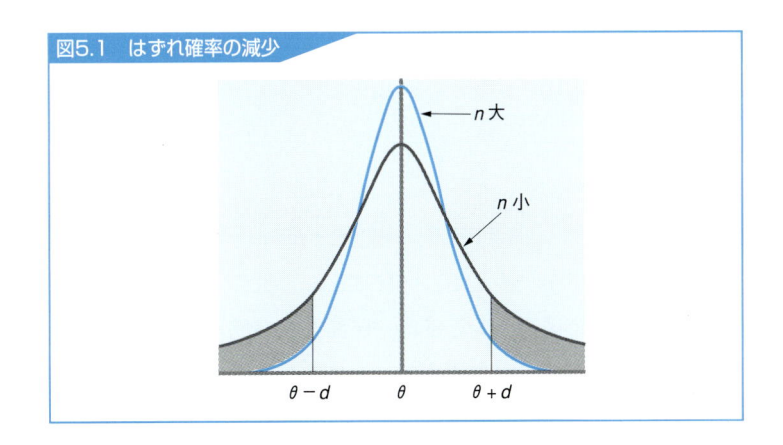

図5.1 はずれ確率の減少

証明 【標本平均の一致性】　チェビシェフの不等式(4.14)により，

$$P(\{|\overline{X}-\mu|\geq c\}) \leq \frac{\sigma^2}{nc^2} \tag{5.2}$$

と与えられる（(4.14)式において定められている分散は，ここでは標本平均の分散（σ^2/n）に変わる）。nについて極限をとると右辺は0に収束する。

(終わり)

■ 最小分散不偏推定量

標本平均は，不偏推定量の中で分散が最も小さくなることが知られている。このような推定量を<u>最小分散不偏</u>であるという。

推定量の分散を比較してみよう。他の推定量としてX_1とX_2の平均，$(X_1+X_2)/2$をあげると，この推定量はやはり不偏であるが，分散は$\sigma^2/2$となる。$\overline{X}$の分散はσ^2/nであるから，nが2より大きい場合，$\overline{X}$の方が母数に集中して分布している。平均値を共有し，分散が異なる二つの正規分布をイメージしてみよう。

中央値は一致推定量であり，その近似的な分散は$\sigma^2\pi/(2n)$と計算できる。しかしこの値は$\overline{X}$の分散よりも大きいから，漸近的に最小分散ではない。他方，<u>安定性</u>（robustness）という新たな基準によれば，中央値は優れた推定量である。

■ 区 間 推 定

点推定では母数の値を決めるが，区間推定は母数の入りそうな区間を定める。さらに母数がその区間に入る確率（区間推定が成功する確率）が合わせて記述される。したがって成功する確率を高くしようと思えば区間の幅は広くとらないといけないし，失敗する確率が高くてもよいのであれば区間の幅は狭くできる。標本平均については，たとえば成功確率を0.95とおくと，

$$P\left(\left\{\overline{X}-1.96\frac{\sigma}{\sqrt{n}} \leq \mu \leq \overline{X}+1.96\frac{\sigma}{\sqrt{n}}\right\}\right)=0.95 \tag{5.3}$$

5.1 平均の推定（分散は既知）

となる。左辺の {　} 内の不等式を，**母平均 μ に関する信頼係数（成功係数）95% の信頼区間**という。信頼係数とは区間推定の成功率に他ならない。区間の上限と下限を**信頼限界**と呼ぶ。この不等式は，母平均 μ がこの区間に入る確率（区間推定が成功する確率）が 95% であることを意味する。

母平均 μ に関する信頼係数 90% の信頼区間は，

$$P\left(\left\{\overline{X} - 1.65\frac{\sigma}{\sqrt{n}} \leq \mu \leq \overline{X} + 1.65\frac{\sigma}{\sqrt{n}}\right\}\right) = 0.90 \tag{5.4}$$

より求まる。区間幅は (5.3) 式より短い。区間推定の成功確率が低くてよいのなら，このように区間幅を狭めることができる。信頼係数としては 90% や 95% が使われることが多い。

(5.3)式の導出　標準化された標本平均

$$Z = \frac{\overline{X} - \mu}{\sigma/\sqrt{n}} \tag{5.5}$$

は，標準正規確率変数である。したがって巻末付表 4 によって，Z が左右対称な区間 $(-1.96, 1.96)$ に含まれる確率，$P(\{-1.96 \leq Z \leq 1.96\})$ は 0.95 である。(5.3) 式に含まれる不等式を導くには，次のような操作をする。

$-1.96 \leq Z$ の両辺に Z の分母 $\sigma/\sqrt{n}$ をかけると，$-1.96(\sigma/\sqrt{n}) \leq \overline{X} - \mu$，となる。この式より，不等式の上限 $\mu \leq \overline{X} + 1.96(\sigma/\sqrt{n})$ が導かれる。同じく，$Z \leq 1.96$ の両辺に $\sigma/\sqrt{n}$ をかけると，$\overline{X} - \mu \leq 1.96(\sigma/\sqrt{n})$ となる。この式より，不等式の下限 $\overline{X} - 1.96(\sigma/\sqrt{n}) \leq \mu$ が導かれる。

90% 信頼区間については，$P(\{-1.65 \leq Z \leq 1.65\})$ を変換する。（終わり）

■ 分布が未知の場合

無作為標本 $\{X_i\}$, $i = 1, \cdots, n$ において母平均が未知母数 μ，分散は有限値 σ^2 であるが，母分布が知られていない場合を考えよう。定理 4.1 により標本平均は不偏推定量である。大数の法則によって，標本平均が μ の一致推定量であることも証明できる。

信頼係数を $100(1-\alpha)$% としよう。α が 0.05 であれば，信頼係数は 95% で

ある。標準正規分布における右裾（上側）$100(\alpha/2)$%点を z とすると，対称性により

$$P\left(\left\{\overline{X}-z\frac{\sigma}{\sqrt{n}}\leqq\mu\leqq\overline{X}+z\frac{\sigma}{\sqrt{n}}\right\}\right)\approx 1-\alpha \qquad (5.6)$$

となるが，{ } 内の不等式が，与えられた信頼係数に対する近似的な信頼区間になる。

信頼係数が与えられれば，(5.6)式は(5.3)式あるいは(5.4)式に一致する。正規分布が仮定されていなくても，正規母集団が仮定されている場合と同じ信頼区間になることに注意しよう。

証明 中心極限定理により，標準化統計量 $Z=\sqrt{n}(\overline{X}-\mu)/\sigma$ の分布が標準正規分布で近似でき，$P(\{-z\leqq Z\leqq z\})\approx 1-\alpha$，となる。信頼区間の作成法は(5.3)式の導出と同じである。 （終わり）

例5.2　【例 5.1 のつづき】　数学の点数の母平均は μ，母分散 100 とする。n が 5 だから，標本平均を $\overline{X}$ と記すと，$\overline{X}$ の分布は母平均 μ，分散が 100/5 となる（定理 4.1）。標準偏差は $\sqrt{20}$ である。以上の情報を(5.6)式を当てはめると，近似的な 95%信頼区間

$$\overline{X}-1.96\sqrt{20}\leqq\mu\leqq\overline{X}+1.96\sqrt{20}$$

が導かれる。$\overline{X}$ は 73 点と求まっているから，$\overline{X}$ に 73 を代入すると，μ に関する 95%信頼区間は，$64.2\leqq\mu\leqq 81.8$，となる。

実用上は，信頼区間は狭いほどよい。信頼係数 $(1-\alpha)$ を 0.90 に下げれば，信頼限界は (65.6, 80.4) となり，信頼区間が狭くなる。信頼係数 $(1-\alpha)$ をさらに 0.50 に下げれば，信頼限界は (70.0, 76.0) となり，より狭い信頼区間が得られる。ただし区間推定が成功する可能性は二度に一度である。

母分布が正規分布であろうと無かろうと，求まる信頼区間には変化が生じない。だから，中心極限定理が応用できる状況では，正規母集団を仮定しても大きな誤りは生じないという実際的な意味を持つ。

5.2 信頼区間の性質*

■ 信頼区間を狭める

信頼区間は狭い方がよいが，信頼区間の幅を狭めるには次の3方法がある。

1) 信頼係数を下げる。信頼区間の作成法から明らかであろう。信頼区間が狭いほど信頼区間に未知母数 μ が含まれる可能性は低く，区間推定は失敗しやすい。逆に信頼区間が非常に広ければ，信頼区間に未知母数 μ が含まれる可能性は高くなり，区間推定は成功しやすい。
2) 観測個数が大きいほど推定量の分散が小さくなり，信頼区間は狭くなる。
3) 不偏推定量が複数あるのなら，分散の小さい不偏推定量の方が狭い信頼区間を与える。

■ 信頼区間の実験

信頼区間の意味をシミュレーションにより説明しよう。たとえば大きさ n の標本を1組得たとすると，その1組の標本を使って信頼係数が90％の信頼区間を1組求めることができる。さらにもう1組大きさ n の標本を求めれば，もう1個信頼区間が求まる。このような作業をたとえば100回繰り返せば，100個の信頼区間が求まる。そして，信頼係数が90％なら，100回のうちほぼ90回には母数 μ が含まれると期待できる。

正規乱数を16個作り，信頼区間を作成した（この16個の値から平均を推定すれば，(5.4)式により，90％信頼区間が1個できる）。このような作業を5回繰り返した結果が図5.2である。ちなみに得られた平均値は，{−0.44, −0.18, −0.17, −0.07, 0.11} であった。

母平均は未知として，母平均の信頼区間を作っているが，分散は1とする。したがって，(5.4)式に沿って作成された信頼区間が母平均を含むかどうか（区間推定が成功するかどうか）に関心がもたれるのである。この5信頼区

間では最初の区間が母平均を含まず区間推定は失敗している。他の4区間は母平均を含み，区間推定は成功した。

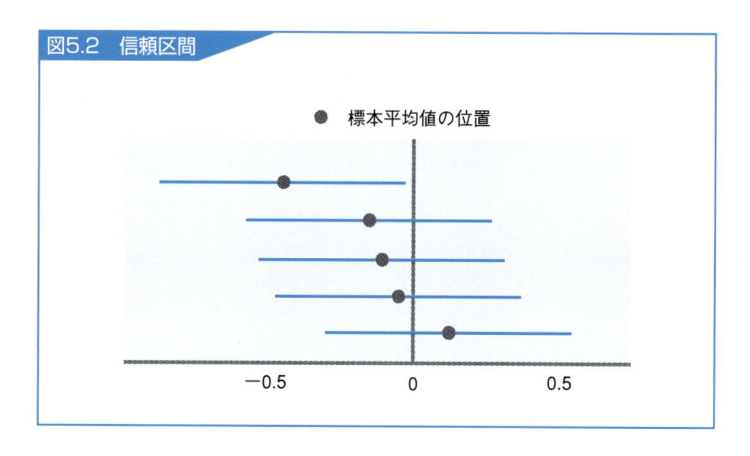

図5.2　信頼区間

実はこのような信頼区間はコンピューターによって100個作られた。そして100のうち13区間は母平均0を区間内に含まず，区間推定は失敗した。信頼係数が90％であるので，理論的には10回はずれるだけだが，100分の13の失敗は予期しうる誤差の範囲に入っている。そしてこのような実験を数万回も繰り返せば，大数の法則によって失敗率は10％に収束する。

5.3　分散の推定（平均は既知）

■ 正規母集団の場合

$n(\mu, \sigma^2)$ からの無作為標本 $\{X_1, \cdots, X_n\}$ において，μ は既知だが，σ^2 は未知であるとすると，

$$\hat{\sigma}^2 = \frac{1}{n}\sum_{i=1}^{n}(X_i-\mu)^2 \tag{5.7}$$

は，σ^2 の不偏かつ一致推定量である。

信頼係数 $100(1-\alpha)$％に対して，σ^2 の信頼区間は

5.3 分散の推定（平均は既知）

$$\frac{1}{b}\sum_{i=1}^{n}(X_i-\mu)^2 \leqq \sigma^2 \leqq \frac{1}{a}\sum_{i=1}^{n}(X_i-\mu)^2 \tag{5.8}$$

と導くことができる。ただし，X を自由度が n の χ^2 確率変数とすれば，a と b は各々 $P(\{X\leqq a\})=\alpha/2$, $P(\{b\leqq X\})=\alpha/2$, を満たす。

> **証明**

【不偏性の証明】　$X=\sum_{i=1}^{n}(X_i-\mu)^2/\sigma^2$ とすれば，X は自由度が n の χ^2 確率変数であるから平均は n，分散は $2n$ である。不偏性は自明である。

【一致性の証明】　X の分散を用いて $\hat{\sigma}^2$ の分散を計算すると，

$$V(\hat{\sigma}^2) = E\{(\hat{\sigma}^2-\sigma^2)^2\} = \left(\frac{\sigma^2}{n}\right)^2 E\{(X-n)^2\}$$

$$= \left(\frac{\sigma^2}{n}\right)^2 V(X) = \frac{2}{n}(\sigma^2)^2$$

となる。したがって，チェビシェフの不等式(4.14)により

$$P(\{|\hat{\sigma}^2-\sigma^2|\geqq c\}) \leqq \frac{2}{nc^2}(\sigma^2)^2$$

となり，一致性が証明できる。平方根 $\hat{\sigma}$ は σ の一致推定量でもある。

【信頼区間の導出】　信頼区間を導くには，X の定義により，$P(\{a\leqq X\leqq b\})=1-\alpha$ となるから，$\{\ \ \}$ 内の不等式を X の定義を使って変形すればよい。

（終わり）

■ 分布が未知の場合

母分布が未知のこともある。このときも，推定量 $\hat{\sigma}^2$ は不偏性を持つ。また大数の法則によって $\hat{\sigma}^2$ は一致推定量でもある。母分布が知られていないときは，信頼区間を導くことは実際的でない。

例5.3　正規乱数値を10個選ぶと，

-0.30, -1.28, 0.24, 1.28, 1.20, 1.73, -2.18, -0.23, 1.10, -1.09

となった。平均 μ が既知で 0 であるとすれば，(5.7)式は 1.51 と計算された。

信頼係数 90％の信頼区間を導こう．自由度 10 の χ^2 分布より，左裾 5％点は巻末付表 5 の 0.950 の列より，3.94 となる．右裾 5％点は 0.050 の列より 18.31 になる．(5.8) 式に代入すれば，不等式

$$\frac{10 \times 1.51}{18.31} \leq \sigma^2 \leq \frac{10 \times 1.51}{3.94}$$

が導かれ，求める信頼区間は (0.82, 3.83) となる．この場合，真の値は 1 であるので区間推定は成功しているが，区間幅がひどく広い．

5.4 平均と分散の推定

■ 正規母集団の場合

正規母集団 $n(\mu, \sigma^2)$ において，μ および σ^2 の推定を考えよう．母平均の推定は，分散が既知の場合と変わらない．標本平均は不偏かつ一致推定量である．分散は

$$S^2 = \frac{1}{n-1} \sum_{i=1}^{n} (X_i - \overline{X})^2 \tag{5.9}$$

が不偏かつ一致推定量である．

z を自由度 $n-1$ の t 分布における右裾 $(\alpha/2)$％点であるとすれば，分布の対称性により母平均 μ の $100(1-\alpha)$％信頼区間は，

$$\overline{X} - z \frac{S}{\sqrt{n}} \leq \mu \leq \overline{X} + z \frac{S}{\sqrt{n}} \tag{5.10}$$

となる．

σ^2 の信頼区間は，平均 μ が既知の場合と同様に導くことができ，(5.8) 式と同じ表現になる．ただし，μ は未知であるから標本平均に変える．また，信頼係数を $100(1-\alpha)$％とすれば，X を自由度が $n-1$ の χ^2 確率変数として，a と b を $P(\{X \leq a\}) = \alpha/2$，$P(\{b \leq X\}) = \alpha/2$ を満たすように選ぶ必要がある．

5.4 平均と分散の推定

証明

【母分散の不偏推定】 (5.9)式の証明：n 個の 2 乗和を $n-1$ で割るところに特徴がある。平均 μ が $\overline{X}$ に置き換えられたために，n が $n-1$ に変わる。

【不偏性】 (4.30)式で与えられた。

【一致性】 $X=\sum_{i=1}^{n}(X_i-\overline{X})^2/\sigma^2$ は自由度 $(n-1)$ の χ^2 分布に従って分布する。n が無限大に増加するなら $\overline{X}$ を μ に変えてよいから，$\hat{\sigma}^2$ の一致性により，S^2 は分散の一致推定量でもある。

【母平均の信頼区間】 $\overline{X}$ の分散は σ^2/n だから，$\overline{X}$ の標準化統計量 $Z=(\overline{X}-\mu)/(\sigma/\sqrt{n})$ は未知母数 μ とともに σ を含んでしまう。そこで Z の分母の σ を S に置き換えて μ の信頼区間を作成する。ところでこの標準化された

$$Z = \frac{\overline{X}-\mu}{S/\sqrt{n}} \tag{5.11}$$

は標準正規分布に従って分布せず，自由度が $n-1$ の t 分布に従って分布する（t 確率変数の定義で明示されるように，分母と分子が独立に分布していないといけないが，証明は割愛する）。

【σ^2 の信頼区間】 $X=(n-1)S^2/\sigma^2$ として，(5.8)式のように変換する。

(終わり)

例 5.4 例 5.3 のデータを用い，平均も未知であるとしよう。標本平均は 0.047 となるから，この値を使い S^2 を計算すると，1.67 となった（標準偏差 1.29）。信頼係数 90％の信頼区間を導こう。母平均については自由度が 9 の t 分布（巻末付表 6）より，右裾（上側）5％点は 1.833 になる。したがって，信頼区間は

$$0.047 - 1.833\frac{1.29}{\sqrt{10}} \leq \mu \leq 0.047 + 1.833\frac{1.29}{\sqrt{10}}$$

より，$(-0.70, \ 0.80)$ となった。

母分散については，自由度が 9 の χ^2 分布より，左裾（下側）5％点は巻末付表 5 の 0.950 の列より，3.33 となる。右裾 5％点は 0.050 の列より 16.92 に

なる．したがって，求める信頼区間は不等式

$$\frac{9 \times 1.67}{16.92} \leqq \sigma^2 \leqq \frac{9 \times 1.67}{3.33}$$

より，(0.89, 4.51) と求まる．この場合，真の値は 1 であるので区間推定は成功しているが，幅が広い．

■ 分布が未知の場合

母分布がわかっていないときや，母分布が正規分布以外のときも，母平均推定量 $\overline{X}$ と母分散推定量 S^2 は不偏性および一致性を維持している．したがって $\overline{X}$ と S^2 は非常によい推定量である．

中心極限定理により，(5.11)式の Z は近似的に正規分布に従うから，正規母集団と同じ方法で信頼区間を導く．直感的には分母の S が σ の一致推定量であるから，近似として S を σ に置き換えて理解すればよい．σ が既知なら，中心極限定理による近似は明らかであろう．信頼区間の作成も σ が既知の場合と同じ方法で行えばよい．このようにして得られた近似的な信頼区間は t 分布を使った信頼区間よりも区間幅が狭くなる．

例 5.5 【例 5.4 のつづき】 標準正規分布の右裾 5% 点はほぼ 1.65 である．したがって，信頼区間は

$$0.046 - 1.65 \frac{1.29}{\sqrt{10}} \leqq \mu \leqq 0.046 + 1.65 \frac{1.29}{\sqrt{10}}$$

より，(−0.63, 0.72) となった．

5.5 成功率の推定

ベルヌーイ母集団では未知母数は成功率 p のみである．無作為標本 $\{X_1, \cdots, X_n\}$ において，X_i，$i = 1, \cdots, n$ がとる値は実験が成功なら 1，失敗なら 0 である．各 X_i の期待値は $E(X_i) = p$ だから，p の推定量として自然なのは，n 回の実験における標本成功率

5.5 成功率の推定

$$\hat{p} = \frac{1}{n}\sum_{i=1}^{n} X_i \tag{5.12}$$

であろう。$\hat{p}$ は不偏かつ，一致推定量である。

信頼係数を $100(1-\alpha)\%$，z を標準正規分布の右裾 $100(\alpha/2)\%$ 点とすれば，p の近似的な信頼区間は

$$\hat{p} - z\frac{\sqrt{\hat{p}(1-\hat{p})}}{\sqrt{n}} \leqq p \leqq \hat{p} + z\frac{\sqrt{\hat{p}(1-\hat{p})}}{\sqrt{n}} \tag{5.13}$$

となる。

証明 定理 4.1 により，標本平均 $\hat{p}$ の平均値は母平均 p，分散は $p(1-p)/n$ になる。したがって，チェビシェフの不等式(4.14)を応用すると

$$P(\{|\hat{p}-p| \geqq c\}) \leqq \frac{p(1-p)}{nc^2} \tag{5.14}$$

となり，一致性が証明できる。

信頼区間を導くためには中心極限定理を使う。$\hat{p}$ の標準化統計量は，

$$Z = \frac{(\hat{p}-p)}{\sqrt{\hat{p}(1-\hat{p})/n}} \tag{5.15}$$

となるが，中心極限定理により，Z は近似的に標準正規分布に従う。先に定義した z は，

$$P(-z \leqq Z \leqq z) \approx 1-\alpha \tag{5.16}$$

を満たすから，平均値の場合と同じように，(5.16)式を p に関する不等式に変換していけば，信頼区間が導ける。正規近似を利用しているが，母数 p が 0.5 に近いときは，観測値の数が 10 くらいでも近似が正確であることが知られている。 (終わり)

以上，中心極限定理を利用した近似的な信頼区間を与える方法を説明したが，二項確率を評価していく厳密で難解な方法も知られている。

例5.6 ある国のロケット打ち上げ計画は5回成功し1回失敗したとする。打ち上げの成功率 p の推定値は5/6となる。この成功率の95%信頼区間は正規分布による近似によって，$0.53 \leqq p \leqq 1.13$ となる。90%の信頼区間は，$0.58 \leqq p \leqq 1.08$ となり，区間はあまり狭まらないのみか，区間幅が無意味なほど広い。かつ二つの不等式はともに1を越える値までその区間に含んでいる。

このような例では**両側信頼区間**よりも，成功の確率の下限を与える片側信頼区間の方が意味があるだろう。つまり成功の確率はほとんど1のはずで，1回の失敗は思いもつかなかった事故であるとした方がよいかである。信頼係数 $100(1-\alpha)$% の**片側信頼区間**は，z を標準正規確率変数の右裾 100α% 点とすれば，

$$\hat{p} - z \frac{\sqrt{\hat{p}(1-\hat{p})}}{\sqrt{n}} \leqq p$$

となる。信頼係数95%の片側信頼区間は，$0.58 \leqq p$ となる。90%の片側信頼区間は $0.64 \leqq p$ となり，多少狭くなる。

片側信頼区間の導出 (5.15)式を用いるが，$P(Z \leqq z) \approx 1-\alpha$ から，式を変換して p に関する不等式を導けばよい。　　　　　　　　　　（終わり）

■ 厳密な信頼区間*

この例において，二項確率の信頼区間を計算する厳密な方法によると95%の信頼区間は $0.4182 \leqq p$ となる（5回以上成功する確率が厳密に5%になるような p を非常に詳細な数表から求める）。90%の信頼区間は $0.4897 \leqq p$ となる。観測個数が非常に少ないため，近似的に得た信頼区間は不正確である。実際 p が 0.58 の場合，成功数が0から6に対する確率関数は

$$0.01 \quad 0.05 \quad 0.21 \quad 0.50 \quad 0.80 \quad 0.96 \quad 1.00$$

となり，成功回数が5回以下の確率は0.95を超えている。

5.6 観測個数 n の決定

　信頼限界を決める標本平均の分散は n を分母に含むから，信頼区間の幅を縮めるには観測個数 n を増やせばよい．実際，信頼係数 $100(1-\alpha)$％を変えずに信頼区間を狭めるには，n を大きくする以外に方法がない．n を無限にすれば信頼区間が点になることからわかるように，信頼区間の幅は，n を変えれば自由に伸縮する．この節では逆に，信頼区間を所与として，その区間を達成するのに必要な n を求める．

■ 平　均

　正規母集団からの標本平均では，まず信頼限界 D と信頼係数 $100(1-\alpha)$％を与える．そして，母数 μ の信頼区間が，

$$P(\{\overline{X}-D \leqq \mu \leqq \overline{X}+D\}) = 1-\alpha \tag{5.17}$$

を満たすために必要な n を決める方法を説明する．σ^2 は既知としよう．

　信頼係数 $100(1-\alpha)$％に対して標準正規分布の右裾 $100(\alpha/2)$％点を z とすれば，$100(1-\alpha)$％信頼区間は(5.4)式，(5.5)式，あるいは(5.6)式により

$$P\left(\left\{\overline{X}-z\frac{\sigma}{\sqrt{n}} \leqq \mu \leqq \overline{X}+z\frac{\sigma}{\sqrt{n}}\right\}\right) = 1-\alpha \tag{5.18}$$

と書けるから，$D=z\sigma/\sqrt{n}$ を満たすように n を決めればよい．すなわち

$$n = \left(\frac{z\sigma}{D}\right)^2 \tag{5.19}$$

と決まる．

　母集団の分布が正規分布以外でも，母分散がわかっており標本平均 $\overline{X}$ に中心極限定理が使えるなら，n は(5.19)式によって近似的に決めることができる．

　母分散が未知なら，母分散をたとえば S^2 で推定して，n を $(zS/D)^2$ と求

めればよいようだが，S が標本抽出ごとに変わるので，統計学的には複雑であり詳細な議論が必要である。

例 5.7 【例 5.1 のつづき】 数学の点数の母平均は μ，母分散 100 だから，95％信頼区間は

$$\overline{X} - 1.96\frac{10}{\sqrt{n}} \leqq \mu \leqq \overline{X} + 1.96\frac{10}{\sqrt{n}} \tag{5.20}$$

が導かれる。母平均からの差を 5 以下にしたければ，

$$n = \left(\frac{1.96 \times 10}{5}\right)^2 \approx 16$$

となる。差を 1 以下にしたければ，n は 400 必要である。

5.7 望ましい推定量の基準*

　推定量は複数の確率変数によって構成されていて，それ自体確率変数である。この点を理解することは統計学全体の理解に不可欠である。推定量は確率変数であるがゆえに，推定量の統計的な性質を理解する必要がある。望ましい推定量の要件として，不偏性，一致性，そして効率性の 3 基準が知られている。

■ 不 偏 性

　同じ母数を繰り返し推定できるとしよう。繰り返し求められた推定値の平均は，母数に近いことが望ましいという性質である。厳密には，母数 θ の推定において推定量 $\hat{\theta}$ が使われているとしよう。この推定量 $\hat{\theta}$ は確率変数であり，何らかの分布を持つ。その分布の座標値 x における密度関数が $g(x)$ ならば，x を積分変数として

$$E(\hat{\theta}) = \int_{-\infty}^{\infty} xg(x)dx = \theta \tag{5.21}$$

となることが不偏性の条件である。

不偏性について注意すべき点は，$\hat{\theta}$ が母数 θ の不偏推定量であっても，たとえば $\hat{\theta}^2$ は θ^2 の不偏推定量にはならないことである。同じく θ^2 の不偏推定量が見つかっても，その平方根は θ の不偏推定量にはならない。

■ 一　致　性

推定量は確率変数であり何らかの分布関数を持っている。一致性とは，その分布が，観測個数が大きくなるにつれて母数のまわりに集中していく性質である。数学的には，推定量 $\hat{\theta}$ が，θ から c 以上はずれる確率

$$P(\{|\hat{\theta}-\theta| \geqq c\}) \tag{5.22}$$

が，観測個数 n が大きくなれば 0 になるという性質である。定数 c は任意の正値とする。

現実の統計分析では標本は与えられており，観測個数を増加しながら推定を繰り返すことは難しいし，まして観測個数を無限大にすることは不可能である。実際には，固定された n について，n が十分大きければはずれ確率は十分小さいと判断している。しかし「観測個数が十分大きい」という条件には客観性がなく，与えられた観測個数 n が十分に大きいかどうかについてはあいまいさの残る判定しかできない。

推定量 $\hat{\theta}$ が母平均 θ の一致推定量であれば，

$$p\lim_{n\to\infty}\hat{\theta}=\theta \tag{5.23}$$

と記す。確率変数が特定の定数に収束するという直感的な意味から，確率収束といわれる。(5.22)式が極限で 0 になるというのが厳密な意味である。

一致性は推定量の望ましい性質の一つであるのみでなく最も重要な性質である。なぜなら標本数が無限大になるということは母集団がすべてわかるということに等しく，母集団がわかるということは母数の値もわかるということを意味する。標本数が無限大ならば，母集団を眺めることにより母数の値を見出すことができるのである。ところが，もし推定量が不一致ならば，母

集団を眺めれば得られる母数の値が，特定の推定方法に固執するために得られることができない。

比喩として，狂ったコンパスを手に持ち，そのコンパスに従って東に向かう例があげられよう。京都では東に東山があり，東山を目指せば正しい方角に間違いなく向かえる。つまり母集団を眺めれば母数がわかるのだが，狂ったコンパスに固執すると道に迷ってしまう。

不偏性と違って，$\hat{\theta}$ が一致推定量であれば $\hat{\theta}^2$ は θ^2 の一致推定量でもある。一般に $\hat{\theta}$ の関数 $f(\hat{\theta})$ は θ の関数 $f(\theta)$ の一致推定量になる。

■ 最小分散不偏推定量（効率性）

推定量は確率変数であるから，不偏性を持っていても母数のまわりで散らばりを持つが，母数からの散らばりはできるだけ小さい方がよい。散らばり測度としては分散が使われるが，不偏推定量の中で分散の最も小さくなる推定量を最小分散不偏推定量と呼ぶ。

しかし，通常は，推定量の平均や分散はその導出が非常に困難なことや不可能なことが多い。そのような場合には推定量を一致推定量に絞り，一致推定量の「分散の近似値」を比較する。分散の近似値が最も小さくなる推定量を漸近的最小分散一致推定量と呼ぶ。

■ 平均平方誤差

不偏推定量はほとんど知られていない。そこで，偏りのある推定量を比較する際の基準として平均平方誤差，**MSE**（mean squared error）が計算される。母数を θ とすると，推定量 $\hat{\theta}$ の MSE は

$$\text{MSE} = E(\hat{\theta} - \theta)^2 \tag{5.24}$$

と定義される。偏りを $E(\hat{\theta}-\theta) = E(\hat{\theta}) - \theta$ とすると MSE は

$$\begin{aligned} E(\hat{\theta}-\theta)^2 &= E\{(\hat{\theta}-E(\hat{\theta})) + 偏り\}^2 \\ &= \text{VAR}(\hat{\theta}) + 偏りの2乗 \end{aligned} \tag{5.25}$$

と分解できる．第1項と第2項の積の期待値は，偏りが確率変数ではないので0となる．分散が小さくとも偏りが大きくなればMSEは大きくなる．

不偏推定量では第2項が0だから，MSEは分散に一致する．最小分散不偏推定量では，(5.25)式の第2項が0，第1項が最小になる．

5.8 推 定 法*

以上の例では，推定量は問題ごとに新たに考案されるものとして扱われてきた．しかし，多くの推定問題に応用できる一般的な推定法も知られている．基本的な推定法を個々のケースにあわせて応用すれば，そのケースにふさわしい母数の推定量が導けるのである．よく知られている基本的な推定法は，モーメント法と最尤法（最大尤度法）である．

■ モーメント法（the method of moments）

確率変数の累乗（モーメント）の期待値をもとにして，推定量を作成する方法である．無作為標本を $\{X_1, \cdots, X_n\}$ と表現する．たとえば確率変数 X_i の分布が二つの母数 θ_1 と θ_2 によって特徴づけられるならば，1次モーメント X_i と2次モーメント X_i^2 の期待値は，次のように表現できるはずである．

$$E(X_i) = f_1(\theta_1, \theta_2) \tag{5.26}$$

$$E(X_i^2) = f_2(\theta_1, \theta_2) \tag{5.27}$$

1次モーメントと2次モーメントのごく自然な標本統計量は X_i の標本平均と X_i^2 の標本平均だから，$E(X_i)$ を $\sum_{i=1}^{n} X_i/n \equiv \overline{X}$ で推定し，$E(X_i^2)$ を $\sum_{i=1}^{n} X_i^2/n \equiv \overline{X^2}$ で推定することにしよう．もちろんこれらの標本平均が期待値の一致推定量になっていることは，大数の法則によって簡単に証明できる．期待値の代わりに標本統計量を(5.26)式と(5.27)式に代入すると次式を得る．

$$\overline{X} = f_1(\theta_1, \theta_2) \tag{5.28}$$

$$\overline{X^2} = f_2(\theta_1, \theta_2) \tag{5.29}$$

この2式を θ_1 と θ_2 を未知数として解けば，θ_1 と θ_2 の推定量が求まる。形式的には

$$\hat{\theta}_1 = g_1(\overline{X}, \overline{X^2}) \tag{5.30}$$

$$\hat{\theta}_2 = g_2(\overline{X}, \overline{X^2}) \tag{5.31}$$

となる。これが二つの母数のモーメント法による推定量である。各標本平均は期待値の一致推定量になっているから，$\hat{\theta}_1$ と $\hat{\theta}_2$ も各々の母集団値の一致推定量である。

モーメント法は母集団に関して分布型情報がまったく必要とされていないことに特色がある。(5.30)式と(5.31)式で明らかにしたように確率変数の期待値が未知母数の関数になっており，かつそのような関数が未知母数の数だけあれば推定が可能である。

例5.8 母集団に含まれる未知母数が平均 μ と分散 σ^2 の場合を例にあげよう。X_i の期待値は次のようになる。

$$E(X_i) = \mu \tag{5.32}$$

$$E(X_i^2) = \sigma^2 + \mu^2 \tag{5.33}$$

第2式では，$\sigma^2 = V(X_i) = E(X_i^2) - E(X_i)^2$ という関係式を使っている。(5.32)式と(5.33)式の左辺を標本統計量で書き換えると

$$\overline{X} = \mu \tag{5.34}$$

$$\overline{X^2} = \sigma^2 + \mu^2 \tag{5.35}$$

となるから，$\hat{\mu} = \overline{X}$ と $\hat{\sigma}^2 = \sum_{i}^{n}(X_i - \overline{X})^2/n$ がモーメント法による推定量として導かれる。標本平均は5.1節で紹介した推定量そのものである。分散の推定量は，5.4節で紹介した S^2 と分母が違っている。したがって不偏推定量にはならないが一致推定量である。

例5.9 母分布が区間 $(0, \theta)$ の一様分布であるとしよう。ここで X_i の期待値を計算すると，密度関数は $(0, \theta)$ 区間において $1/\theta$ であ

るから

$$E(X_i) = \int_0^\theta \frac{x}{\theta} dx = \frac{\theta}{2}$$

となる。左辺を標本平均に置き換えて、推定量 $\hat{\theta}=2\overline{X}$ が求まる。

■ 最尤推定法 (the method of maximum likelihood)

最尤推定法の応用には母分布が必要とされる。無作為標本において、X_i の密度関数が $f(x_i, \theta)$ と書けるとしよう。このとき X_1 から X_n の同時密度関数(密度関数の積)は

$$\prod_{i=1}^n f(x_i, \theta) \tag{5.36}$$

となる。ここまでは同時密度関数の定義であり何ら目新しいことはない。しかし最尤法ではこの同時密度関数を尤度と呼ぶ。尤度を未知母数 θ に関する関数であるとみなすと、尤度は形式的に

$$L(\theta|x_1, \cdots, x_n) = \prod_{i=1}^n f(x_i, \theta) \tag{5.37}$$

となる。最尤推定量とは、この尤度において x_1 から x_n を無作為標本 X_1 から X_n に置き換え、$L(\theta|X_1, \cdots, X_n)$ を最大化して求まる θ である。最尤推定量は $X_1, \cdots, X_n$ の関数になっているから、$\theta(X_1, \cdots, X_n)$ と表現される。

例5.10 母分布はベルヌーイ分布としよう。また x_i, $i=1, \cdots, n$ は i 回目の試行結果で、成功なら1、失敗なら0とする。ベルヌーイ確率関数は成功なら p、失敗なら $(1-p)$ だから、たとえば、x_i については、$p^{x_i}(1-p)^{1-x_i}$ となる。尤度はベルヌーイ確率関数の積だから

$$L(\theta|x_1, \cdots, x_n) = \prod_{i=1}^n p^{x_i}(1-p)^{1-x_i}$$

と書ける。ここで、この尤度関数を $p^z(1-p)^{n-z}$ と表記する。ただし $z=\sum_{i=1}^n x_i$ は n 回のベルヌーイ試行のうちの成功回数であり、$n-z$ は失敗回数である。(自然)対数尤度は

$$\log L = z\log p + (n-z)\log(1-p)$$

だから，p に関する対数尤度最大化の 1 次条件は，

$$\frac{dL}{dp} = 0 = \frac{z}{p} - \frac{n-z}{1-p}$$

である。x を X に変えれば，$Z = \sum_{i=1}^{n} X_i$ として，最尤推定量 $\hat{p} = (Z/n)$ が導かれる。最尤推定量は 5.5 節で扱った標本成功率に一致する。

例 5.11 母分布が $(0, \theta)$ 間の一様分布の場合を再考しよう。X_i，$i=1,\ldots, n$ の密度関数は $1/\theta$ だから，尤度は

$$L = (1/\theta)^n$$

である。尤度の値を大きくするには，θ の値が 0 に近ければ近い方がよい。ところ X_i は区間 $(0, \theta)$ から得られるから，すべての X_i は θ 以下である。式で書くと，$X_i \leqq \theta$ という条件を θ は満たさなければならない。したがって，X_i の最大値が θ のとりうる最小値になり，この最大値が θ の最尤推定量になる。

この例ではモーメント法と最尤法が異なった推定量をもたらす。モーメント法によって得られる標本平均の 2 倍という推定量は，必ずしも X_i の最大値より大とは限らないことに注意しよう。

練 習 問 題

1. 正規母集団からの観測値が 2, 5, 0, 4, 8, 1, 9, 7, 3, 6 であったとする。この観測値を使って，母平均の 95％信頼区間を作りなさい。

2. 王貞治の 1965 年（昭和 40 年）から 1975 年（昭和 50 年）にかけての平均打率は次のようであった。

　　.322　.311　.326　.326　.345　.325　.276　.296　.355　.332　.285

　このデータを用いて，王の打率の 90％信頼区間を導きなさい。

3. n が 20 の標本から S が 4 と計算された。母集団標準偏差の 90％信頼区間を作成しなさい。

4. ある大学において 256 人の男子学生の平均身長は 171cm，標準偏差は 3cm であった。
   a) 母平均の 90％信頼区間を作りなさい。
   b) 上述のデータが 256 人に関してではなく 100 人に関するデータであったとすると，信頼区間はどのように変化するか求めなさい。

5. ポアソン母集団から n が 5 の標本をとり母数 λ を推定した。さらに 10 の標本をとり，母数をもう一度推定したが，1 回目の推定と 2 回目の推定の精度を比較しなさい。より精度の高い推定を行うにはどうすればよいか。

6. 標準偏差が 10 の正規母集団から n が 100 の標本を得たとする。
   a) 標本平均が母平均から 1 以上はずれる確率を求め，チェビシェフの不等式から得られる確率と比べなさい。
   b) n が 400 になったとすると，標本平均が母平均から 1 以上はずれる確率を求め，チェビシェフの不等式から得られる確率と比べなさい。

7. スーパーマーケットで客がレジを通るのにかかる時間を調べると，通過時間の標準偏差は 2 分 30 秒であった。通過の平均時間が母平均から 30 秒以上はずれる確率が 10％になるようにするには，n はいくらにすればよいか。

8. $\hat{\theta}$ が θ の不偏推定量であるとする。このとき $\hat{\theta}^2$ が θ^2 の不偏推定量になるために必要な条件を導きなさい（分散の公式を使いなさい）。

9. ベアリングの製造過程では，定期的にベアリングの直径が調べられる。検査ではベアリングの平均直径は問題とされず，直径のばらつきが検査の対象となる。定期検査において n が 20 の標本がとられ，求められた標準偏差が 0.2mm であったとする。この標準偏差の値を用いて，真の分散 σ^2 の 95％信頼区間を求めなさい。

10. 新入生の 5% が無作為に選ばれて知能指数の検査が行われたところ,平均知能指数 120,標準偏差は 3 であった。新入生の総数を未知数 N として平均知能指数の 99% 信頼区間を導きなさい。さらに,この信頼区間の幅が 0.3 であるためには N は何人でなければいけないか求めなさい。ただし抽出法は復元抽出とする。

11. 問 10 においてもし非復元抽出法がとられるとしよう。また新入生全体の 50% の標本より平均値が 120,標準偏差が 3 と求まったとする。この条件のもとで信頼区間の幅が 0.3 であるために必要な N を求めなさい(非復元抽出では,標本平均の分散は (4.10) 式で与えられる。したがって $c/\sqrt{n}$ の代わりに (4.10) 式を利用して信頼区間を導かねばならない。有限母集団から標本をとる際には同じ人が繰り返し選ばれることがないように配慮されるから,非復元抽出に基づく推定が望ましい)。

12.* $\sum_{i=1}^{n}(X_i-\mu)^2$ を最小にする平均 μ の推定量を求めなさい(最小化のための 1 次条件を整理して求める)。

13.* $\sum_{i=1}^{n}|X_i-\mu|$ を最小にする μ の推定量が中央値になることを証明しなさい(n をたとえば 3 として考えてもよい。観測値を順序統計量に代えると,第 2 順序統計量が中央値となる。次に μ が中央値よりも小さい場合,大きい場合などに,場合分けをして解を導く)。

6

仮説検定の基礎

　統計学の目的は母集団についての情報を整理することにある。情報の整理を統計的推測と呼ぶが，この統計的推測には，前章で説明した推定と本章で扱う検定の2主題が含まれる。推定では，標本をもとにして母集団に含まれる母数に値を与える。

　統計調査では，母集団から標本がとられる前に母集団に関しての何らかの予想がなされている。予想は**仮説**と表現されるが，仮説が母集団から得た標本と整合するか否かを調べるのが統計的検定である。

　母集団に関する理論的な予測は，母集団を特徴づける分布型や，分布そのものを特徴づける母数の値から成立する。第6章では母集団分布を所与として，その分布を特徴づける母数に関する仮説のみを扱う。

　仮説の例として，たとえば製薬会社で新しい薬品を開発する場合を考えてみる。新しい薬品の効能が従来の薬品の効能を超えるときに初めて，薬品開発に意味がある。新薬品の効能が従来の薬品の効能より高いか否かを調べるのが検定で，新薬品の効能が高くなっていると判断するには，統計的な尺度が必要である。

6.1 平均値の検定（分散は既知）

正規母集団 $n(\mu, \sigma^2)$ からの無作為標本を $\{X_1, \cdots, X_n\}$ とする。母分散は既知であるとして，平均値 μ の検定法を例によって説明しよう。

新生児の体重の分布は正規分布で近似できて，その平均体重はほぼ 3.1 kg であると知られているとする。標準偏差は 0.2 kg としよう。ある新生児のグループについて体重が 3.1 kg より低いのではないか，という疑問が生じたとする。以下ではこの疑問に，統計的に答える方法を説明しよう。まず分析の対象である新生児グループから 25 人について観測値を求める。

■ **2 種類の仮説**

統計学では「従来どおりではないか」という疑問を帰無仮説（null hypothesis）と呼ぶ。変化がないのが帰無仮説である。そして「変化したのではないか」という疑問を対立仮説（alternative hypothesis）と呼ぶ。帰無仮説を式で表現すれば，

$$H_0 : \mu = 3.1 \tag{6.1}$$

となる。体重が減少したという対立仮説は

$$H_a : \mu < 3.1 \tag{6.2}$$

と書ける。一般的に検定結果として意味があるのは変化を支持する対立仮説である。帰無仮説が棄却されて対立仮説が選ばれた場合，「検定は有意であった」とされる。

仮説が $\mu=3.0$ のように一つの値なら，その仮説を単純仮説と呼び，$\mu<3.1$ のように複数の値を含むなら複合仮説と呼ぶ。仮説が $\mu<3.1$ のように不等号になるなら片側検定と呼ぶ。対立仮説が $\mu \neq 3.1$ であれば両側検定と呼ぶ。以下の説明を両側検定に拡張することは容易であろう。

6.1 平均値の検定（分散は既知）

■ 検定統計量

統計的な検定では観測値全体を眺めて直観的な判断をするのではなく，観測値を一つの統計量に集約し，仮説の妥当性を検討する．集約された標本統計量を検定統計量と呼ぶ．推定と同じように，一つの検定問題においても検定統計量は複数個考えられる．

検定統計量として標本平均 $\overline{X}$ を利用する．標本から計算された標本平均の実現値は 3.0 であったとしよう．定理 4.2 系により，$\overline{X}$ の平均値は帰無仮説が正しいとすれば，3.1 となる．標本平均の標準偏差は，どちらの仮説のもとでも $0.2/\sqrt{25}=0.04$ としておく．

■ 臨界値（境界値）と棄却域

標本平均値がどのような値であれば，帰無仮説が棄却されるのだろうか．標本平均が 3.1 より小さければ小さいほど，データは対立仮説に近く，帰無仮説より対立仮説がふさわしいと考えられよう．統計的検定では帰無仮説を捨てて対立仮説を選ぶか否かの判断をしないといけないが，その判断基準が臨界値（境界値 critical value）である．臨界値は帰無仮説を棄却するかしないかの境界である．帰無仮説から見て，臨界値を超える対立仮説の方向の領域を棄却域という．いったい臨界値をどこにとるか，あるいは同じことだが棄却域の面積（確率）をいくらにしたらよいのか迷うが，これは 0.1，0.05，0.01 などの値に事前に定める．この棄却域の面積（確率）を有意水準という．

棄却域と臨界値については，次の項で，図 6.1 によって説明を繰り返す．

■ 標準化統計量の臨界値（境界値）

臨界値を決めなければならないが，$\overline{X}$ の分布の代わりに標準化統計量の分布を利用する．検定の有意水準は検定に先立って決めるのが原則であるから，この例では 5% としておこう．帰無仮説のもとでの標準化統計量は

$$Z_0 = \frac{(\overline{X} - 3.1)}{0.04} \tag{6.3}$$

である。帰無仮説のもとで Z_0 は標準正規分布に従って分布しているから，棄却域は対立仮説の方向に，帰無仮説から遠い裾に決めればよい。対立仮説は Z_0 の負の方向にあるから，左裾（下側）5%を棄却域とする。左裾（下側）5%点を臨界値に選ぶ。

巻末付表4より，$P(\{Z_0 \leq -1.65|H_0\})=0.05$ となる。だから，左裾が5%になる区間が導かれ，Z_0 に関しては -1.65 が臨界値である。

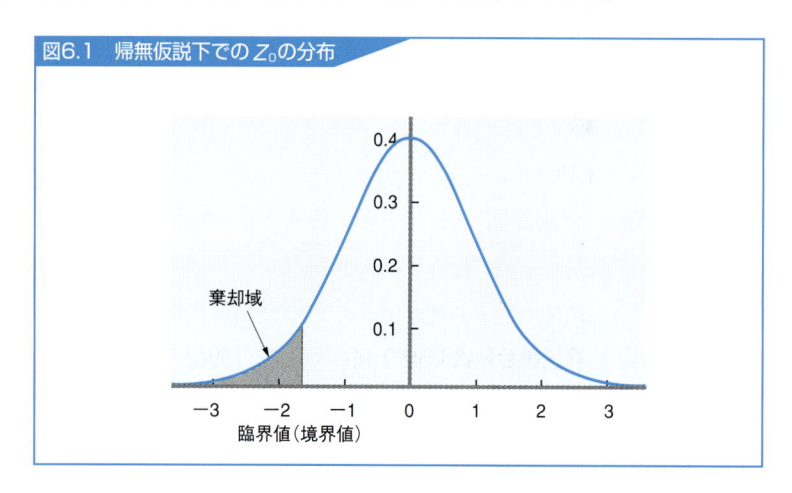

図6.1 帰無仮説下での Z_0 の分布

棄却域

臨界値(境界値)

■ 検 定 結 果

$\overline{X}$ の実現値は 3.0，この値を Z_0 に代入すると Z_0 の実現値 $z=-2.5$ を得る。この z は棄却域に入っているから帰無仮説は棄却される。

検定結果を直感的に理解するために，$\overline{X}$ に関しての棄却域を導こう。棄却域 $Z_0 \leq -1.65$ より，$\overline{X} \leq 3.1-0.04 \times 1.65 = 3.034$，が導かれる。これが $\overline{X}$ に関する棄却域で，臨界値の体重は 3.034kg である。標本値 3.0 はこの不等式を満たすから帰無仮説は棄却される。

検定統計量の値が棄却域に入る場合は，「帰無仮説は棄却される」という。帰無仮説が棄却できないときは，「帰無仮説は（残念ながら）棄却できない」という。この用語には，変化を立証できないという気持ちが含まれている。

■ P 値

P 値の P は probability の頭文字からくる．原語より，確率値と訳されることもある．現在の例では，検定統計量以下の領域がもたらす確率が P 値である（検定統計量値より左に位置する裾の面積である）．体重の例では，z は -2.5 だから，P 値は 0.0062 となる．

検定の原則によれば，検定統計量の値を見ずに棄却域を事前に定め，検定を応用し，帰無仮説が棄却されたか否かを検定結果として報告する．しかしながら，採択，不採択の結果だけでは満足できず，よりくわしい情報を与えるという目的もかねて，P 値が記されるようになった．P 値は対立仮説から測った統計量の位置を示す．

■ 母分布が未知の場合

母集団における分布が未知なら，検定統計量の分布を正規分布で近似して検定を行う．帰無仮説のもとでは，(6.3)式の分布は中心極限定理によって標準正規分布で近似できるから，棄却域を正規分布の左裾にとればよい．このような検定の手続きは，近似的な正規分布に依存しているが，結果として導かれる棄却域は正規母集団の場合と変化ない．

例6.1　1999年度の『学校保健統計調査報告書』によると，滋賀県の17歳児の平均身長は，男子171.7cm，女子158.6cmであった．男女とも観測個数 n は 450 である．なお1949年の17歳児の平均身長は，男子161.2cm，女子152.2cmである．ここで平均身長を μ，帰無仮説を男子については $\mu=161.2$，とし，50年間に平均身長が伸びたかどうかの検定を行う．身長の分布は正規分布で近似でき，標準偏差は男子5.74cm，女子は5.22cmであるとする．対立仮説は $\mu>161.2$ で，有意水準は1%とする．片側検定だから，標準化された確率変数の臨界値は2.3である．男子について Z_0 値を計算すると

$$(171.7 - 161.2)/(5.74/\sqrt{450}) = 38.8$$

と求まり，帰無仮説は棄却される。P値はほとんど0である。練習として，女子について検定を応用しなさい。

ちなみにこの期間に男子は平均身長が9cm，女子は5cm以上伸びているが，座高は，男子は87cmから91cmへ4cmほど，女子は84cmから85cmへ1cmほど伸びている。日本人のスタイルは多少よくなったことがわかる。17歳における変化は上述の通りであるが，男子は14歳で平均身長が17cm，女子は12歳で14cmもの差異が見られる。

6.2 平均値の検定（分散は未知）

6.1節では母分散が既知の場合について母平均に関する検定を説明した。この節では，母分散が未知の場合に6.1節の方法を拡張する。検定の手続きは，分散の推定を除いて分散既知の場合と同じである。説明は一般的な表現を用いるが，応用は容易であろう。母分散が既知なら，6.1節の検定がもたらされる。

■ 正規母集団の場合（t 検定）

母平均 μ と母分散 σ^2 がともに未知であるとしよう。無作為標本 $\{X_1, \cdots, X_n\}$ を用いて，単純帰無仮説 $H_0: \mu=\mu_0$ を単純対立仮説 $H_a: \mu=\mu_a$ に対して検定する。ただし $\mu_a > \mu_0$ で，μ_0 と μ_a は既知とする。

$\overline{X}$ の分散は σ^2/n だから，(6.3)式と同様に統計量を標準化する。σ が未知であるので σ を(5.9)式で定義された S で置き換えると，検定統計量

$$T = \frac{\overline{X} - \mu_0}{S/\sqrt{n}} \tag{6.4}$$

が導かれる。T は t 統計量（4.6節）で，帰無仮説のもとで自由度が $n-1$ の t 分布に従って分布する。母分散が既知なら，仮説の下での分布は正規分布になる。

右裾が対立仮説の方向であるから，与えられた有意水準 α に対して，棄却

域は自由度が $n-1$ の t 分布より右裾（上側）100α%点 a を見つければよい。式に書けば，

$$P(\{a \leq T | H_0\}) = \alpha \tag{6.5}$$

を満たす a を巻末付表6より選ぶ．

■ 母分布が未知の場合

　母集団における分布が未知であれば，検定は中心極限定理に依存して行わなければならない．検定統計量は T だが，n が十分大きければ T の分布は標準正規分布により近似できる．棄却域や臨界値などは，正規母集団の例と同様に定めればよい．正規母集団の場合との差異は，臨界値を求めるために t 分布を使うのか，あるいは標準正規分布を使うのかという点にだけ見られる．

　推定論と同様なコメントを加えるならば，母集団分布は通常知られていない．だから母集団分布に歪みがあるとか非対称であるとか特別な状況がわかっていないなら，はじめから正規母集団を仮定して行う検定と，正規近似を用いて行う検定には実際上の差異は生じない．

例6.2　ある工場で生産される電球の平均寿命は1,200時間だとわかっているとしよう．この工場で新しい生産工程が稼動しはじめたが，この新工程から生産される電球を100個無作為抽出し，電球の平均寿命 μ が延びたかどうか検定する．帰無仮説は $\mu=1200$，対立仮説は $\mu>1200$ である．観測個数 n も100と大きいから，有意水準は1%としておく．

　得られた標本から計算された標本平均は1,230時間，標準偏差は標本観測値より120と推定された．母集団分布はわからないが，n が100であるので，標本平均の分布は正規分布によって近似できよう．まず T の棄却域を設定すると，対立仮説に近い裾に棄却域を定めればよいから，巻末付表4より2.33が近似的な臨界値となる．T の値は，$(1230-1200)/(120/\sqrt{100})=2.5$ だから，検定は有意である．$\overline{X}$ の臨界値は，$1200+(120/10)2.33=1228$ となる．P 値

はほとんど 0.01 である。

母分布が正規分布の場合は，巻末付表 6 より自由度 99 の代わりに自由度 100 の分布から得た臨界値 2.36 を使うと，帰無仮説は棄却される。

■ 仮説検定と信頼区間*

母平均に関する統計的推論では，仮説検定と信頼区間の作成が手続き的に似通っている。この類似性を説明しよう。

正規母集団から標本を得て，母平均についての両側検定を行うとする。有意水準を α（たとえば 5%）ととり，ξ（クシイ）を臨界値，つまり t 分布の右裾 $100(\alpha/2)$% 点（たとえば 2.5% 点）とする。T が臨界値に挟まれる区間 $-\xi \leq T \leq \xi$ は，

$$\overline{X} - \xi \frac{S}{\sqrt{n}} \leq \mu_0 \leq \overline{X} + \xi \frac{S}{\sqrt{n}} \tag{6.6}$$

と変換できる。帰無仮説の下での母数値 μ_0 が不等式の上限と下限に挟まれていれば，帰無仮説は棄却できない。

母数 μ の $100(1-\alpha)$% 信頼区間（95% 信頼区間）は，同じ ξ を使って

$$\overline{X} - \xi \frac{S}{\sqrt{n}} \leq \mu \leq \overline{X} + \xi \frac{S}{\sqrt{n}} \tag{6.7}$$

となる。2 式より，仮説検定における不等式と，信頼区間の不等式がまったく同じ形式を持っていることが理解できる。だから仮説検定に関する不等式を作成しておけば，その不等式は信頼区間にも利用できる。

しかし，二つの不等式には，一方は検定を行っており，他方は信頼区間の推定を行っているという根本的な違いがあることに注意しよう。

6.3 平均値の差の検定

二つの異なる母集団があり，各々の母集団において平均値は μ_i，標準偏差は σ_i，$i=1$, 2 と定められているとする。このような状況で，平均値 μ_1 と

μ_2 が等しいかどうか検定する方法を説明しよう。

この検定問題で中心となる統計量は，標本平均の差

$$\overline{X} = \overline{X}_1 - \overline{X}_2 \tag{6.8}$$

である。$\overline{X}_1$ は第1母集団から得た標本平均，同じく $\overline{X}_2$ は第2母集団から得た標本平均である。各母集団からとられた無作為標本は互いに独立で，大きさは n_1, n_2 としておこう。$\overline{X}$ の期待値を求めると，定理4.1 により

$$\mu = E(\overline{X}) = E(\overline{X}_1) - E(\overline{X}_2) = \mu_1 - \mu_2 \tag{6.9}$$

となる。分散を求めると，定理4.1と独立性によって

$$V(\overline{X}) = V(\overline{X}_1) + V(\overline{X}_2) = \frac{\sigma_1^2}{n_1} + \frac{\sigma_2^2}{n_2} \tag{6.10}$$

となる。特にこの分散の計算は重要である。以下，この平均と分散を用いて帰無仮説

$$H_0 : \mu_1 = \mu_2 \tag{6.11}$$

を対立仮説 $H_a : \mu_1 \neq \mu_2$ に対して検定する方法を考えよう。ただし検定法は，平均値の検定法と同様，母集団に関する条件によって4分割できる。

■ 正規母集団の場合

1) 母分散が既知の場合

$\overline{X}$ の分布は帰無仮説のもとで平均が0，分散が(6.10)式の正規分布である。したがって

$$Z_0 = \frac{\overline{X}}{\sqrt{V(\overline{X})}} \tag{6.12}$$

は帰無仮説のもとで標準正規確率変数になる。臨界値および棄却域の設定などは6.1節の通りである。

2) 母分散は等しいが未知の場合（t 検定）

二つの母分散が未知だが同じ値をとるとわかっていれば，V を

$$\hat{V}(\overline{X}) = S^2 \left(\frac{1}{n_1} + \frac{1}{n_2} \right) \tag{6.13}$$

と推定する。ここで，S^2 は 2 標本を使った分散 $\sigma^2 = \sigma_1^2 = \sigma_2^2$ の推定量で

$$\begin{aligned} S^2 &= \frac{1}{n_1+n_2-2} \left\{ \sum_{i=1}^{n_1}(X_{1i}-\overline{X}_1)^2 + \sum_{i=1}^{n_2}(X_{2i}-\overline{X}_2)^2 \right\} \\ &= \frac{1}{n_1+n_2-2} \{(n_1-1)S_1^2 + (n_2-1)S_2^2\} \end{aligned} \tag{6.14}$$

と定義される。つまり各グループの観測値について，平均からのはずれの 2 乗を足し合わせ，自由度で割って求める。検定では，平均値を 2 個推定しているから，自由度 (n_1+n_2-2) の t 分布を使う。$(n_1+n_2-2)S^2$ を σ^2 で割れば，自由度が n_1+n_2-2 の χ^2 確率変数になっているからである。第 2 の等号では S_1^2 と S_2^2 の定義を与えている。

3) 母分散が異なり，かつ未知の場合

(6.12)式の検定統計量を使うが，分母の $\hat{V}(\overline{X})$ が未知分散 σ_1^2 と σ_2^2 を含むので，各未知分散を各々の標本から得られる標本分散 S_1^2 と S_2^2 によって置き換える。検定統計量の分布は，標準正規分布で近似する。

■ **分布が未知の場合**

検定統計量は正規母集団の 3) と同じである。帰無仮説のもとでの分布も中心極限定理によって標準正規分布で近似する。

例 6.3 スネデカー『統計的方法』では，高位タンパク質を餌として与えられたネズミと，低位タンパク質を餌として与えられたネズミの 2 グループの体重増を記録にとって，餌によって体重増に差があるかどうかの検定を行っている。母分布が未知のケースに対応する。第 1 グループは高位グループで，n_1 は 12，S_1^2 は 457.5，$\overline{X}_1$ は 120 である。第 2 グループについては，n_2 は 7，S_2^2 は 425.3，$\overline{X}_2$ は 101 であった。平均体重が 2 グルー

6.3 平均値の差の検定

プの間で等しい，つまり $\mu_1=\mu_2$ という帰無仮説を置く．対立仮説は第1グループの方が平均体重が大，つまり $\mu_1>\mu_2$ となる．有意水準は5%とするが，対立仮説により棄却域は分布の右裾に置かれる右片側検定である．

標本平均の差は $120-101=19$，分散の推定値は $(457/12)+(425/7)=98.8$ となる．検定統計量の値は $19/\sqrt{98.8}=1.9$，有意水準は5%だから巻末付表4より臨界値は1.65，結果として帰無仮説は棄却される．

注意すべきことは，スネデカー自身はこの検定を分散が等しい場合の t 検定で行っていることである（ケース2）．特に棄却域を両裾に定める両側検定を採用している．分散が等しいときは $S^2=(5032+2552)/17=446.1$ と計算され，t 値は1.89，自由度は17だが，2.5%点は巻末付表6より2.11ほどとなり帰無仮説は棄却できない．5%検定では，臨界値は1.74位だから，帰無仮説は棄却できる．

例6.4 1998年度の『学校保健統計調査報告書』によると，17歳の男子について平均身長が1番高い県は秋田県で172.1，標準偏差は5.94であった．平均身長が1番低い県は沖縄県で168.9，標準偏差は5.90であった．観測個数は各々430とする．ここで平均の最高値と最低値の間に有意な差があるかどうか有意水準1%で片側検定を行うと，検定統計量の値は
$$(172.1-168.9)/\sqrt{(34.8/430)+(35.3/430)}=7.9$$
と求まる．結果として帰無仮説は棄却される．P 値はほとんど0である．

この結果については8.1節を合わせて理解することが肝要である．この例では47の異なったグループがあるが，グループ数が多いときは，グループ平均の最大値と最小値の差異は有意に検定されやすい．しかし分散分析を用いれば，結果は逆になりうる．

例6.5 エンゲル係数は家計の支出に占める食費割合である．この係数は所得が上昇するにつれ低下する事が知られている．日本におけるエンゲル係数は表6.1に示されるように徐々に減少している．

● 表 6.1　勤労者世帯におけるエンゲル係数

1960	1970	1980	1990	1998
39%	32%	28%	24%	23%

参考：『日本国勢図会』(1999年) など

家計調査年報 (1996年) によれば大阪と京都の調査世帯当たり月平均所得，月平均食料費支出，月平均被服および履物支出は各々次のようになっている。

大阪 (183)　　321,383 円，　82,104 円，　20,102 円

京都 (95)　　 296,082 円，　84,298 円，　15,006 円

(　) 内は調査世帯数を示す。このデータによると食いだおれといわれる大阪の方が京都より食費支出額が低く，逆に着だおれといわれる京都の方が大阪より被服支出額が低い。食料費の標準偏差を 16,084 円として，大阪と京都における食料費支出額に差があるかないかという仮説の検定をする。検定統計量は

$$(84298 - 82104)/\{16084\sqrt{(1/183)+(1/95)}\} = 1.1$$

となり，差がないという帰無仮説は棄却できない。標準偏差は所得の 5 分位階級における食料費が各々 64,015 円，72,365 円，83,355 円，94,060 円，109,676 円，全世帯平均が 84,694 円であることから求めた。エンゲル係数 (割合) について検定を行っても結果は変わらない。

6.4　成功率の検定

■ 二項確率関数による検定

二項確率関数においては，成功率に関する検定がよく使われる。次の例を通して，検定の方法を紹介しよう。

例 6.6　【厳密な検定】　硬貨を 25 回投げ，表が 5 回しか出なかったとする。歪みのない硬貨から期待される表の出る回数は二度に一度，12 とか 13 回であるから，5 回しか出ないのでは硬貨に歪みがあってもお

かしくない。そこで，硬貨の歪みの有無を有意水準5%で検定することにした。帰無仮説は歪みがない，つまり $H_0: p=1/2$，対立仮説は $H_a: p \neq 1/2$ である。

この検定では $n=25$，$p=1/2$ の二項確率関数の両裾が棄却域になる。巻末付表2より，表が0から6しか出ないとき，あるいは19から25出るときは明らかに棄却域に入る。有意水準は0.014である。したがって帰無仮説は棄却され，硬貨に歪みがあるという結果になる。

対立仮説が $H_a: p<1/2$ という片側検定であれば，成功回数が少ない方の裾が棄却域に選ばれる。成功回数が0から7は，明らかに棄却域に入る。有意水準は0.022である。

対立仮説が $H_a: p=1/4$ という特定の確率であっても，1/4は帰無仮説が与える1/2より小であるので，$H_a: p<1/2$ と同じ棄却域が使われる。棄却域は，6.8節で説明する第2種の過誤を根拠にして選択される。

■ 標準正規近似による検定

観測個数 n が大きいときは二項確率の計算に手間がかかる。そこで n が大のときは，確率計算を避けるために，成功率 $\hat{p}$ をもとにした近似的な検定が使われる。

帰無仮説 $p=p_0$ のもとで，$(\hat{p}-p_0)$ の分布は平均が0，分散が $p_0(1-p_0)/n$ の正規分布で近似できる。証明は中心極限定理による。したがって，

$$Z_0 = \frac{\hat{p}-p_0}{\sqrt{p_0(1-p_0)/n}} \tag{6.15}$$

の分布は，帰無仮説のもとで標準正規分布によって近似できる。有意水準が α であれば，巻末付表4より

$$P(\{-b \leq Z_0 \leq b\}) = 1-\alpha \tag{6.16}$$

を満たす右裾 $100(\alpha/2)$%点 b および左裾 $100(\alpha/2)$%点 $-b$ を求め，検定統計量 Z_0 の臨界値とすればよい。推定された確率 $\hat{p}$ に関する臨界値は

$$p_0 \pm b\frac{\sqrt{p_0(1-p_0)}}{\sqrt{n}} \tag{6.17}$$

となる。

基準となる確率変数の作り方には，(6.15)式で，分母の p_0 を標本比率 $\hat{p}$ で置き換える方法もある。

例 6.7 サイコロを 60 回投げて，1 の目が 5 回出た。期待される回数は 10 回だから，サイコロの歪みが疑われた。仮説は，$H_0: p=1/6$, $H_a: p<1/6$, とする。観測個数が 60 であるから有意水準として 5% をとる（成功確率が 1/6，$n=60$ の二項確率表が手に入れば厳密な検定ができる。棄却域は左裾である）。巻末付表 4 より，右裾 95% 点は 1.65 であるから，Z_0 の臨界値は -1.65 である。他方，(6.15)式より，Z_0 は $-\sqrt{3}$ と求まる。したがって，有意水準 5% で帰無仮説は棄却される。有意水準が 1% なら，帰無仮説は棄却できない。

例 6.8 1976 年のアメリカ大統領選挙は，カーター（民主党）とフォード（共和党）で争われたが，テレビ討論を 3 回行い，そのたびに世論調査の結果は大きく揺れ動いた。最終投票数はカーター 40,830,763 票（50.06%），フォード 39,147,793 票（48.00%）であった。他の票を加えると投票総数は 81,555,889 票ほどあるが，カーターの得票率は 0.5 を有意に超えているだろうか。検定としては，仮説を $H_0: p_0=0.5$, $H_a: p_0>0.5$ とする。検定統計量は 11 になり，有意水準を 0.001 としても帰無仮説は棄却され，有意な結果がもたらされる。n がこのように大きければ多少の差も有意になりやすい。

■ **景気動向指数**

経済企画庁が作成している経済指標の一つで，景気の先行きを捉えるために使われる。数多くの系列を非常に簡単な数値にまとめているため理解が容

6.4 成功率の検定　　　195

易である。いくつかの指標の内 DI（ディフュージョン・インデックス）は，特定の系列の値が 3 ヶ月前に比して上昇（拡張）しているか下降（後退）しているかを調べる。この操作を多数の系列について行い，全系列の中で拡張系列が占める割合を指数値とする（変化がない系列は「保合い」といわれ，保合系列数の 2 分の 1 は拡張系列に加える）。

　DI には，景気の山から谷あるいは谷から山への転換に先だって転換が起こると考えられる 13 系列から求められる先行指数，景気の転換と時期を同じくすると考えられる 13 系列から求められる一致指数，そして景気の転換に遅れて反転すると考えられる 8 系列から求められる遅行指数が含まれる。たとえば「建築着工床面積」は市場全体の動きを前もって敏感に反応するから，日本経済全体の景気動向の先行きを占う系列であると考えられ先行系列の一つに含められる。「百貨店販売額」や「大口電力使用量」は市場の活動を直接反映するものであるから一致系列に含まれる。日本の労働慣行では景気が悪くなってもしばらくは就業者の雇用を維持して我慢し，また景気が良くなっても直ちには新規雇用を求めない。だから「完全失業率」は景気が反転してから最終的に現れる指標であり，遅行系列に含まれる。明らかだが，DI は上限が 100％であり下限は 0％になっている。

　先行指数は景気の山に対しては 5 ヶ月ほど，谷に対しては 2 ヶ月ほど先行すると考えられ，遅行指数は景気の山に対しては 6 ヶ月ほど，谷に対しては 12 ヶ月ほど遅れると考えられている。一致指数が 3 ヶ月を越えて 50％を上回るなら景気は拡張基調にあると判断され，同じく 3 ヶ月を越えて 50％を下回るならば後退基調にあると判断されているようだ（データは経済企画庁のホームページ「http://www.epa.go.jp」を見ればよい。同頁の「景気ウォッチャー」も興味深い）。

例 6.9　1999 年 12 月の DI 速報値は，「先行指数 50.0％，一致指数 75.0％，遅行指数 33.3％となった」と報告されている。13 一致系列のうち 75％が拡張を示しているわけだが，この拡張を示す確率は，統計的に 0.5

より大であるだろうか。(6.15)式から検定統計量は，$0.25/\sqrt{0.25 \times 0.75/13}=2.08$，となり，正規分布の右裾2.5％に入る。したがって，一致指標は50％である，という帰無仮説は棄却される。

6.5 成功率の差の検定

平均値の差の検定と似ているが，二つの独立な二項母集団が持つ成功率が等しいか否かの検定である。たとえば高校生の男女の間で，近視になる確率が等しいかどうかといった疑問はしばしば生じる。またある野球選手の打率が初期の5年と最近の3年で変化したか否かといった疑問も成功率の差の検定法によって答えることができる。

二つの母集団確率を各々 p_1, p_2 とすると，検定したい仮説は

$$H_0 : p_1 = p_2 \tag{6.18}$$

である。対立仮説は

$$H_a : p_1 \neq p_2 \tag{6.19}$$

となる。対立仮説では，二つの母集団確率の間に大小関係を考えてもよい。第1母集団から大きさ n_1，第2母集団から大きさ n_2 の標本をとる。

検定統計量は

$$Z_0 = \frac{1}{\sqrt{\hat{V}}} (\hat{p}_1 - \hat{p}_2) \tag{6.20}$$

である。$(\hat{p}_1 - \hat{p}_2)$ の分散は

$$V = \frac{1}{n_1} p_1(1-p_1) + \frac{1}{n_2} p_2(1-p_2) \tag{6.21}$$

だが，検定統計量の分母は V の推定量 $\hat{V}$ で，V に含まれる p_1 と p_2 を標本成功率に代えて得られる。Z_0 の近似的な分布は標準正規分布である。$p_1 = p_2 = p_0$ として，p_0 を $(n_1 + n_2)$ 個のうちの成功率で推定してもよい。

検定は平均の差の検定と同様に行えばよい。与えられた有意水準に対して

6.5 成功率の差の検定

臨界値の設定その他は 6.3 節に準じて行う。

証明 * $\hat{p}_1-\hat{p}_2$ の平均値は p_1-p_2 となる。標本の独立性によって，二つの標本成功率は独立に分布しているから，帰無仮説 $p_1=p_2$ の下で，$\hat{p}_1-\hat{p}_2=(\hat{p}_1-p_1)-(\hat{p}_2-p_2)$ という展開を用いて，分散(6.21)式が導かれる。この計算では，(6.10)式と同じように定理 4.1 を使う。$\hat{p}_i$ の近似分布は $n(p_i,\ p_i(1-p_i)/n)$，$i=1,\ 2$，であることに変わりがない。したがって，n_1 と n_2 が共に大きいときの検定統計量 $\hat{p}_1-\hat{p}_2$ の近似分布は，平均 0，分散(6.21)式の正規分布によって近似することができる。　　　　　　　　　　　　　　　　　　　　　　（終わり）

例 6.10　『学校保健統計調査報告書』1998 年（1986 年）によると，裸眼視力における男女間の差異は高校生に限ってみるとかなりはっきりしている。表 6.2 は，裸眼視力が 0.3 以下の生徒の割合である。調査対象者は総生徒数の 7.1% で，男女 3 学年合わせて 21 万名であった。だから n としては各学年男女別に，3 万名とする。ランダムサンプルが 6 種類あると考えてよいだろう。男女の近視率に差があるかどうか検定すると，1 年生では −20.0 となり，近視率が等しいという帰無仮説が 1% で棄却される（このくらい大きな標本では，「変化がない」という帰無仮説は棄却されやすい）。

● 表 6.2　視力の男女差

高校	1 年	2 年	3 年
男子	29.9 (22.7)	28.1 (24.2)	30.0 (25.2) %
女子	37.6 (28.3)	35.8 (30.4)	40.0 (31.7) %

例 6.11　【二重盲検法】　医学で用いられる用語であるが，患者を 2 グループに分けて薬の効果を調べる方法である。第 1 グループには投薬するが第 2 グループには投薬せず，投薬効果を比較検討する。ヒルの例（1948）では 107 名の結核患者のうち 55 名にストレプトマイシンを与え，52 名には安静療法のみを行った。半年の後，3 名の医者が互いに独立に患者の状態を X 線写真で検討した。ただし医者は各患者がどちらのグループに

属するか知らされていない。検査の結果，第1グループでは28名が，第2グループでは4名が病状を改善していた。2グループにおける改善度に差異があるか否か検定すると，検定統計量の値は5.6になり，差がないという帰無仮説は棄却される。後にストレプトマイシンは結核の特効薬として世界に広まっていったことは承知の通りである（『統計学事典』東洋経済新報社）。

この例では第2グループは安静治療しか行っていないが，患者自身が「改善した」「改善しない」と判定する場合では，投薬されないグループは「改善しない」と答えやすいことが知られている。このような患者の思いこみを避けるために，第2グループに当たる患者には，プラシーボ（偽薬）を与えることが望ましいとされる。医者も患者も施薬の内容を知らされないために，二重盲検（double blind test）と呼ばれる。

第2例はインフルエンザ・ワクチンの効果についてである。日本では1994年に学童へのワクチン集団接種が中止されたが，どうもこれは二重盲検を行わずにとられた誤った厚生政策らしい。たとえば1,000人にワクチンを投与したにもかかわらずその内5人がインフルエンザで死亡したら，5人も死ぬのでは予防接種は効果がないと拙速に判断されることもあろう。しかし二重盲検を行っていれば，予防接種を受けていないグループでは20人死んだかもしれないのである。もしそうなら，ワクチンは平均して1,000人の内15人の命を救うから，効果は大であるという結論になる。

菅谷憲夫著『インフルエンザ』（丸善ライブラリー）では，二重盲検の結果として，ワクチンの大きな効果が示されている。一例をあげると，7歳以下の児童について，ワクチン投与37名の内，A香港型インフルエンザの感染症例数10名，ワクチン不投与31名の内感染症例数は18名となっている（前掲書・表7参照）。検定統計量を計算してみると2.7になり，片側1%の検定でさえ有意になる。他の年齢グループについても結果は変わらない。

誤った厚生政策のため，日本ではワクチン投与だけではなく，その供給量が世界の趨勢とは逆に減少しているらしい。1918年にはスペイン風邪で40万人近くの人が死んだが，新型インフルエンザの大流行が懸念される。

■ 多項選択における検定

サイコロの目に関する検定においても，1が出る確率p_1と2が出る確率p_2に差があるか否かという問題は6.5節の方法では検定できない。6.5節では$(\hat{p}_1-\hat{p}_2)$をもとにして検定を行うが，各標本成功率は異なる母集団から得られている。ところがサイコロの異なる目に関する標本確率は，同じ母集団から得られた結果であり，相関を持つ。片方の目が多く出るなら，他方は少なめにしか出ないのである。

サイコロの異なる目の場合も，検定の基礎になる統計量は$(\hat{p}_1-\hat{p}_2)$である。しかしその分散が異なってくる。$H_0: p_1=p_2$, $H_a: p_1 \neq p_2$ を仮説とすると検定統計量は(6.20)式と同じ形を持つが，$\hat{V}$ は

$$\hat{V} = \frac{1}{n}\{\hat{p}_1(1-\hat{p}_1)+\hat{p}_2(1-\hat{p}_2)+2\hat{p}_1\hat{p}_2\} \tag{6.22}$$

となる。帰無仮説の下での分布は，近似分布として標準正規分布を用い，棄却域のとり方なども変わらない。

証明*　サイコロの目の例において，6個の目が出る回数を計算する方法を考えよう。ベルヌーイ確率変数X_1からX_6を定義し，サイコロを一度投げて目が1なら$X_1=1$，他の目では$X_1=0$，目が2なら$X_2=1$，他の目では$X_2=0$，などと定義しておく。確率関数は，$P(X_i=1)=p_i$, $P(X_i=0)=1-p_i$, $i=1,\cdots,6$，となるが，$X_1+X_2+\cdots+X_6=1$である。目は一つしか出ないから，ベルヌーイ確率変数のどれか1個が1をとるなら，他のXは0である。

この様なベルヌーイ確率変数の期待値と分散は標準の場合と同じで，

$$E(X_i)=p_i, V(X_i)=p_i(1-p_i), \quad i=1,\cdots,6$$

となる。しかし，X_1とX_2はともに1をとらないから，積の期待値は

$$E(X_1X_2) = 1\times 0 \times p_1(1-p_2) + 0\times 1 \times (1-p_1)p_2$$
$$+ 0\times 0 \times (1-p_1)(1-p_2) = 0$$

となる。したがって共分散は

$$\mathrm{Cov}(X_1X_2) = E(X_1X_2) - E(X_1)E(X_2) = -p_1p_2 \tag{6.23}$$

である。

　サイコロを n 回転がし，各ベルヌーイ確率変数についての総和を計算して，標本成功率 $\hat{p}_1$ などを推定する．$\hat{p}_1$ の分散は二項確率の場合と変わらず，$V(\hat{p}_1)=p_1(1-p_1)/n$ となる．さらに共分散は，(6.23)式と定理4.1により，$\mathrm{Cov}(\hat{p}_1, \hat{p}_2)=-p_1 p_2/n$ となる．

　(6.21)式の導出と同様に，$V(\hat{p}_1-\hat{p}_2)=V(\hat{p}_1)+V(\hat{p}_2)-2\mathrm{Cov}(\hat{p}_1,\hat{p}_2)$，と分解できるから(6.22)式が求まる．(6.23)式の分だけ V が増加し，検定統計量の値は減少する．したがって，帰無仮説は棄却しにくくなる．　　　（終わり）

例6.12　アメリカの大統領選挙の例に戻ろう．史上最も僅差に終わったアメリカ大統領選挙は1960年のケネディー（JFK，民主党），ニクソン（共和党）選挙で，総投票数68,838,219票，ケネディー34,226,731票（49.72%），ニクソン34,108,157票（49.55%）となり，2人の差はわずか12万票であった．この選挙については，両者の得票率に有意な差があるか否かを検定する．仮説を $H_0: p_1=p_2$，$H_a: p_1>p_2$ として検定統計量を計算すると，14.2となり，有意水準を0.001としても有意な結果がもたらされる．n がこのように大きければ通常は多少の差も極端に有意な検定結果になり，検定が意味を持たないことが多い．高度に有意とはいえ，この選挙は検定統計量を計算するに値し，まさに接戦であったといえる．

例6.13　【テレビ視聴率】　番組の視聴率がしばしば話題をにぎわすが，藤平芳紀著『視聴率の謎にせまる』（Newton Press）によると，ビデオリサーチ社の調査には，関東地区の1,480万テレビ所有世帯のうち，600世帯（約1,900人）が調査対象に含まれる．調査方法はピープルメーターと呼ばれる情報機器に拠るリアルタイム調査である．

　視聴率にも家庭視聴率と個人視聴率の2種類があり，テレビ番組にとっては家庭視聴率が重要，コマーシャルにとっては個人視聴率が重要といわれる．個人視聴率は世代ごとの集計が行われ，集計の結果によりコマーシャルの内

容を調整する。特定番組の視聴率が50%を超える，などと書かれるのは家庭視聴率のことで，家族の1人が番組を見ていれば視聴率は上がる。ニールセン社も同じ方法で調査をしている。NHKは個人視聴率を調べているために，他の調査と大きな差がでやすい。たとえば，調査対象が2家庭であり，家庭Aは4人家族，Bは単身であるとする。ある番組をBさんだけが見ていれば家庭視聴率は50%になる。しかし，個人視聴率は20%に過ぎない。

2000年4月8日の夕刊によると，NHKの新しい番組である「NHKニュース10」の視聴率は5.5%，同じ時間で競合しているテレビ朝日の「ニュースステーション」は10.1%というビデオリサーチ調査の記事が出ていた。n が600で，4.6%の差は有意であろうか。(6.22)式などにあわせて計算してみると，検定値は2.87になり，P 値は0.21%で有意になった。

ある番組についてビデオリサーチ社は25%，ニールセン社は20%という視聴率を報告したとしよう。二つの視聴率に差はあるだろうか。この場合は両社の標本はまったく独立であるので，(6.20)式により検定する。検定結果は2.08となるから，有意水準1%では有意な結果は得ない。

6.6 分散比の検定

二つの正規母集団と $n(\mu_x, \sigma_x^2)$ と $n(\mu_y, \sigma_y^2)$ から得た無作為標本を，$\{X_1, X_2, \cdots, X_n\}$ および $\{Y_1, Y_2, \cdots, Y_m\}$ と表記しよう。この二つの母集団に関して，母分散が等しいかどうかという検定することがある。たとえば製造業グループ X と金融業グループ Y において，収益率の分散に差があるか否かという疑問が生じたときに利用する検定である。

分散が等しいか否かの検定であるので，帰無仮説は $H_0: \sigma_x^2 = \sigma_y^2$，対立仮説は $H_a: \sigma_x^2 \neq \sigma_y^2$ とする。分散推定量の比

$$F = \frac{S_X^2}{S_Y^2} = \frac{\Sigma(X_i - \overline{X})^2/(n-1)}{\Sigma(Y_i - \overline{Y})^2/(m-1)} \tag{6.24}$$

を検定統計量にすることには直感的にも納得がいくであろう。そして，この

統計量は帰無仮説のもとで，分子の自由度が $(n-1)$，分母の自由度が $(m-1)$ の F 分布に従う。棄却域は有意水準を 2 分して，分布の両裾にとればよい（便宜的に，分子に大きい方の推定値を入れ，F 値を 1 より大とすれば片側検定が使える）。**F 検定**と呼ばれる。

例 6.14 A グループと B グループから各々 11 社ずつ収益率を調べたところ，次のようなデータを得た。標本分散は A は 1.19，B は 2.07 であった（収益率の標準偏差をボラティリティという。標本分散（リスク）はボラティリティの 2 乗である）。B 社のリスクが A 社のリスクに比べて大きいか否かの検定をするが，検定統計量は (6.24) 式を使う。10% の検定を行うと，5% 臨界値は巻末付表 7 より 2.98 だが，F 統計量の値は 1.73 となり，有意な結果は得られなかった。

●表 6.3 収益率

A	−1.9	0.2	−0.7	0.9	0.3	1.3	0.7	−1.6	−1.4	0.4	0.1
B	1.9	−1.3	2.1	2.2	2.7	3.7	−0.7	1.4	2.1	0.8	1.8

6.7 独立性の検定*

2 変数 X と Y に関する大きさ n の無作為標本を，X と Y を 1 組として
$$\{(X_1, Y_1), (X_2, Y_2), \cdots, (X_n, Y_n)\}$$
とする。2 変数 X と Y が共に正規確率変数なら，母集団相関係数 ρ は標本相関係数 r，(1.21) 式によって推定される。この統計量を用いて仮説 $H_0: \rho=0$，$H_a: \rho \neq 0$ を検定するとしよう。検定統計量は，

$$T = \frac{r\sqrt{n-2}}{\sqrt{1-r^2}} \tag{6.25}$$

が都合よい。この検定統計量は帰無仮説のもとで自由度が $n-2$ の t 分布に従って分布する。棄却域のとり方は，両側検定であれば t 分布の両裾に棄却

域をとる．片側検定であれば t 分布の片方の裾に棄却域をとればよい．

　母平均に関する t 検定と同様に，n が十分大きければ T の分布は標準正規分布によって近似できる．この場合は正規母集団の仮定は必要とされないが，検定の意味が変わり，独立性の検定ではなく単に $\rho=0$ の検定になる．

例 6.15　1.7 節表 1.14 では出生率と中学就学率のデータが与えられている．両特性間の標本相関係数はイラクを含む 14 国で -0.68 であった．この相関係数から T を計算すると，-3.3 となった．有意水準 1% で，t 分布を使おうが正規分布を使おうが，帰無仮説は強く棄却される．

　1 人当たり GNP の影響を除いた偏相関係数は 13 国で -0.31 だったが，この値を (6.25) 式に代入すると，-1.1 となり，出生率と中学就学率には相関がないという帰無仮説は棄却できない．

　例 1.10 では，献血時に検出された HIV 感染者数と自動車保有台数の相関係数が，0.98 と求まった．T を計算すると 15 を越え，帰無仮説は強く棄却される．しかし，両特性の意味からして，両者に相関はありえない．

6.8　第 2 種の過誤*

■ 2 種類の過誤

　この節では，特定の棄却域が選択されるための根拠を説明する．検定を理解するためには不可欠な概念である．検定統計量が臨界値より小であれば，帰無仮説 H_0 が正しくとも帰無仮説 H_0 を棄却する．この誤った判断を第 1 種の過誤と呼ぶ．第 1 種の過誤が起きる確率 α は，

$$\alpha = P(H_0 を棄却 \mid H_0)$$

と定義できるが，これは有意水準に他ならない（帰無帰無と覚えよう）．以下，この節では 6.1 節の平均に関する検定の例を用いて説明を続ける．

　図 6.2 では，帰無仮説のもとでの $\overline{X}$ の分布と，$\mu=3.0$ とした場合の対立仮説の下での $\overline{X}$ の分布を示した．臨界値は 3.034 だから，棄却域は帰無仮説の

下での分布において臨界値より左の裾であり，面積 α は 0.05 である．

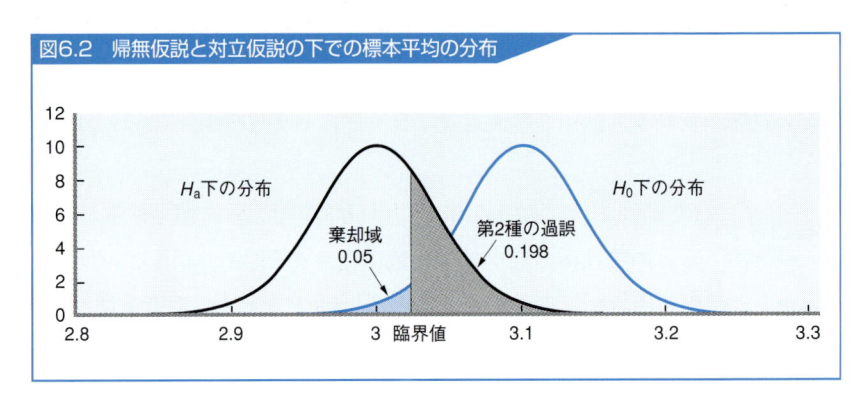

図6.2　帰無仮説と対立仮説の下での標本平均の分布

（H_a 下の分布／H_0 下の分布／棄却域 0.05／第2種の過誤 0.198）

第2種の過誤は対立仮説が正しいにもかかわらず対立仮説を棄却する間違いである（対立対立と覚えよう）．言いかえれば，対立仮説が正しいにもかかわらず帰無仮説を棄却しない確率でもある．第2種の過誤の確率 β を計算しよう．対立仮説の下で $\overline{X}$ を標準化して計算するが，

$$\begin{aligned}\beta &= P(\{H_a を棄却 | H_a\}) \\ &= P(\{\overline{X} \geqq 3.034 | H_a\}) = P\left(\left\{\frac{\overline{X}-3.0}{0.04} \geqq \frac{0.034}{0.04} \Big| H_a\right\}\right) \\ &= P(\{Z_a \geqq 0.85 | H_a\}) \approx 0.198 \end{aligned} \tag{6.26}$$

となる．ここで Z_a は対立仮説のもとでの標準正規確率変数である．図6.2 では，対立仮説の下での分布において，臨界値 3.034 を超える右裾の面積が β に等しい．

$1-\beta$ を**検出力**と呼ぶ．第2種の過誤の確率は小さい方がよいから，検出力は 1 に近い方が望ましい．

■ 異なる棄却域

有意水準 5% を変えずに，まったく異なる棄却域に変えて，β を計算してみる．たとえば

$$P(\{-0.68 \leqq Z_0 \leqq -0.53 | H_0\}) = 0.05 \tag{6.27}$$

だから，区間 $(-0.68, -0.53)$ を Z_0 に関する棄却域と決めよう．この区間を $\overline{X}$ に関する区間に変換すると，区間 $(3.073 \leq \overline{X} \leq 3.079)$ が棄却域になる．この棄却域も5％の有意水準を持つことから，有意水準のみを考慮すれば，先の左裾の棄却域と甲乙つけることができない．しかし，この棄却域に対して β を計算してみると，

$$\beta = P(\{H_a を棄却 | H_a\}) = 1 - P(\{H_0 を採択 | H_a\})$$
$$= 1 - P\left(\left\{\frac{3.073 - 3.0}{0.04} \leq Z_a \leq \frac{3.079 - 3.0}{0.04} \middle| H_a\right\}\right)$$
$$= 1 - P(\{1.825 \leq Z_a \leq 1.975 | H_a\}) \approx 0.99 \qquad (6.28)$$

と求まる．β はほとんど1，検出力は0になってしまうから，この棄却域は検定のためにおそろしく不適切である．

証明はしないが，この検定問題では棄却域が右に動くほど β は増大していく．結局，左裾にもうけた棄却域が最も適切である．

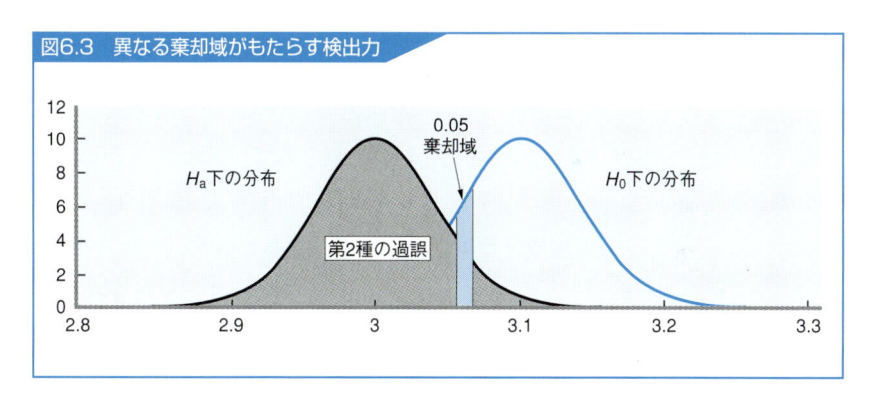

図6.3　異なる棄却域がもたらす検出力

■ 異なる検定統計量

$\overline{X}$ を前提として検定方法とその性質を検討してきたが，推定量と同様に $\overline{X}$ 以外の検定統計量を考えることもできる．たとえば，$\hat{\mu} = (X_1 + X_2)/2$ も標本平均と同様に検定統計量として利用できる．全体の平均ではなく観測値のうち2個のみを検定に使うのである．実際は25個全部を使わず2個だけを使

うのは不自然だが，異なる検定統計量がもたらす影響を調べるためにあえてこのような例を取り上げてみる。

検定統計量の性質を調べるために $\hat{\mu}$ の分布を求めると，H_0 のもとでは $n(3.1, 0.04/2)$ に従う。$\hat{\mu}$ の標準偏差は $0.2/\sqrt{2} \approx 0.14$ である。平均値と標準偏差により，標準化された統計量 Z_0 は $(\hat{\mu}-3.1)/0.14$ と定義される。有意水準を 5% に決めておけば Z の棄却域は区間 $(Z_0 \leq -1.65)$ だから，$\hat{\mu}$ の棄却域に変換すると $(\hat{\mu} \leq 2.87)$ となる。このように，検定統計量が変われば棄却域も変化する。

対立仮説を $H_a : \mu=3.0$ として，β を計算すると，

$$\beta = (\{\hat{\mu} \geq 2.87 | H_a\}) = P\left(\left\{\frac{\hat{\mu}-3.0}{0.14} \geq \frac{2.87-3.0}{0.14} \Big| H_a\right\}\right)$$
$$= P(\{Z_a \geq -0.94 | H_a\}) \approx 0.83$$

となる。同じ有意水準のもとで，$\overline{X}$ を用いた検定よりも β が大きくなる。

■ α と β の背反関係

与えられた有意水準 α に対して棄却域の定め方を説明したが，実際の検定作業においては α も自由に選択でき，α を決めることさえなかなか難しい。帰無仮説と対立仮説を $H_0 : \mu=3.1$，$H_a : \mu=3.0$ として，異なる α がもたらす β を計算してみよう。

α を 0.01 としよう。棄却域は左裾に置くことに変わりはない。Z_0 を (6.3) 式 $(\overline{X}-3.1)/0.04$ で定義すると，巻末付表 4 より区間 $(Z_0 \leq -2.33)$ が棄却域となる。次に β を計算する。棄却域は，$\overline{X} \leq 3.1-0.04 \times 2.33 = 3.01$ と変換できる。対立仮説を棄却する区間（第 2 種の過誤の区間）は $\overline{X} > 3.01$ だから，対立仮説のもとで標準化すると，$Z_a \geq (3.01-3.0)/0.04 = 0.25$ となる。β は巻末付表 4 より 0.40 となる。

この様な計算の結果が表 6.4 にまとめられている。表 6.4 から理解できるように，α と β には二律排反な性質がある。つまり片方を減らそうと思えば他方が増えてしまう。与えられた検定統計量のもとで，α と β を同時に減らすことはできない。

α を所与するなら，β の小さな検定統計量を利用しなければならない。また $\hat{\mu}$ と $\overline{X}$ の例から理解できるように，検定統計量が決まれば，できるだけ観測個数を増加させる必要がある。

● 表 6.4　有意水準と第 2 種の過誤の確率

有意水準 α	0.01	0.05	0.10	0.25
β	0.40	0.20	0.11	0.04

■ **ま と め**

母集団における真の状態と統計的判断には 4 組の可能性がある。表 6.5 にまとめておこう。

帰無仮説と対立仮説を所与として，検定方法は次の順序で定められる。

1) 有意水準（第 1 種の過誤の確率）α を決める。

$$\alpha = P(\{H_0 \text{を棄却} | H_0 \text{が正しい}\}) \tag{6.29}$$

となる。α は通常 1%，5%，あるいは 10% であることが多い。観測個数が 30 位の場合は 5%，100 を超えれば 1% を選ぶ。

2) 有意水準をもとに棄却域と臨界値を定める。棄却域は，対立仮説に近い「裾」に決める。検定統計量の値が棄却域に入れば，帰無仮説は棄却され検定は有意と判断される。

3) 第 2 種の過誤の確率 β は，

$$\beta = P(\{H_a \text{を棄却} | H_a \text{が正しい}\}) \tag{6.30}$$

となる。$1-\beta$ を検出力と呼ぶ。

● 表 6.5

真の状態＼判断	H_0 棄却できない	H_0 棄却できる
H_0 が正しい	正しい判断	第 1 種の過誤
H_a が正しい	第 2 種の過誤	正しい判断

6.9 尤度比検定法*

いくつかの基本的な検定問題について検定法を紹介してきたが，推定論と同じく検定論においても検定の一般的な方法が知られている．尤度比検定法はその一つであるが，応用範囲が広いので説明しよう．

説明を一般化するために母集団は複数の母数を含むとする．複数の母数をベクトル θ で表そう．たとえば正規母集団において平均値と分散がともに検定の対象であるならば，θ ベクトルは平均値 μ と分散 σ^2 の両方を要素として含んでおり，$\theta = (\mu, \sigma^2)$ と書ける．

母集団における確率変数の密度関数を $f(x_i, \theta)$ とすれば，無作為標本の密度関数は

$$L = \prod_{i=1}^{n} f(x_i, \theta) \tag{6.31}$$

となる．この密度関数を最尤推定法では尤度と呼んだが，これが尤度比検定法においても中心的な役割を果たす．帰無仮説 H_0 が単純仮説であるなら H_0 のもとで母数の値は既知である．この既知の母数値を θ_0 としよう．帰無仮説のもとでの尤度の値は

$$L_0 = \prod_{i=1}^{n} f(x_i, \theta_0) \tag{6.32}$$

と定まる．一般的には，帰無仮説は一部の母数についてのみ特定の値を付与する．その場合には，他の未知母数は尤度関数の最大化により値を求める．結局，L_0 は帰無仮説のもとでの尤度の最大値によって決められる．対立仮説のもとでも，尤度関数の最大化によって，最尤推定量 $\hat{\theta}$ を用い

$$L_a = \prod_{i=1}^{n} f(x_i, \hat{\theta}) \tag{6.33}$$

と値が決められる．

尤度が帰無仮説と対立仮説のもとで定められたら，尤度比を

6.9 尤度比検定法* 209

$$\lambda = L_0/L_a \tag{6.34}$$

と定義する．ここで λ は統計量であり，確率変数として分布を持っていることに注意しなければならない．さらに λ の分母と分子を比べると，分母の方が分子よりも大である．なぜならば分母の最大値を与える $\hat{\theta}$ は，一つの可能性として θ_0 という値をとってもよいのである．したがって $\hat{\theta}$ が θ_0 と異なるなら，L_a は少なくとも L_0 よりも大であることを意味する．結局，λ は 0 と 1 の間の値をとる．

直感的に，帰無仮説が標本の性質と大きく矛盾していなければ，分子の尤度は分母に比べてさほど小さくならないであろう．帰無仮説の制約のもとでの尤度の値は，制約が少ない対立仮説のもとでの尤度とあまり値が変わらないはずである．逆に帰無仮説が標本の性質とかけ離れていれば，帰無仮説のもとでの制約は無理のある苦しい制約だから，L_0 は L_a と比べてかなり小さい値をとる．このような背景のもとで，λ を検定統計量とすれば，λ の値が小さい領域を棄却域に定めることができる．

与えられた有意水準を α とすれば，臨界値 c は次式を満たすように定める．

$$P(\{\lambda \leq c\}) = \alpha \tag{6.35}$$

λ は統計量であり分布を持っているから，その分布によって臨界値が定められる．

例 6.16 一様分布から標本をとるとしよう．分布範囲は左端がわかっていて，0 から θ とするが，この例では帰無仮説は $H_0: \theta=1$，対立仮説は $H_a: \theta<1$，n は 10，有意水準は 5% とおく．さらに，n は 10 だが，その内の最大値は 0.7 であったとしておく（例 5.11 から理解できるように，検定には最大値しか必要でない）．尤度比検定によって帰無仮説を検定してみよう．

例 5.11 より，一般的に尤度は $(1/\theta)^n$ となるから，帰無仮説の下での尤度は $(1/\theta_0)^n$，対立仮説のもとでは最尤推定により，$(1/X_{(n)})^n$ となる．したがっ

て尤度比は，$(1/\theta_0)^n/(1/X_{(n)})^n=(X_{(n)}/\theta_0)^n$ となる（帰無仮説の下での θ_0 は，観測値の最大値より大でないといけない）。だから，検定では

$$P\left(\left\{\left(\frac{X_{(n)}}{\theta_0}\right)^n<\xi\right\}\right)=0.05$$

を満たす臨界値 ξ を見つければよい。これは，$P\{X_{(n)}<\eta\}=0.05$ を満たす η を見つけることと同値である（単調変換の性質による。単調変換を使わない場合は，n 乗根をとって整理して求める。いずれにしろ，θ_0 は無視できる）。

臨界値を求めるには，帰無仮説の下での $X_{(n)}$ 分布の左裾 5% 点を見つけ，観測値 0.7 と比較すればよい。$X_{(n)}$ 分布は (4.38) 式に与えられているから，臨界値は，$\eta^n=0.05$ を満たさないといけない。この例では $\eta=\sqrt[10]{0.05}=0.74$，となり，帰無仮説は棄却される。ちなみに，0.7 は 2.8% 点に当たる。

■ 近似分布

尤度比検定統計量 λ の分布は例 6.16 のように容易に見つかることもあるが，導出不可能なことが多い。そういう場合は，次の定理によって，λ の近似分布をもとにして仮説検定を行うことができる。対立仮説のもとでは $-2\log\lambda$ の値は大きくなるから，棄却域は χ^2 分布の右裾にとればよい。

> ▶ **定理 6.1**
>
> 確率変数 X に関する無作為標本を $X_1, \cdots, X_n$，帰無仮説では，母数ベクトル θ の一部の要素 $\theta_1, \cdots, \theta_k$ が特定の値をとり
>
> $$H_0 : \theta_1=c_1, \cdots, \theta_k=c_k$$
>
> となるとしよう。対立仮説は帰無仮説を否定するものとする。n が大きければ，$-2\log(\lambda)$ の分布は，帰無仮説のもとで自由度 k の χ^2 分布によって近似できる。

例 6.17 【例 6.16 のつづき】 χ^2 分布の自由度は 1 であるから，5% の臨界値は巻末付表 5 より 3.84 となる。ところで，尤度比は $(X_{(n)}/\theta_0)^n=(0.7)^n$ だから，$-2\log(\text{尤度比})=-(20)\log(0.7)=3.09$，となり，

帰無仮説は棄却できない。3.09 はほぼ 8% 点に当たる。

練 習 問 題

1. 滋賀県における 9 歳児男子の平均体重および標準偏差はおのおの 30.9kg, 6.4kg, 女子については 30.3kg, 5.87kg であった。観測個数は男女ともほぼ 470 である。男女の体重に有意な差があるかどうか, 1% の検定を行いなさい。

2. 【例 6.5 のつづき】　所得 5 分位階級における被服履物支出は 10,704 円, 14,348 円, 18,584 円, 23,713 円, 36,261 円, 全世帯平均は 20,722 円であり, 標本標準偏差は 8,900 円であった。大阪と京都で被服履物支出に差があるか否か検定しなさい。

3. 【例 4.5】　農家と勤労者世帯間で, ピアノ保有率に差異があるかないか検定しなさい。

4. 5 章の練習問題 2 で王貞治の打率が与えられているが, 1959 年から 1980 年に引退するまでの総打数は 9,250, 平均打率は 0.301 であった。長島茂雄は 1958 年から 1974 年に引退するまでの総打数は 8,094, 平均打率は 0.305 であった。2 人の打率に差があるかどうか検定しなさい。

5. 女子生徒 18 人と男子生徒 15 人のクラスでの統計学の試験を行ったところ男子の平均と標準偏差 S は 83.3 と 11.58, 女子の平均と標準偏差は 80.9 と 9.38 であった。男子と女子の理解度に有意な差があるかどうか, ①正規母集団で母分散が等しい場合, ②正規母集団で母分散が異なる場合, ③母分布が知られていない場合について検定しなさい (S^2 は 134 と 88 である)。

6. A, B 2 社の電池を 10 個ずつ無作為抽出し, 寿命を調べたところ, 次の結果を得た。2 社の電池の寿命が正規分布に従うとして, 寿命に差があるかどうか検定しなさい。

    A=(11, 14, 14, 17, 　9, 18, 18, 10, 15, 15)
    B=(21, 23, 18, 15, 17, 19, 19, 16, 20, 22)

7. 1.5節表1.14のデータを使い，変数間の相関の有意性を検定しなさい。

8. 1960年のケネディー，ニクソンについで僅差に終わったのは1968年のニクソン（共和党），ハンフリー（民主党），ウォレスが争った選挙である。この選挙ではロバート・ケネディーが民主党候補者の予備選挙の最中に暗殺されるという暗い事件もあった。最終的には，投票総数73,211,875，ニクソン31,785,480（43.42％），ハンフリー31,275,166（42.72％），ウォレス9,906,473（13.53％），その他244,756となった。ニクソンとハンフリーの得票率に有意な差があるか否か検定しなさい。

9. 7歳以上の児童について，48人がワクチン投与を受け，感染症例数は7であった。投与しなかったグループは21人で，感染症例数は14であった（前掲書『インフルエンザ』表7）。ワクチン効果について検定をしなさい。

10.* 6.8節の「異なる検定統計量」で定義した$\hat{\mu}$の第2種の過誤を有意水準1％，5％，10％，25％について求めなさい。

11.* 二つの母集団の分散の比がcとわかっていて，$\sigma_1^2 = c\sigma_2^2$と書けるとする。この条件のもとで二つの母集団の平均の差の検定法を説明しなさい（1グループのデータを$\sqrt{c}$で調整する）。

7

線形関係の推定

　第5章で母数の推定を学んだが，章全体を通して確率変数 $X_1, \cdots, X_n$ は独立かつ同じ分布に従うと仮定された。したがって各 X の期待値は共通で，分散も変化しない。そして母数の推定とはすなわち平均値 μ と分散 σ^2 の推定であった。第7章では観測が可能な確率変数の平均値が，観測値ごとに変化すると仮定する。つまり X_i の平均値は μ_i と書け，添え字が変われば母平均も変化する。しかし，n 個の観測可能な確率変数 X_i に対して n 個の互いに無関係な平均値 μ_i が存在するのでは，母数の推定は不可能である（n 個の情報を用いて，少なくとも n 個の母数を決めようとしている）。そこで μ_i の間に線形関係を想定し，その線形関係を定める母数に推定を限定する。

7.1 散布図と線形回帰式

■ **変化する平均**

　線形関係の推定問題では，伝統的に観測可能な確率変数を $X_1, \cdots, X_n$ ではなく $Y_1, \cdots, Y_n$ と記す．小文字 $x_1, \cdots, x_n$ は非確率的な変数値を表す．この章においては，確率変数 Y_i の期待値として x_i の線形関数を当てはめる．式で表現すれば

$$E(Y_i) = \mu_i = \alpha + \beta x_i, \quad i = 1, \cdots, n \tag{7.1}$$

と仮定する．ここで α と β は未知母数である．確率変数 Y_i は独立で分散 σ^2 は変化しないと仮定するが，その分布は同じではなく，平均値が x_i に依存して変化していく．この点において，Y_i は 4 章の基本的な仮説を満たしていない．右辺の変数 x_i は非確率変数と仮定されるから，Y_i と x_i の母集団における相関は 0 である．未知母数は α，β，σ^2 の 3 個になる．

例 7.1　x_i が自動車のスピード，Y_i がブレーキを踏んでから止まるまでの距離という例によって，仮定 (7.1) 式の意味を考えよう．スピードが早ければ止まるまでの距離は長くなるであろうが，x_i と Y_i をどのように関係づけるかは難しい問題である．(7.1) 式によれば，平均してみれば，止まるまでの距離はスピードの 1 次関数であるとみなされている．

　同じスピードであってもブレーキの踏み方，車の重量などによって止まるまでの距離は同じにならず，ばらつくはずである．これは，Y_i が期待値 ($\alpha + \beta x_i$) のまわりで分布することを意味する．一層の簡単化のために，ばらつき具合はスピードにかかわらず一定と仮定する．以上の条件のもとで，未知母数 α，β，σ^2 を推定して，スピードと止まるまでの距離の関係を理解するのが本章の課題である．

7.1 散布図と線形回帰式

■ 線形回帰式

例から理解できるように，左辺の変数 Y_i と右辺の変数 x_i は入れ替えることができない。スピードが早いから止まるまでの距離が遠くなるのである。逆に，停止までの距離が遠くなることが原因となって，その結果スピードが早くなるという論理は成立しない。このような両変数の意味関係を考慮して，Y_i を被説明変数，x_i を説明変数と呼ぶ。(7.1)式の代わりに，

$$Y_i = \alpha + \beta x_i + U_i, \quad i = 1, \cdots, n \tag{7.2}$$

と記して，(7.2)式を線形回帰式と呼ぶ。U_i は誤差項といわれ，(7.1)式の周りでの被説明変数のばらつきを示す。誤差項は確率変数であり，値が定まらない。それゆえに被説明変数の値も定まらず分布を持つのである。式中の係数 α と β を回帰係数という。U_i の期待値を 0 とする。U_i の分散 σ^2 を誤差分散という。以上の誤差項に関する条件を

$$E(U_i) = 0, \tag{7.3}$$

$$V(U_i) = \sigma^2, \quad i = 1, \cdots, n \tag{7.4}$$

とまとめる。異なる誤差項の分布は独立であると仮定する。分散の定義により Y_i と U_i の分散は同一で

$$V(Y_i) = \sigma^2 \tag{7.5}$$

となる。この章では，線形回帰式(7.2)に含まれる未知母数 α，β，そして誤差分散 σ^2 の推定方法を説明する。

■ 散 布 図

被説明変数 Y_i の観測値を y_i と記せば，y_i と x_i は 1 組で扱われる。例としてスピードと停止までの距離に関する仮想データを作成しよう。

●表7.1 スピードと停止までの距離

x	42	49	55	64	73	75	85	(km/h)
y	5.3	7.5	5.9	9.2	8.9	7.7	8.4	(m)

表のデータを**散布図**に図示すると図7.1の7個の点になる。図中の直線は、未知であるが真の線形回帰式に対応している。母数 α と β の値は本来未知だが、ここでは回帰式を描くために、各々値を与えられている。推定したいのは直線の係数 α と β だが、観測できるのは図中の7個の点だけである。

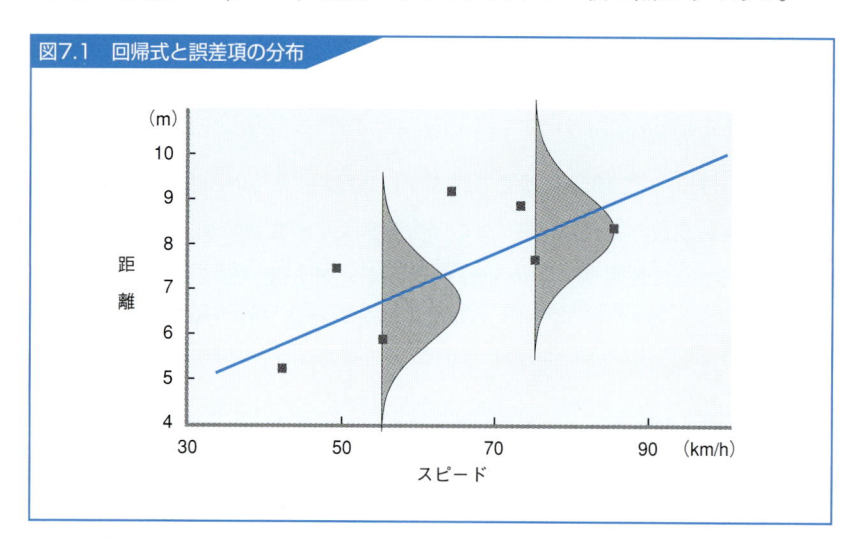

図7.1　回帰式と誤差項の分布

■ 誤差項の分布

誤差項 U_i の分布は指定されていないが、x 軸上の垂線は U_i の定義域であり、垂線を底にして描かれた密度関数が U_i の分布状況を表している。誤差項の密度関数は垂線上で立っていると理解されたい。この誤差項の密度関数が、与えられた x 値に対して、y 値がとる値のばらつき範囲を示している。図中では、垂線上の点が実現値である。y の実現値は、誤差項のために直線には乗らないと解釈する。

もしある x_i について繰り返し y_i の観測値を得ることができるのなら、この観測値のヒストグラムの形状は図中の密度関数に似てくるはずである。しかし通常は、説明変数の個々の値に対して被説明変数は1個しか観測できない。

x を所与とすれば、x の値が変わっても、誤差項の分布は変化しない。

7.2 データ整理としての最小2乗法

■ 直線を引く

線形回帰式(7.2)に含まれる未知母数 α, β, そして σ^2 を推定する方法を説明しよう。図7.1に書き込まれた直線の母係数は観測者にはわからないから，観測値 (x_i, y_i), $i = 1, \cdots, 7$, を用いて未知母数を推定するのである。図7.1には本来7個の点があるだけだから，その7個の点全体の傾向を把握する直線を引くことが推定の目的でもある。

図7.2における7個の観測点をながめて，読者は全体の傾向を説明すると思われる直線を書き込まれたい。そして自分の書き込まれた直線の切片と傾きを図から読みとられたい。切片の値が回帰係数 α あるいは定数項の推定値 a であり，傾きの値が回帰係数 β の推定値 b である。切片と傾きは，直線上の任意の座標値 (x_0, y_0) と，三角形の高さ c と底 d によって決めることができ，式は

$$y - y_0 = \frac{c}{d}(x - x_0) \tag{7.6}$$

となる。推定値は，$a = y_0 - (c/d)x_0$, $b = c/d$ と定まる。

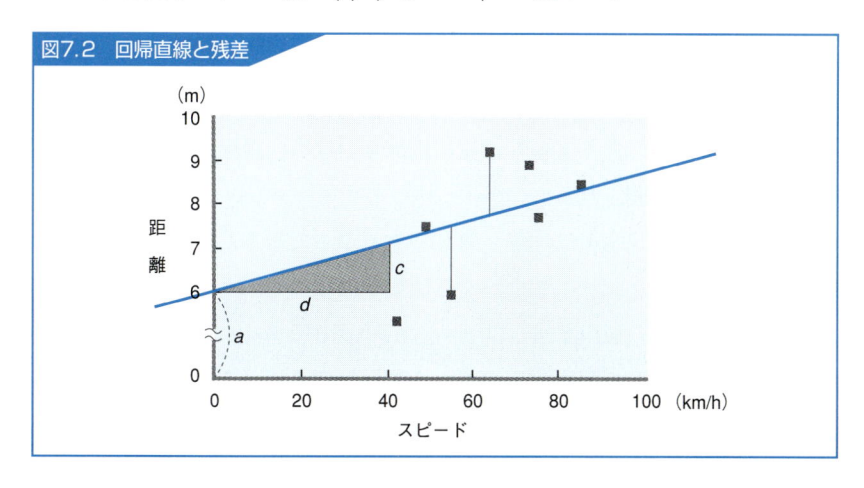

図7.2 回帰直線と残差

直感的に書き込まれた直線は書き込んだ人によって異なるから，回帰係数の推定値も異なってくる．複数の人がいれば推定値は複数個定まってくるが，**最小2乗法**の目的は，読者が書き込まれたような直線を一つの客観的な基準で定めることにある．

説明変数の数が増えていけば図のような直感的な理解は難しくなる．たとえば説明変数が2個なら図は3次元になり，図を描くことさえ難しくなる．さらに3次元の図から回帰係数を3個定めることは目玉推定（目視による推定）では至難の技である．そこで最小2乗法では，説明変数が複数のときでも1個のときと同じ計算手段を用いて回帰係数の推定値を定めるのである．

■ 残差2乗和

最小2乗法では，推定された回帰式と被説明変数値の「はずれの2乗和」を推定の基準とする．図7.2に書き込まれた直線の切片値を a，傾きを b とすれば

$$e_i = y_i - (a + bx_i) \tag{7.7}$$

が回帰式と被説明変数のはずれである．(7.7)式では特定の x_i に対して y_i が観測された値であり，

$$\hat{y}_i \equiv (a + bx_i) \tag{7.8}$$

が**回帰値**である．回帰値は x_i に対する図中の直線上の点でもある．したがって，(7.7)式の e_i が被説明変数値と直線のはずれで，このはずれを**残差**と呼ぶ．図では x 軸上，ある x 値の位置で垂線を引けば，垂線上の観測点と直線の距離が残差と定義される．

最小2乗法の推定基準は**残差2乗和**である．さて皆さんの推定値 a と b から計算された残差2乗和の値はいくらになっただろうか．筆者が目玉推定によって引いた直線の切片と傾きは $a=6$，$b=0.025$ であった．この推定値を用い，最初の x について目玉推定がもたらす回帰値と残差を計算すると

$$\hat{y}_1 = 6 + 0.025 \times 42, \quad e_1 = 5.3 - 7.05$$

7.2 データ整理としての最小2乗法

と計算できる。すべての残差は表7.2のように計算でき，残差2乗和は9.14と求まった（表の数値は有効数字16桁で計算している。表の最上段はxの値，中段は目玉推定より計算された残差，下段は最小2乗法により計算された残差である）。最小2乗残差は後で説明する。

● 表7.2 残差と残差2乗和

x	42	49	55	64	73	75	85	残差2乗和
目玉推定残差	−1.75	0.28	−1.48	1.60	1.08	−0.18	0.28	9.14
最小2乗残差	−0.82	0.91	−1.10	1.59	0.69	−0.65	−0.63	6.52

■ 最小2乗法

説明変数および被説明変数に関する観測個数をnとする。最小2乗法の推定基準は残差2乗和の最小化である。母数αとβのある推定値をaとbとすれば，残差2乗和はギリシャ文字プサイを用いて

$$\Psi = \sum_{i=1}^{n}\{(y_i - a - bx_i)^2\} \tag{7.9}$$

と定義できる。残差2乗和をaとbに関して最小化するが，最小値をもたらすaとbが，αとβの最小2乗推定値である。

最小2乗推定値aとbは，次式を満たす。

$$\begin{pmatrix} n & \sum_{i=1}^{n}x_i \\ \sum_{i=1}^{n}x_i & \sum_{i=1}^{n}x_i^2 \end{pmatrix} \begin{pmatrix} a \\ b \end{pmatrix} = \begin{pmatrix} \sum_{i=1}^{n}y_i \\ \sum_{i=1}^{n}x_iy_i \end{pmatrix} \tag{7.10}$$

行列を用いない場合は，各係数推定量は

$$a = \overline{y} - \overline{x}b \tag{7.11}$$

$$b = \frac{\left(\sum_{i=1}^{n}x_iy_i\right) - n\overline{xy}}{\left(\sum_{i=1}^{n}x_i^2\right) - n\overline{x}^2} \tag{7.12}$$

となる。$\overline{x}$と$\overline{y}$は各々xとyの算術平均で

$$\sum_{i=1}^{n}x_i = n\overline{x},\ \sum_{i=1}^{n}y_i = n\overline{y}$$

である。(7.12)式は次のように整理されることが多い。

$$b = \frac{\sum_{i=1}^{n}\{(x_i-\overline{x})(y_i-\overline{y})\}}{\sum_{i=1}^{n}\{(x_i-\overline{x})^2\}} = \frac{S_{xy}}{S_{xx}} = \frac{\sum_{i=1}^{n}\{(x_i-\overline{x})y_i\}}{\sum_{i=1}^{n}\{(x_i-\overline{x})^2\}} \quad (7.13)$$

証明 aに関してΨの1次微分を計算し，0と置く。bに関しても1次微分を計算して0と置く。この2式を1次の条件という。2式を満たすaとbを導出すれば，それが最小2乗推定値である。Ψは和記号を含むので1次の微分の計算は難しいかもしれないが，次のような結果になる（nがたとえば3であれば，和記号を利用しなくともΨの3項をすべて記述できる。和記号の処理が難しいなら，以下の計算をnが3について確かめなさい）。

$$\sum_{i=1}^{n}(y_i - a - bx_i) = 0 \quad (7.14)$$

$$\sum_{i=1}^{n}\{(y_i - a - bx_i)x_i\} = 0 \quad (7.15)$$

Σ計算は面倒だが，括弧をはずして整理すると

$$na + \left(\sum_{i=1}^{n}x_i\right)b = \sum_{i=1}^{n}y_i \quad (7.16)$$

$$\left(\sum_{i=1}^{n}x_i\right)a + \left(\sum_{i=1}^{n}x_i^2\right)b = \sum_{i=1}^{n}x_iy_i \quad (7.17)$$

となる。$\Sigma(c)$はncである。(7.14)と(7.15)の2式，あるいは(7.16)と(7.17)の2式を**正規方程式**と呼ぶ。正規方程式を行列にまとめれば，(7.10)式が導かれる。

行列を使わないなら，(7.16)式の両辺をnで割れば(7.11)式になる。(7.11)式を(7.17)式に代入して整理すれば，(7.12)式がもたらされる。(1.20)式と(1.4)式を用いれば，(7.13)式が得られる。　　　　　　　（終わり）

■ 最小2乗推定値の計算法

自動車の例に関するデータ表7.3を(7.16)式と(7.17)式に代入すると

7.2 データ整理としての最小2乗法

●表7.3 自動車の例における各種の和の計算

変 数	y	x	x^2	xy	y^2
	5.3	42	1764	222.6	28.1
	7.5	49	2401	367.5	56.3
	5.9	55	3025	324.5	34.8
	9.2	64	4096	588.8	84.6
	8.9	73	5329	649.7	79.2
	7.7	75	5625	577.5	59.3
	8.4	85	7225	714.0	70.6
総 和	52.9	443	29465	3444.6	412.9
平 均	7.6	63.3			

$$7a + 443b = 52.9$$
$$443a + 29465b = 3444.6$$

となる。この連立1次方程式を a と b について解くと，$a=3.3$, $b=0.068$ と求まる。これが第1の計算法である。2式を行列で整理すると

$$\begin{pmatrix} 7 & 443 \\ 443 & 29465 \end{pmatrix} \begin{pmatrix} a \\ b \end{pmatrix} = \begin{pmatrix} 52.9 \\ 3444.6 \end{pmatrix}$$

となる。左辺の行列の逆行列を両辺にかけると，同じ推定値が求まる。

(7.12)式と(7.13)式を比べれば，(7.12)式が便利である。数値を代入すると

$$b = \frac{3444.6 - 7 \times 7.6 \times 63.3}{29465 - 7 \times 63.3 \times 63.3} = 0.068, \quad a = 7.6 - 0.068 \times 63.3 = 3.3$$

と計算でき，計算結果は一致する（有効数字16桁で計算）。

■ 残差の性質

回帰係数 α と β が最小2乗法で推定されると，残差は
1) 和が0になる，
2) 説明変数と直交している，

という二つの性質を持っている。最小2乗推定の残差を(7.7)式と同じく e_i と記すと，残差の和と，残差と説明変数の間の積和について

$$\sum_{i=1}^{n} e_i = 0, \quad \sum_{i=1}^{n} e_i x_i = 0 \tag{7.18}$$

となる．直交性とはn個の残差が作るベクトルとn個の説明変数値が作るベクトルがn次元空間で幾何的に直交していることを意味する．2次元での図示は簡単である．

証明 残差の定義e_iにより，(7.18)式は正規方程式(7.14)と(7.15)に他ならない．したがって，残差の2性質は正規方程式より証明できる．

(終わり)

■ 残差2乗和の計算法

個々の残差は1個ずつ計算していく以外に求めようがないが，残差2乗和は簡単に計算できる．残差2乗和を **RSS** と記すと，RSSの計算法は次式で与えられる（RSSはresidual sum of squaresの頭文字である）．

$$\text{RSS} = \left(\sum_{i=1}^{n} y_i^2\right) - a\left(\sum_{i=1}^{n} y_i\right) - b\left(\sum_{i=1}^{n} x_i y_i\right) \tag{7.19}$$

係数推定のための途中計算や係数推定値を使えば，この式において新たに計算が必要なのは第1項だけである．表7.3より，この例では

$$\text{RSS} = 412.9 - 3.272 \times 52.9 - 0.06772 \times 3444.6 = 6.52$$

となる（各数値は有効数字16桁で計算している）．

証明 (7.8)式で定義された回帰値$\hat{y}_i = a + bx_i$は，定数と説明変数の1次関数だから，残差の性質により

$$\sum_{i=1}^{n}(e_i \hat{y}_i) = \sum_{i=1}^{n}\{e_i(a+bx_i)\} = 0 \tag{7.20}$$

となる．さらに残差の性質を利用すると

$$\begin{aligned}
\text{RSS} &= \sum_{i=1}^{n}(e_i^2) \\
&= \sum_{i=1}^{n}\{e_i(y_i - \hat{y}_i)\} \\
&= \sum_{i=1}^{n}(e_i y_i) \qquad ((7.20)\text{式による}) \\
&= \sum_{i=1}^{n}(y_i^2 - a y_i - b x_i y_i) \qquad (e_i \text{を} (y_i - a - bx_i) \text{に書き換える})
\end{aligned}$$

となる。 (終わり)

■ 誤差分散の推定

誤差項 U_i と残差 e_i の定義を並べて書いてみよう。

$$U_i = Y_i - \alpha - \beta x_i \tag{7.21}$$

$$e_i = y_i - a - b x_i \tag{7.22}$$

この2式より，残差は形式上誤差項 U_i の実現値になっていることが理解できる。だから，誤差分散の推定には残差の標本分散が利用できる。残差和が0だから，残差 e_i の標本平均は0になり，誤差分散の推定値は

$$\hat{\sigma}^2 = \frac{\mathrm{RSS}}{n} \tag{7.23}$$

となる。また5.5節のごとく自由度を考慮すると

$$S^2 = \frac{\mathrm{RSS}}{n-2} \tag{7.24}$$

と推定することも可能である（((4.26)式による。係数を2個推定しているので，n から2を引いた値が自由度となる)。観測個数 n が大なるときは二つの推定量に差異はほとんど生じない。

■ 決定係数

これまでの説明を振り返れば，確率変数 Y_i の期待値が線形式 $(\alpha+\beta x_i)$ と仮定され，未知母数である回帰係数の推定法として最小2乗法が導入された。しかし $E(Y_i)$ がこのような線形式と決められるのは，一つの可能性にすぎない。先にも説明したように，線形であっても他の説明変数が含まれるかもしれないし，さらに非線形の場合さえ考えられる。このように，様々な異なる可能性の中から選択される定式化を モデル と呼ぶ。

可能であれば，異なるモデルをいくつか推定し，その中で一番よく被説明変数の変動を説明するモデルを選べばよい。しかし，良さを示す基準が必要になる。線形回帰式の実証的な作業では，決定係数 R^2 がモデルの良さを示

す便利な指標として用いられる。決定係数は，被説明変数に含まれる変動の内，回帰式によって説明できる割合を示す指標である。この指標を定義するために**全変動**，TSS を

$$\text{TSS} = \sum_{i=1}^{n} \{(y_i - \overline{y})^2\} \tag{7.25}$$

と定義する（TSS は total sum of the squared deviations の頭文字である）。全変動は，被説明変数と平均の差の2乗和である。標本分散の n 倍といってもよい。

回帰式によって説明できる割合を示す指標は，回帰式によって説明できない割合を示す指標の裏返しである。そして，説明できない割合は，残差2乗和が全変動に占める割合であって

$$\frac{\text{RSS}}{\text{TSS}}$$

と定義できる。

残差2乗和はその値が全変動よりも小さい（これは「全変動の分解」により証明できる）。だからこの比率は1よりも小さくなる。

逆に回帰式によって説明しうる割合は

$$R^2 = 1 - \frac{\text{RSS}}{\text{TSS}} \tag{7.26}$$

である。**決定係数**は上式によって定義される。決定係数は，回帰式によって説明できない割合が小さければ小さいほど1に近くなる。

■ 全変動の分解

全変動については，**全変動の分解**と呼ばれる重要な性質がある。全変動の分解を説明するために，被説明変数の（最小2乗）回帰値 $\hat{y}_i$ に関する性質を紹介しよう。$\hat{y}_i$ の平均回りでの2乗和を，**回帰値の変動**という。記号は ESS である（ESS は the explained sum of squares の頭文字である）。ところが

$$\hat{y} \text{の平均} = a + b\overline{x} = y \text{ の平均} \tag{7.27}$$

7.2 データ整理としての最小2乗法

となり，回帰値の平均と y の平均が同じになる．だから，ESS は

$$\text{ESS} = \sum_{i=1}^{n}\{(\hat{y}_i - \hat{y}\text{の平均})^2\} = \sum_{i=1}^{n}\{(\hat{y}_i - \overline{y})^2\} \tag{7.28}$$

となる．

全変動の分解公式は

$$\text{TSS} = \text{ESS} + \text{RSS} \tag{7.29}$$

で与えられる．分解公式と(7.26)式により

$$R^2 = \frac{\text{ESS}}{\text{TSS}} \tag{7.30}$$

と表現できることがわかる．この式より，決定係数は，総変動に占める「回帰値の変動」の割合であることがわかる．

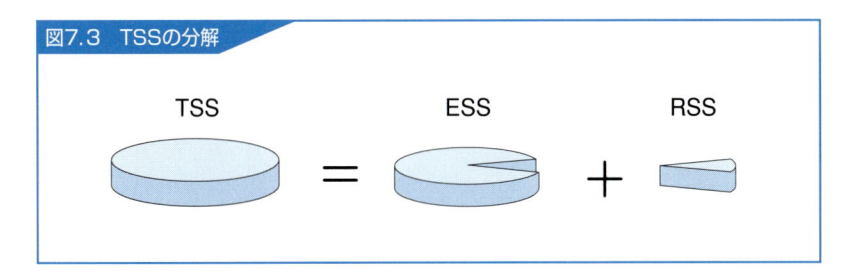

> 図7.3 TSSの分解
>
> TSS = ESS + RSS

証明 (7.27)式の導出：(7.8)式の和をとり，n で割れば，$\hat{y}_i$ の平均は $a + b\overline{x}$ となる．この右辺は，正規方程式(7.16)によって y の観測値の平均そのものである．

分解公式の導出：$e_i = y_i - \hat{y}_i$ だから，y_i の平均からの乖離は

$$y_i - \overline{y} = (y_i - \hat{y}_i) + (\hat{y}_i - \overline{y}) = e_i + (\hat{y}_i - \overline{y}) \tag{7.31}$$

と分割できる．左辺の2乗和 TSS は，右辺第1項の2乗和 RSS と，右辺第2項の2乗和 ESS に分解できる．右辺には積の項

$$2\sum_{i=1}^{n}\{e_i(\hat{y}_i - \overline{y})\} = 2\sum_{i=1}^{n}(e_i\hat{y}_i) - 2\sum_{i=1}^{n}(e_i\overline{y}) \tag{7.32}$$

が残るが，この積和は(7.20)式を使えば，右辺第2項だけになる．残差和が0であるから，右辺第2項も0である． (終わり)

■ 重相関係数

全変動の分解を証明に用いた関係式を使うと，決定係数に新たな解釈が与えられる．決定係数の平方根を R と記すと，R は

$$R = \frac{\sum_{i=1}^{n}\{(\hat{y}_i - \bar{y})(y_i - \bar{y})\}}{\sqrt{\text{TSS}\cdot\text{ESS}}} \tag{7.33}$$

となる．TSS と ESS は各々 y_i と $\hat{y}_i$ の標本分散の n 倍であるから，R は $\hat{y}_i$ と y_i の間の標本相関係数であると理解できる．だから R は被説明変数 y とその回帰値 $\hat{y}$ の関連具合を示している．この相関係数は**重相関係数**と呼ばれる．決定係数は重相関係数の2乗である．相関係数の意味より，決定係数は被説明変数と回帰値の結びつきを，1よりも小さい数値で表していることが理解できよう．

重相関係数による決定係数の解釈は，説明変数の数が増加しても維持される．回帰式の右辺に複数個の説明変数が含まれていても(7.33)式は成立するのである．

(7.33)式の証明 分子が ESS に等しいことを示せばよい．(7.31)式より，分子は

$$\sum_{i=1}^{n}\{(\hat{y}_i - \bar{y})[e_i + (\hat{y}_i - \bar{y})]\} \tag{7.34}$$

となる．(7.32)式を使えば，残された項は ESS そのものである．（終わり）

例 7.2 自動車の例では R^2 は 0.50 であった．この結果は，停止までの距離の変動の 50% しか走行速度によって説明できないことを意味する．

表7.4は日本における平均余命と1人当たり所得を示したものである．1947年でも，0歳児平均余命は 52.0，1歳児平均余命は 55.6 年で，読者も平均余命の増加具合には驚くであろう．

7.2 データ整理としての最小2乗法

●表7.4 平均余命と所得

A	余命調査年次	1894	1901	1911	1923	1928	1935	1947	1951
B	0歳児平均余命	43.6	44.4	44.5	42.6	45.7	48.3	52.0	61.3
C	1歳児平均余命	49.7	51.1	51.4	49.3	51.6	53.0	55.6	63.7
D	所得調査年次	1890	1895	1905	1915	1920	1930	1942	1946
E	1人当たりGNP	195	243	261	274	346	376	539	290
A		1955	1960	1965	1970	1975	1980	1985	1990	1995
B		65.7	67.8	70.3	72.0	74.3	76.1	77.6	78.9	79.6
C		67.4	68.9	70.6	71.9	74.0	75.6	77.1	78.3	79.0
D		1950	1955	1960	1965	1970	1975	1980	1985	1990
E		411	485	700	1,027	1,698	1,900	2,279	2,656	3,251

所得データは「経済研究」(1996) 掲載の溝口敏行氏の論文による。所得データは平均余命調査年次の5年前を目途として掲載した。数値は1985年基準の実質値で単位は1,000円である。平均余命は簡易生命表（厚生省）による。余命の調査年次は調査期間の中央値とした。

　近年は豊かさの内容が話題に上ることが多い。従来，豊かさはすなわち所得とみなして大方の同意を得られたが，最近は所得に加えて生活環境や満足度などにも配慮すべきであると考えられている。しかし，生活環境などは数値化が極度に難しい。そこで，所得に基礎をおいた測度は使わず，人々の寿命によって豊かさあるいは幸せ度を測るという簡単な指標も取り上げられる。実際，すべての人々は長命を願うわけで，寿命は数値化が自明でもあり，豊かさ指標として当を得ているかもしれない。もしそうであるなら，日本の平均余命は世界一だから，日本が世界一豊かであるということになる。

　表7.4では平均余命は0歳と1歳の値が示されているが，本来は0歳児平均余命が1歳児平均余命より1年近く長いはずである。しかし，0歳児の死亡率が高いために，これは逆転しうる。そして，日本のデータでは，1970年の調査ではじめて0歳児平均余命が1歳児平均余命を超えた（生命表は，第7回調査が戦災によるデータ消失のため欠落している。また1923年は関東大震災のため平均余命が減少している）。

　所得が上がれば，栄養が改善するために人々は長生きするだけでなく，特に0歳児死亡率が下がり，平均余命が伸びる。貧しい国，時代ではこの効果は顕著である。表7.4では，所得データも与えるが，所得が寿命に効果を与えるには時間がかかるため，一応，調査時点に5年のラグをおく。

図7.4は散布図であるが，第2次世界大戦による所得減少が顕著に現れている。しかし，平均寿命は戦争があったにもかかわらず延びており，寿命はある年の所得よりも，所得の加重平均に依存していると理解した方がよい。

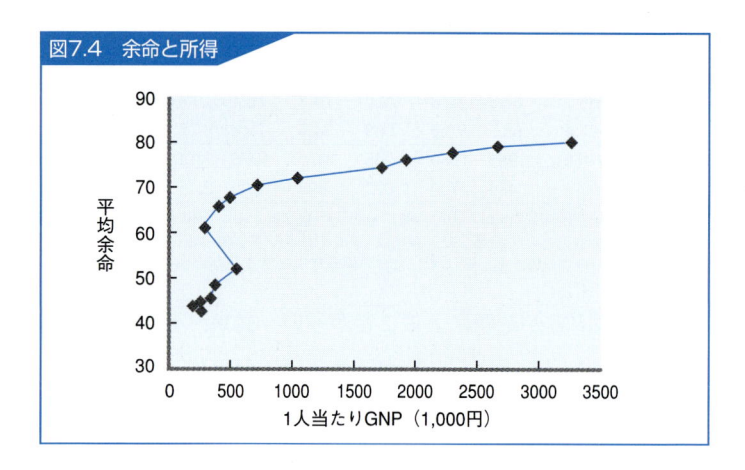

図7.4　余命と所得

（平均余命 vs 1人当たりGNP（1,000円）の散布図）

ここで，表7.4のデータに最小2乗法を適用すると，次のような結論が得られた。

$$寿命 = 49.6 + 0.012(5.3) \times 所得$$

$R^2 = 0.65$ だから，寿命の変動の65％は所得の変化によって説明できる。カッコの中は，後で説明される係数推定値の t 統計量である。この推定では所得係数は強く有意である。

図7.4から理解できるように，2変数の関係は第2次世界大戦の前後で変化している。戦後期間について推定を繰り返すと，回帰式は

$$寿命 = 67.1 + 0.004(11.3) \times 所得$$

$R^2 = 0.95$ となった。この期間については，寿命の変動の95％が所得によって説明できる。しかし，線型回帰では，所得が増加し続ければ寿命は際限なく延びるという意味を持ち，長期的にはその意味に問題が残る。

例7.3　次にサウジアラビアにおける所得と寿命のデータを見てみよう。この国の所得は原油収入に大きく依存しているが，その原油収

入は原油価格への依存度が高い。日本では第4次中東戦争に因をなす1973年の第1次石油危機により，バレル当たり原油輸入価格は

2.5 ドル (73/1), 3.0 (73/10), 5.2 (73/11), 11.7 (74/1)

と4倍になった。さらに，イランにおけるイスラム革命に帰因する1979年の第2次石油危機では

13.3 ドル (79/1), 14.5 (79/4), 18.0 (79/6), 24.0 (79/11)

とほぼ2倍になり，大きな経済社会問題がもたらされた。石油危機の後に日本では中東地域への原油依存比率を80%から下げる努力がなされたが，現時点では再び82.3%（1997年）に戻っている（『日本国勢図会』）。

石油危機は，サウジアラビアでは所得の増加をもたらしている。表7.5から理解できるように，1968年から1983年の15年間に，所得と原油価格はともに25倍になった。平均余命も21歳延びている。

●表7.5 サウジアラビアの所得と寿命

年	余命	1人当たり GNP	Arabian Light
1968	42	487	1.35
74	45	4,057	9.6
78	53	7,810	12.7
83	63	12,409	34
88	63	5,695	17.5
93	70	8,081	16.8

GNPはUSドル単位で，1993年を基準年とする。最右列はバレル当たりの原油価格（ドル）。データは「National Accounts Statistics (United Nations)」。

その後原油輸入価格は低迷し，第1次石油危機の水準に戻ったが，この数ヶ月再び高騰している (http://www.eia.doe.gov/emeu/)。

18.20(96/8), 22.98(97/9), 15.50(98/1), 10.03(99/1), 23.5(2000/1)

原油価格が低迷したため所得は減少したが，ある一定程度の所得が確保できていれば，0歳児死亡率は低下し，寿命も延び続ける。寿命は最近では70歳を超えるに至った。寿命と所得に関して回帰分析をすると，

余命 $= 43.5(7) + 0.0020(2.1) \times 1$ 人当たり GNP

となった。R^2 は 0.52 で低いが，観測個数も少ないので満足すべき結果であろう。傾きの推定値も，t の値が 2 を超えるので，5%で有意である。

7.3　多重回帰式

線形回帰式(7.2)の一つの一般化は説明変数の数を増やすことであろう。説明変数 x_i 以外に z_i という Y_i の変動を説明する変数が存在するなら

$$E(Y_i) = \alpha + \beta x_i + \gamma z_i$$

あるいは

$$Y_i = \alpha + \beta x_i + \gamma z_i + U_i \tag{7.35}$$

という回帰式が想定できよう。自動車の例では z_i として i 番目の自動車の重量などが考えられよう。いずれにしても，複数の要因によって被説明変数の平均値が定まっていると考えることは難しくない。

被説明変数の平均値を説明する要因として，より多くの変数が使われてもおかしくない。実際上は，数多くの要因が可能だったにしても，それらの異なる要因を観測できるかどうかに大きな制約がある。推定式に含まれる要因の数は，むしろ観測可能な変数の数によって決まる場合が多い。

■ 計　算　法

線形回帰式の右辺に説明変数が複数個含まれていても，最小2乗法の原理は簡単に応用することができる。目的関数は

$$\Psi = \sum_{i=1}^{n} \{(y_i - a - bx_i - cz_i)^2\} \tag{7.36}$$

で，この目的関数を最小化する $a,\ b,\ c$ が最小2乗推定値になる。単回帰式と同様に，Ψ を $a,\ b,\ c$ について1回偏微分すれば

7.3 多重回帰式

$$\sum_{i=1}^{n}(y_i - a - bx_i - cz_i) = 0 \tag{7.37}$$

$$\sum_{i=1}^{n}\{(y_i - a - bx_i - cz_i)x_i\} = 0 \tag{7.38}$$

$$\sum_{i=1}^{n}\{(y_i - a - bx_i - cz_i)z_i\} = 0 \tag{7.39}$$

となる。括弧をはずして積和を整理すると

$$\begin{aligned} na + b\left(\sum_{i=1}^{n}x_i\right) + c\left(\sum_{i=1}^{n}z_i\right) &= \left(\sum_{i=1}^{n}y_i\right) \\ a\left(\sum_{i=1}^{n}x_i\right) + b\left(\sum_{i=1}^{n}x_i^2\right) + c\left(\sum_{i=1}^{n}z_i x_i\right) &= \left(\sum_{i=1}^{n}y_i x_i\right) \\ a\left(\sum_{i=1}^{n}z_i\right) + b\left(\sum_{i=1}^{n}x_i z_i\right) + c\left(\sum_{i=1}^{n}z_i^2\right) &= \left(\sum_{i=1}^{n}y_i z_i\right) \end{aligned} \tag{7.40}$$

となるから，行列でまとめると

$$\begin{pmatrix} n & \sum_{i=1}^{n}x_i & \sum_{i=1}^{n}z_i \\ \sum_{i=1}^{n}x_i & \sum_{i=1}^{n}x_i^2 & \sum_{i=1}^{n}x_i z_i \\ \sum_{i=1}^{n}z_i & \sum_{i=1}^{n}x_i z_i & \sum_{i=1}^{n}z_i^2 \end{pmatrix} \begin{pmatrix} a \\ b \\ c \end{pmatrix} = \begin{pmatrix} \sum_{i=1}^{n}y_i \\ \sum_{i=1}^{n}x_i y_i \\ \sum_{i=1}^{n}z_i y_i \end{pmatrix} \tag{7.41}$$

となる。この3式が正規方程式になる。Excelの分析ツールを用いて計算すればよい。

残差2乗和 RSS は

$$\text{RSS} = \left(\sum_{i=1}^{n}y_i^2\right) - a\left(\sum_{i=1}^{n}y\right) - b\left(\sum_{i=1}^{n}x_i y_i\right) - c\left(\sum_{i=1}^{n}z_i y_i\right) \tag{7.42}$$

と計算できる。第1項以外は，正規方程式ですでに計算された値であることはいうまでもない。決定係数も，定義等，変わらない。

例7.4 表7.6のデータを使って，回帰係数を計算してみよう。(7.40)式に表7.6の数値を代入すると，

$$a \times 6 = 3, \quad b \times 6 = 23, \quad c \times 3 = 1$$

● 表 7.6　多変数回帰

	y	x	z	x^2	z^2	xz	xy	zy	y^2
1	3	1	0.5	1	0.25	0.5	3	1.5	9
2	−2	−1	1	1	1	−1	2	−2	4
3	5	1	0.5	1	0.25	0.5	5	2.5	25
4	−3	−1	−0.5	1	0.25	0.5	3	1.5	9
5	5	1	−1	1	1	−1	5	−5	25
6	−5	−1	−0.5	1	0.25	0.5	5	2.5	25
総和	3	0	0	6	3	0	23	1	97

となるから，$a=1/2$，$b=23/6$，$c=1/3$，と求まる。残差2乗和は

$$\mathrm{RSS} = 97 - \frac{1}{2} \times 3 - \frac{23}{6} \times 23 - \frac{1}{3} \times 1 = 7$$

で，自由度が3だから残差分散は7/3である。TSS＝97−9/6＝95.5となり，決定係数は

$$R^2 = 1 - \frac{\mathrm{RSS}}{\mathrm{TSS}} = 1 - \frac{7}{95.5} = \frac{177}{191}$$

となる。t統計量の計算法は示さないが，b係数はtが6.1で有意，c係数はtが0.38で有意でない。(7.44)式を参照せよ。

7.4　仮説の検定

■ 係数の有意性検定

(7.2)式において，誤差項は(7.3)式と(7.4)式に加えて，平均0，分散σ^2の正規分布に従うとする。係数βの有意性検定を説明するが，検定の仮説は

$$H_0 : \beta = 0, \ H_a : \beta \neq 0 \tag{7.43}$$

である。つまり係数が0ではないかという仮説を検定するもので，帰無仮説が棄却できなければ，説明変数x_iは回帰式から除かれ，他の説明変数が利用されなければいけない。この仮説を検定するための検定統計量は***t*比統計量**で，

$$t = \frac{b}{S_b}, \quad S_b^2 = \frac{S^2}{\sum_{i=1}^{3}\{(x_i - \overline{x})^2\}} \tag{7.44}$$

と定義される。ただし分子は最小2乗推定量，分母は b の標準偏差 σ_b の推定量である。σ_b^2 は(7.55)式で与えられているが，S^2 は(7.24)式で定義されている。

t 比検定統計量は，帰無仮説のもとで自由度が $(n-2)$ の t 分布に従う。だから与えられた有意水準を α とすれば，計算された t 比の値，*t値*が t 分布の両裾 $100(\alpha/2)$ ％点より絶対値で大であれば帰無仮説は棄却される。このような検定の手続きは通常の t 検定と変わらない。

■ 正規分布でない場合

誤差項の分布が正規分布と仮定されないなら，検定はどのように修正すればよいだろうか。このときは，標本の大きさ n が十分大であれば，t 比の分布は帰無仮説のもとで標準正規分布によって近似できる。したがって臨界値は t 分布ではなく，標準正規分布の $100(\alpha/2)$ ％点によって定めることができる。t 分布に比べて臨界値は大きくなり，帰無仮説が棄却しにくい結果となる。実際上は，常に標準正規分布表により臨界値を定めても，大きな誤りは起こらない。

7.5 発展した分析法

■ 時系列データ

変数の時間的な変化を記録したデータを**時系列データ**と呼ぶ。時系列データの分析では，ある期の誤差項 U_t は前期の誤差項 U_{t-1} に影響されやすく，誤差項の独立性が維持できない。そうすると最小2乗推定量は不偏性と一致性を維持するものの，次節で説明する効率性は維持できなくなる。

誤差項の独立性が維持されているかどうかの検定を考察しよう。この検定

では，隣り合った観測時点について

$$\text{COV}(U_t U_{t-1}) = 0 \tag{7.45}$$

が帰無仮説となり，対立仮説では共分散が0でないとされる。最小2乗推定をした場合，残差 e_t は誤差項 U_t の実現値であるとみなすことができるので，残差 e_t と e_{t-1} の間の標本相関係数

$$r = \frac{\sum_{t=2}^{n} e_t e_{t-1}}{\sqrt{\sum_{t=2}^{n} e_t^2 \sum_{t=2}^{n} e_{t-1}^2}} \approx \frac{\sum_{t=2}^{n} e_t e_{t-1}}{\sum_{t=1}^{n} e_t^2} \tag{7.46}$$

が検定統計量となる。r は1期ラグの系列相関係数，自己相関係数と呼ばれるが，統計量は隣り合った時点での誤差項間の結びつきを測定している。

誤差項間に0でない相関係数 r が存在すれば，n の極限をとることにより r は真の相関係数に確率収束する。なぜなら，1期違いの誤差項が独立でなければ，検定統計量も0からはずれるはずだからである。検定は，十分に大きな n について 6.7 節 (6.25) 式の検定法を使えばよい。

誤差項が正規分布に従うという正規性の仮定のもとでは，ダービン・ワトソン検定が知られている。この検定法は本書の水準を越えるので，いずれかの線形回帰分析に関する本を参照されたい。

時系列データと違って，ある月における自動車メーカーの自動車販売数などのデータには，被説明変数の間に時間的なつながりがない。このようなデータをクロスセクション・データと呼ぶ。

クロスセクション・データでは系列相関は問題にならない。なぜならクロスセクション・データでは観測値の順番の入れ替えができるからで，系列相関係数の値を自由に変化させることができる。

クロスセクション・データでは系列相関は存在しないが，何らかの理由，たとえばメーカー間の結びつきによって誤差項間の独立性条件が満たされないような現象は生じうる。誤差項間に相関が存在すれば，一般化最小2乗推定法が使われる。一般化最小2乗法についても，線形回帰分析に関する本を

参照されたい。

例7.5 マクロの生産関数を推定してみよう。経済企画庁等が毎年発表するデータを使うが，生産額を GDP，資本額を K，労働投入量を LH とすると，コブ・ダグラス型の生産関数は，GDP＝定数$\cdot K^\alpha LH^\beta$ と定義される。この式は，生産設備と労働投下量によって生産額があらかた決まるという考えをもとにしている。推定では両辺の対数をとり，誤差項を追加して，回帰式

$$\log(\text{GDP}) = \text{const} + \alpha \log(K) + \beta \log(LH) + U$$

を導く。先に使われた y, x, z といった変数は，$\log(\text{GDP})$，$\log(K)$ などに対応する。原系列データは表7.7に与えられる（推定では，原系列で与えられている雇用者総数 L と1人当たり月平均労働時間 H を掛けて得た，総労働時間変数 LH を使う）。線形回帰推定では，原系列の対数値をまず計算し，次に最小2乗法の公式を当てはめる（Excel を使えば容易である）。

●表7.7 コブ・ダグラス生産関数

年	77	78	79	80	81	82	83	84	85	86
GDP	257	271	285	293	301	311	319	332	345	356
L	3.77	3.81	3.90	4.00	4.05	4.12	4.22	4.28	4.33	4.38
K	309	328	349	372	396	418	442	469	519	552
H	176	176	178	177	176	176	177	177	178	177
年	87	88	89	90	91	92	93	94	95	96
GDP	373	396	413	436	449	451	453	456	468	483
L	4.45	4.57	4.71	4.88	5.04	5.14	5.21	5.24	5.28	5.35
K	595	634	680	730	792	835	870	902	937	974
H	179	177	175	173	169	165	161	161	162	162

GDP: 国内総生産（1990年価格，1兆円）　　L: 雇用者数（1,000万人）
K: 民間企業資本ストック（1990年価格，1兆円）　H: 総労働時間（時間）

この式を直接推定してもよいが，ここでは生産関数が収穫不変であるか否かを考察するために次のような工夫を加える。収穫不変性とは資本と労働の投入量をともに c 倍したときに，産出量がやはり c 倍になることである。収穫不変に対して収穫逓増では c 倍以上，収穫逓減では c 倍以下になる。投入量を実際 c 倍すると，

$$\text{定数} \cdot (cK^\alpha(cLH)^\beta = c^{\alpha+\beta} \cdot \text{定数} \cdot K^\alpha LH^\beta$$

だから,もし係数和が 1 なら産出量も c 倍になり,収穫不変である。係数和が 1 以上なら収穫逓増,以下なら収穫逓減に対応する。

推定結果より収穫不変か否かの情報を得るために,$\alpha+\beta=1+\gamma$,と γ を定義して推定を行う。新しい係数 γ が 0 なら収穫不変,負なら収穫逓減,正なら収穫逓増である。$\beta=1+\gamma-\alpha$ だから,β 係数を除去すると,回帰式は

$$\log(\text{GDP}) = \text{const} + \alpha\log(K) + (1+\gamma-\alpha)\log(LH) + U$$

となる。回帰式を対数の性質を使って整理すると,

$$\log(\text{GDP}/LH) = \text{const} + \alpha\log(K/LH) + \gamma\log(LH) + U$$

となる。各変数は LH で割られているが,雇用者 1 人 1 時間当たりの産出量とか,雇用者 1 人 1 時間当たりの資本額という意味づけができることに注意しよう。さらに,右辺第 3 項の係数は収穫増減を示す γ になっている。したがって,収穫不変を検定するのであれば,この係数が 0 であるという帰無仮説 $H_0: \gamma=0$ を,t 検定で調べればよい。推定結果は

$$\log(\text{GDP}/LH) = -2.5 + 0.34(8.1)\log(K/LH) + 0.14(1.4)\log(LH)$$

となった。括弧内は t 統計量の値であり,第 3 項の係数は正値をとるが,有意でない。したがって,収穫不変性の仮説が棄却できない。決定係数は 0.99 であった。

推定式から残差を計算し,残差間の 1 次の自己相関係数 (7.46) 式を計算すると 0.63 になった。この相関係数値を独立性の検定 (6.25) 式に当てはめると,$T=1.7$ になり,相関が無いという帰無仮説は棄却できなかった。

7.6 最小 2 乗推定量の望ましさ*

最小 2 乗推定量の統計理論的な性質を導こう。最初に,**不偏性**を証明し,次に分散を計算したうえで**一致性**を証明する。最後に,最小 2 乗推定量が最小分散線形不偏推定量であることを証明する。

7.6 最小2乗推定量の望ましさ*

■ 最小2乗推定量の展開

理論的な分析であるから，与えられた標本観測値に対して計算される推定値ではなく，被説明変数の観測値 y_i を確率変数 Y_i に置き換えた推定量

$$b = \frac{\sum_{i=1}^{n}\{(x_i-\overline{x})(Y_i-\overline{Y})\}}{\sum_{j=1}^{n}\{(x_j-\overline{x})^2\}} = \frac{\sum_{i=1}^{n}\{(x_i-\overline{x})Y_i\}}{\sum_{j=1}^{n}\{(x_j-\overline{x})^2\}} \tag{7.47}$$

の性質を考える。分母および分子の x_i, $\overline{x}$ は確率変数ではなく所与の定数列とする。したがって b の統計的な性質は，分子に含まれる Y_i および $\overline{Y}$ が確率変数であることから生じている。(7.47)式は，(7.13)式と同じ理由により右端の表現に変換される。w_i を

$$w_i = \frac{(x_i-\overline{x})}{\sum_{j=1}^{n}\{(x_j-\overline{x})^2\}}$$

と定義すれば，これは定数列で，b は単純に

$$b = w_1 Y_1 + \cdots + w_n Y_n = \sum_{i=1}^{n} w_i Y_i \tag{7.48}$$

と書ける。w_i は確率変数ではない。確率変数は大文字 Y_i のみである。

b を誤差項 U で表現するために，Y_i を(7.2)式の右辺に置き換えよう。置き換えると

$$\begin{aligned} b &= \sum_{i=1}^{n} w_i(\alpha + \beta x_i + U_i) \\ &= \alpha \sum_{i=1}^{n} w_i + \beta \sum_{i=1}^{n} w_i x_i + \sum_{i=1}^{n} w_i U_i \\ &= \beta + \sum_{i=1}^{n} w_i U_i \end{aligned} \tag{7.49}$$

となる（w_i の性質 $\sum_{i=1}^{n} w_i = 0$, $\sum_{i=1}^{n} w_i x_i = 1$ を使って簡略化している）。(7.49)式の表現をもとに b の統計上の性質を導くが，簡単化のため観測個数 n が3の場合を分析する。

■ 不偏性の証明

b の期待値を求めるが,「和の期待値は期待値の和」の性質により

$$E(b) = E(\beta + w_1 U_1 + w_2 U_2 + w_3 U_3)$$
$$= \beta + w_1 E(U_1) + w_2 E(U_2) + w_3 E(U_3)$$
$$= \beta \tag{7.50}$$

となる。b の期待値は真の係数 β であり,b は β の不偏推定量である。

(終わり)

■ 分散と一致性の証明

b の分散 $V(b) = E\{(b-\beta)^2\}$ を計算しよう。分散を σ_b^2 と書くと

$$\sigma_b^2 \equiv V(b) = E\{(w_1 U_1 + w_2 U_2 + w_3 U_3)^2\} \tag{7.51}$$

となる。$\{\ \}$ 内の 2 乗には 9 項含まれるから,9 項の期待値を 1 項ずつ計算する。ところが添え字が異なる積の期待値については,たとえば

$$E(w_1 U_1 w_2 U_2) = w_1 w_2 E(U_1) E(U_2) = 0 \tag{7.52}$$

のように,独立性の条件により 0 になる。したがって,(7.51)式には 3 個の 2 乗の項しか残らない。また分散の定義により

$$E(w_1^2 U_1^2) = w_1^2 E(U_1^2) = w_1^2 \sigma^2 \tag{7.53}$$

だから,b の分散は

$$(w_1^2 + w_2^2 + w_3^2)\sigma^2 \tag{7.54}$$

と求まる。ところが w の 2 乗和の計算において,分子の 2 乗和は w の分母に等しい。だから分散は

$$\sigma_b^2 = \frac{\sigma^2}{\sum_{i=1}^{3}\{(x_i - \overline{x})^2\}} \tag{7.55}$$

と整理できる。一般型では分母の和記号の上限を n に変更すればよい。これは t 比統計量の分母,(7.44)式で用いられた。 (終わり)

7.6 最小2乗推定量の望ましさ*

b が一致推定量であることはチェビシェフの不等式(4.14)により簡単に証明できる。任意の正の定数 c についてチェビシェフの不等式により

$$P(\{|b-\beta|\geqq c\}) \leqq \frac{\sigma_b^2}{c^2} \tag{7.56}$$

となる。n に関する極限をとれば σ_b^2 が 0 に収束するので，右辺は 0 に収束する。b は β の一致推定量である。　　　　　　　　　　　　　　　　（終わり）

■ 推定量の分布

最小2乗推定量の平均値と分散は計算できたが，はたしてその分布はどのように特徴づけることができるだろうか。誤差項 U_i，$i=1$，$\cdots$，n が平均 0，分散 σ^2 の独立な正規分布に従って分布するとしよう。この場合は，最小2乗推定量 b は(7.49)式により誤差項の和として表現できるから，定理 4.2 系により

$$b \sim n(\beta,\ \sigma_b^2) \tag{7.57}$$

となる。

誤差項の分布が与えられていない場合は，標本の大きさ n が十分大であれば，中心極限定理によりやはり(7.57)式が成立する。

■ 線形不偏推定量

最後に，最小2乗推定量の最小分散性（効率性）を証明する。

最小2乗推定量は(7.56)式で示されたように被説明変数 Y の加重和である。定数を加重とするが，このような被説明変数の加重和である推定量を線形推定量と呼ぶ。n が 3 なら任意の線形推定量は

$$b^* = \sum_{i=1}^{3} c_i Y_i = c_1 Y_1 + c_2 Y_2 + c_3 Y_3 \tag{7.58}$$

と書ける。係数 c は定数であればよく，その値は 0 を含めて任意である。

線形推定量 b^* が不偏である条件を導いてみよう。Y_i を(7.2)式の右辺に置き換えると，

$$E(b^*) = \alpha \sum_{i=1}^{3} c_i + \beta \sum_{i=1}^{3} c_i x_i + E\left(\sum_{i=1}^{3} c_i U_i\right)$$

となる。ここで最終項は(7.50)式と同じ計算で0となる。したがって b^* の期待値は最初の2項に等しい。だから，b^* が不偏であるためには

$$\sum_{i=1}^{3} c_i = 0 \tag{7.59}$$

$$\sum_{i=1}^{3} c_i x_i = 1 \tag{7.60}$$

の2式が満たされないといけない。α と β の値に依存せずに b^* が不偏であるためには，この2条件が不可欠である。最小2乗推定量がこの2条件を満たすことは簡単に検討できよう（$\sum_{i=1}^{n} w_i = 0$, $\sum_{i=1}^{n} w_i x_i = 1$ である）。

最小2乗推定量は線形かつ不偏な推定量の中で最小分散をもたらす。回帰式に説明変数が複数含まれる場合でも，最小分散の性質は維持される。

線形でかつ不偏な推定量の中で分散が最小であるという性質のため，最小2乗推定量は **BLUE**（best linear unbiased estimator）であるといわれる。

■ BLUE の証明

線形かつ不偏という条件のもとで

$$b^* - \beta = \sum_{i=1}^{3} c_i U_i \tag{7.61}$$

だから，(7.55)式の導出と同じく

$$V(b^*) = \sigma^2 \sum_{i=1}^{3} c_i^2 \tag{7.62}$$

となる。定理は，b の分散(7.55)式が b^* の分散(7.62)式より小，つまり

$$\sum_{i=1}^{3} c_i^2 \geq \frac{1}{\sum_{i=1}^{3} \{(x_i - \bar{x})^2\}} \tag{7.63}$$

が成立すればよい。両辺に誤差分散を掛ければ，求めている不等式になる。

コーシー・シュワルツの不等式（練習問題10）によれば，

$$\left\{\sum_{i=1}^{3} c_i^2\right\}\left\{\sum_{i=1}^{3}(x_i-\overline{x})^2\right\} \geqq \left\{\sum_{i=1}^{3}[c_i(x_i-\overline{x})]\right\}^2 \qquad (7.64)$$

となる。ところが右辺の { } の中は(7.59)式と(7.60)式によって1である。だから(7.63)式が成立する。さらにコーシー・シュワルツの不等式によって，不等式の等号が満たされるのは，すべての i について，c_i と w_i に線形関係が成立するときだけである。だから最小分散推定量が一意に定まる。

(終わり)

練習問題

1. x と y のデータを (2, 3)，(5, 7) として，回帰係数を計算しなさい。さらに，この2座標を通る直線の式を(7.6)式を用い求めなさい。回帰直線との差を検討しなさい。

2. 地球温暖化の原因の一つとして，化石燃料の消費量が取りざたされて久しい。消費量が増加すれば，大気中の CO_2 濃度が上がる。大気中の CO_2 や水蒸気は地表からの赤外線の放射を吸収して，宇宙空間への放熱を妨げる。このような働きを「温室効果」と呼ぶ。表7.8のデータを用いて，大気中の CO_2 が化石燃料の消費量でどのくらい説明できるか，線形回帰法で検討しなさい（産業革命前の CO_2 濃度は 280ppm であったとされる。計算は Excel を用いればよい）。

●表7.8　燃料消費量と大気中二酸化炭素濃度

年	1880	1895	1910	1920	1925	1935	1950	1955	1960	1965	1970	1975	1980	1985
化石燃料	2	3	6	10	11	12	13	19	26	28	42	45	52	57 (億トン)
二酸化炭素	293	295	300	300	295	305	305	311	314	318	325	330	337	341 (ppm)

3. 表7.9は，南極におけるオゾン濃度と，オゾンホールの原因といわれるフロンガス排出量の計測値である。オゾンは地上 10km から 52km にいたる成層圏に含まれている。そして，太陽から来る紫外線を吸収し，生物，特に人間を守る役割を果たしている。ところがフロンガスなどによりオゾン濃度が減少しており，人間は皮膚ガンなどの危険にさらされやすくなったといわれる。オゾン濃度とフロンガス排出量を，最小2乗法で分析しなさい。計算は Excel を用いればよい。

●表 7.9　昭和基地におけるオゾン量とフロンガス排出量

年	1961	1966	1970	1975	1980	1985	
オゾン	330	360	290	320	290	205	（ドブソン単位）
フロン	15	31	54	79	74	89	（万トン）

4．回帰式が $Y_i = \alpha + U_i$ と，変化する説明変数を含まないとする．誤差項に関する条件は 7.1 節と同じとして，α の最小 2 乗推定量を求めなさい．ただし n は 3 としてよい．

5．問 4 の結果を使うと，決定係数の値はいくらになるか求めなさい．α の最小 2 乗推定量の平均値と分散を 7.6 節の分析に沿って導きなさい．

6．被説明変数と説明変数の間の標本相関係数を r とすれば，x と y の標準誤差 S_x と S_y を用いて，$b = rS_y/S_x$ と書けることを証明しなさい．

7．(7.37)，(7.38)，(7.39)式を用いて，(7.41)式を導きなさい．

8．線形回帰式(7.2)で，Y と x を入れ替えて，β の最小 2 乗推定量 d を求めなさい．(7.12)式との違いを示し，b と d の積を求めなさい．

9．* 行列 X とベクトル y を
$$X^T = \begin{pmatrix} 1, & \cdots, & 1 \\ x_1, & \cdots, & x_n \end{pmatrix} \qquad y^T = (y_1, \cdots, y_n),$$
さらに未知係数 a，b のベクトルを $d^T = (a, b)$ とすると，(7.10)式は
$$(X^T X)d = (X^T y)$$
と書けることを示しなさい．また行列 X とベクトル y の定義を代えて，(7.41)式も上式で表現できることを示しなさい．

10．* 【コーシー・シュワルツの不等式】　実数列，x_i，y_i，$i = 1, \cdots, n$ について $\sum_{i=1}^{n}(x_i - ty_i)^2$ は非負である．この式を展開し，t に関する 2 次式であるとみなし，判別式が非正になる条件（負か 0 である条件）を導きなさい．等号が成立する条件を調べなさい．

8

発展した仮説検定

　第 8 章では第 6 章で扱わなかった検定法のうち特に重要なものを紹介するが，理論的な詳細は避け，検定法の応用に重点を置く。最初に説明する分散分析法は，6.2 および 6.3 節で説明した 2 グループの平均が同じか否かを検定する t 検定の拡張になっており，多グループについて平均の同等性を検定する。

　6.4 節で説明した成功率に関する検定の一般化が，8.2 節の分割表に関する χ^2 検定である。観測結果に「成功」「失敗」以外の分類があれば，この検定を使う。

　母集団における分布型を特定しない検定はノンパラメトリック検定と呼ばれる。第 6 章の t 検定では，2 グループの母平均が等しいか否かが問われた。母平均のような特定の母数ではなく，2 グループの分布が等しいか否かを問う検定を 8.3 節で説明する。観測値を大小に並べて求めた順位に基づく方法と，観測値を大小比較して得た符号に基づく方法がある。相関係数も順位をもとにして計算される。

　多数グループの同等性については，母平均からの乖離をもとにした分散分析法が，各グループが得る順位の合計をもとにした検定に拡張される。

8.1 分散分析

■ t 検 定

6.3 節では，二つの独立な母集団に関して，平均が等しいかどうかという仮説の検定を紹介した。もし独立な母集団が 3 個以上になれば，平均の差異に関する検定はどのように行えばよいだろうか。独立な母集団が 3 個の場合を考えてみよう。

異なる母集団が 3 個あるから，6.3 節の t 検定を繰り返し使う方法があげられよう。そして，t 検定を 3 回繰り返すと，母集団 A と B の間は有意，B と C の間は有意でない，そして C と A の間は有意でない，といった風な結果がもたらされるであろう。

t 検定を繰り返すといくつかの問題が生じる。第 1 に 3 個の検定結果が矛盾して，全体として「すべての母平均は等しい」という仮説をどう結論づければよいか混乱してしまう可能性がある。たとえば，t 検定の結果 A と B の平均の差異は有意だが，B と C，C と A は有意でないと結論づけられるとする。式に結果をまとめると，$\mu_A \neq \mu_B = \mu_C = \mu_A$ となる。この結論では，はじめの不等式では A と B の平均は異なるとされながら，残りの等式では 3 個の平均は等しいとされ，全体として一貫した結論が得られない。

独立な母集団がもっと多くなれば組合せ数が増加していき，さらに混乱した結果がもたらされる。検定回数についても，異なる母集団が m 個あれば，組合せの公式により t 検定を $_m\mathrm{C}_2$ 回繰り返さなければならないのである。

t 検定を繰り返して応用すれば，第 1 種の過誤を起こす確率も上昇していく。m が 5，そして有意水準が 5％の場合を考えてみよう。第 1 種の過誤を起こすという事象は成功確率が 0.05，n が 5 の二項実験を行っていることと同じである。だから 1 回以上過誤を起こす確率は

$$\sum_{i=1}^{5} {}_5\mathrm{C}_i 0.05^i 0.95^{(5-i)} \tag{8.1}$$

より，ほぼ23％になる．同様に，m が 10 であれば，40％という効率で第 1 種の過誤が生じるのである．

複数の標本平均間で有意性検定を行うのであるから，標本平均の最大値と最小値の差異は当然ながら有意であると判断されやすい．1 個でも有意な検定結果がもたらされれば「すべての母平均は等しい」という帰無仮説が棄却されるだろうから，t 検定を繰り返す方法はどうしても帰無仮説が棄却され，対立仮説が採択されやすい検定になる．

■ 分散分析法

幸い，t 検定の問題は**分散分析**（analysis of variance）**法**によって解決することができる．分析対象が多数あるとき，分析対象となる母集団の差異を見つけるのが分散分析法の目的である．

異なる母集団が 2 個の場合の分散分析法を説明しよう．第 1 の母集団から得られる大きさが n_1 の無作為標本を

$$\{X_{11}, X_{12}, \cdots, X_{1n_1}\}$$

とする．同じく第 2 母集団から得られる大きさが n_2 の無作為標本を

$$\{X_{21}, X_{22}, \cdots, X_{2n_2}\}$$

とする．最初の添え字はグループ番号，第 2 の添え字はグループの中での観測値番号である．このような 2 種類の標本があるなら，各観測値 x_{ij}，$j=1, \cdots, n_i$；$i=1, 2$，について次の偏差の分解が考えられる．$\overline{x}$ を全観測値の標本平均，$\overline{x}_i$ を i が 1 なら第 1 グループ，そして i が 2 なら第 2 グループの平均としよう．偏差は

$$\underset{\substack{\text{観測値の総平均}\\\text{からの偏差}}}{x_{ij}-\overline{x}} = \underset{\substack{\text{観測値のグループ}\\\text{平均からの偏差}}}{(x_{ij}-\overline{x}_i)} + \underset{\substack{\text{グループ平均の}\\\text{総平均からの偏差}}}{(\overline{x}_i-\overline{x})} \quad (8.2)$$

と分解される．偏差の分解は観測値の**全変動**（total sum of squares，TSS）

$$\text{TSS} = \sum_{i=1}^{2}\sum_{j}(x_{ij}-\overline{x})^2 \quad (8.3)$$

の分解につながる。全変動では j の範囲は i が 1 なら n_1, 2 なら n_2 である。

全変動は(8.2)式の左辺の 2 乗和であるが，左辺の 2 乗和に対して，右辺第 1 項の 2 乗和は各グループ内での偏差の 2 乗和であるので級内変動あるいは誤差変動と呼ばれる。その定義は

$$級内変動 = \sum_{i=1}^{2}\sum_{j}(x_{ij}-\overline{x}_i)^2 \tag{8.4}$$

である。最後に，右辺第 2 項は各グループ平均の，総平均からの偏差の 2 乗和を形成する。この 2 乗和は級間変動と呼ばれる。定義は

$$級間変動 = \sum_{i=1}^{2}n_i(\overline{x}_i-\overline{x})^2 \tag{8.5}$$

である。さらに 7.2 節(7.29)式で説明した全変動の分解と同じく，全変動は級間変動と級内変動の和に分解することができ，

$$TSS = 級間変動 + 級内変動 \tag{8.6}$$

となる。全変動の分解の証明は省略する。

ここで本来の検定の説明に戻ろう。帰無仮説のもとでは二つのグループの母平均が等しいとされる。理想的な状態では，あるグループ内では観測値が同じで，またその観測値の値はグループの平均によって表現されるであろう。

●表 8.1

| グループ 1 | 3 | 3 | 3 | 3 | 3 | 3 | 3 | 3 | グループ平均 | 3 |
| グループ 2 | 5 | 5 | 5 | 5 | 5 | 5 | 5 | 5 | グループ平均 | 5 |

この理想的な例では明らかにグループ間に差異が見られ，かつその差異は平均に表現されている。級間変動と級内変動を計算すると，級内変動は 0 であり，総平均が 4 であるので級間変動は 16 と求まる。

より現実的な例として次の表 8.2 を見てみよう。

●表 8.2

| グループ 1 | 3 | 4 | 2 | 3 | 4 | 4 | 2 | 4 | グループ平均 | 3.25 |
| グループ 2 | 7 | 4 | 6 | 3 | 8 | 6 | 3 | 4 | グループ平均 | 4.75 |

この例では，グループ平均はグループ間の違いを表しているとともに，グループ内での変動にも影響されている．いいかえれば，グループ内の変動によってグループ間の差異が曇ってしまうのである．ひょっとすると，平均の差異はすべてグループ内の変動によってたまたま生じたのかもしれない．

このような状況では平均の差異と級内変動を比較する必要が生じる．もし平均の差異が級内変動に比べて小さければ，平均の差異は無視できよう．逆に平均の差異が級内変動に比べて大きければ，平均の差異は無視できなくなる．

平均の差異は級間変動に集約されるから，級間変動が級内変動に比べて小さければ，帰無仮説は棄却できない．逆に級間変動が級内変動よりも大きければ帰無仮説が棄却される．以上の推論から，級間変動と級内変動の比率が検定の基準になる．

検定統計量を定義しよう．母集団は独立な正規分布で第一母集団では平均値は μ_1，第二母集団では平均値は μ_2，そして分散 σ^2 は共通とする．帰無仮説は $H_0 : \mu_1 = \mu_2$，対立仮説は $\mu_1 \neq \mu_2$ となる．すると

$$F = \frac{級間変動/a}{級内変動/b} \tag{8.7}$$

が検定統計量である．ただし，a は（グループ数 -1），b は（$n_1 + n_2 -$ グループ数）で，ともに χ^2 確率変数の自由度である．この検定統計量は帰無仮説のもとで自由度が a と b の F 分布に従って分布する．級間変動が級内変動に比べて大であれば帰無仮説が棄却されるから，棄却域は F 分布の右裾である．以上の例では，グループ数が2だから t 検定も応用可能である．また，証明ははぶくが，二つの母集団に関する平均値の差についての t 検定は，(8.7)式の F 検定統計量の平方根と一致する．だからこの検定はグループ数が3以上になってはじめて意味を持つ．

例8.1 異なる3種の肥料を施された作物の，収穫量の差異を調べてみよう．各々の肥料について7地区から表8.3のような観測値を

得ている。そうするとグループ平均はグループの平均収穫高を表すから，グループ平均と総平均の差異は肥料の効果の違いを意味する。逆に級内変動は肥料の効果は示さず，肥料以外の要因により生じる収穫量の散らばりと考えられる。級内変動によって，肥料の効果はぼやけてしか観測値に反映されない。また級間変動に比べて級内変動が大きければ，肥料の効果は有意ではないとみなされる。

●表8.3

肥料1	41.8	33.0	38.5	43.7	34.2	32.6	36.2 kg	平均=37.14
肥料2	38.9	37.5	35.9	38.9	38.6	38.4	33.4 kg	平均=37.37
肥料3	36.1	33.1	33.9	36.4	40.2	34.8	37.9 kg	平均=36.06

各グループの標本平均が計算できれば，グループ平均を使って全体の平均が計算できる。標本の大きさを n_1, n_2, n_3, 総和を n, グループ平均を $\bar{x}_1$, $\bar{x}_2$, $\bar{x}_3$, 全体の平均を $\bar{x}$ と記すと，総平均は

$$\bar{x} = \{n_1\bar{x}_1 + n_2\bar{x}_2 + n_3\bar{x}_3\}/n = 36.86 \tag{8.8}$$

と求まる。級間変動の計算法は級間変動を次のように展開して

$$\begin{aligned}級間変動 &= n_1(\bar{x}_1 - \bar{x})^2 + n_2(\bar{x}_2 - \bar{x})^2 + n_3(\bar{x}_3 - \bar{x})^2 \\ &= n_1(\bar{x}_1^2) + n_2(\bar{x}_2^2) + n_3(\bar{x}_3^2) - n(\bar{x}^2) \\ &= 6.90 \end{aligned} \tag{8.9}$$

右辺第2式の表現に沿って計算するのが簡便である。(8.8)式により，はじめの3項と $\bar{x}$ の間に線形関係があるから，級間変動の自由度は2となる。

全変動の計算は標本分散の計算そのものである。偏差の2乗和ではなく

$$\text{TSS} = 各観測値の2乗の和 - n(\bar{x}^2) = 181.6 \tag{8.10}$$

と計算すればよい。全観測値と全体の平均 $\bar{x}$ の間には明らかに線形関係が存在するので，自由度は $(n-1)$ となる。級内分散は全変動から級間変動を引いて求めることができる。最後に F 値は

$$F = \frac{6.90/2}{174.7/18} = 0.36 \tag{8.11}$$

と求まる。自由度が 2 と 18 の F 分布より 3 グループの平均が等しいという帰無仮説は棄却できないことがわかる。

8.2 分割表と χ^2 検定

■ χ^2 検定統計量

6.4 節で，二項母集団に含まれる成功確率についての検定を紹介した。この検定は，標本確率 $\hat{p}$ と帰無仮説で指定される p の差異を，その標準偏差の推定量で割った t 比によって行われる。

もし分析の対象になる母集団が「成功」「失敗」といった 2 分割に対応する二項分布ではなく，より多くの分割を含んでいるなら χ^2 検定が利用できる。分割の一つに対して得られる観測された頻度を (O) と記し，仮説のもとで期待される頻度を (E) と記そう。O はたとえば硬貨を 20 回投げたときの，表が出た回数 O_1，そして裏が出た回数 O_2 である。歪みのない硬貨という帰無仮説のもとでは，E_1 と E_2 は 10 になる。サイコロを 60 回投げたときの 1 から 6 の目が出た回数を O_1 から O_6 とすれば，E_1 から E_6 は 10 である。これらの記号を使うと，χ^2 検定は次のように定義される。

$$\chi^2 = \sum_{i=1}^{m} \frac{(O_i - E_i)^2}{E_i} \tag{8.12}$$

シグマは分割数 m に関する和を意味する。2 分割なら二つの項の和になる。「成功」「失敗」「成功でも失敗でもない」といった 3 分割なら項の数は 3 個になる。

χ^2 検定統計量は帰無仮説のもとで漸近的に χ^2 分布に従って分布する。その自由度は (分割の数–1) である。たとえば 2 分割なら自由度は 1，6 分割なら 5 である。χ^2 検定統計量の定義からわかるように，帰無仮説と観測結果が離れていれば (O–E) が大となり，検定統計量の値が大きくなる。したがって棄却域は χ^2 分布の右裾にとればよい。

χ^2 検定統計量を，度数データが特定の分布からどのくらい離れているか調

べる**適合度**(goodness-of-fit)**検定**や,異なる要因が互いに影響しあっているか否かを調べる**独立性の検定**などに利用することができる。

■ 適合度検定

標本から求められる度数分布と,理論的な分布が同一かどうかを検定する。理論的な分布は何らかの先験的な情報のもとで定められるもので,たとえば母集団が正規分布とされているなら,正規分布が理論的な分布である。その母集団からある標本が得られるとすると,そこから計算された度数分布と正規分布の差異を χ^2 統計量によって検定するのである。いくつか例を見てみよう。

例8.2 サイコロの目が均等に出るかどうかの検定をする。帰無仮説では6個の目が等しい確率で出るとされる。対立仮説では6個の目は不平等に出るとされる。サイコロを300回投げて6個の目が次の表8.4のように出たとしよう。

●表8.4

	1	2	3	4	5	6
O	58	43	61	38	57	43
E	50	50	50	50	50	50
|O−E|	8	7	11	12	7	7

以下計算を続けていくと,分母は共通なので476/50=9.5が検定統計量の値となった。検定統計量の自由度は確率の総和が1だから,(6−1)=5である。有意水準を1%にとれば,自由度が5の χ^2 分布表(付表5)より臨界値は15.09であることがわかる。9.5は臨界値より小なので帰無仮説は棄却できずサイコロの目の出かたが不均一であるとは判断できない。P 値はほぼ10%であった。

8.2 分割表と χ² 検定

■ 独立性の検定

観測結果が二つの異なった要因で分類できる状況を考える。そしてこの二つの異なる要因が互いに独立であるのかどうかを調べる独立性の検定を最初に説明し、次に同等性の検定を説明する。二つの検定は適合度検定と似ているものの、意味あいはもちろん計算方法などは別途のものである。簡単な例でもって検定の意味と方法を説明してみよう。

ある大学の経済学部で数理統計学と経済史をともに受講した学生 117 名の成績を調査して分割表にまとめると表 8.5 のようになったとする。

●表 8.5

歴史＼統計	優	良	計
優	24	41	65
良	14	38	52
計	38	79	117

表は合計の行と列を除けば、2 行 2 列になっていて、2×2 の分割表と呼ばれる。ここでは経済史の成績と数理統計学の成績がお互いに関連があるかないかを調べたい。表の構成からして、関連が強ければ対角線に沿って大きな数値がでてくると考えられる。極端な場合では、表 8.6 のように経済史で優の学生は全員数理統計学でも優になり、完全な関連が現れる。逆に表 8.7 では、数理統計学で優の学生は経済史では全員良になっていて、やはり完全な関連がある。どちらの表でも、片方の成績がわかれば他方の成績を間違いなく予想することができるのである。

●表 8.6

歴史＼統計	優	良	計
優	70	0	70
良	0	80	80
計	70	80	150

●表 8.7

歴史＼統計	優	良	計
優	0	70	70
良	80	0	80
計	80	70	150

関連のない例としては表8.8があげられる。表では，数理統計学の成績を条件とした経済史の成績の条件確率は，数理統計学の成績にまったく依存していない。式で表現すれば

P(経済史が優 | 統計が優) $= P$(経済史が優 | 統計が良) $= P$(経済史が優)

P(経済史が良 | 統計が優) $= P$(経済史が良 | 統計が良) $= P$(経済史が良)

などとなっている。経済史の成績と数理統計学の成績はまったく無関係で，お互いに影響を与えていないことが理解できよう。

●表8.8

歴史＼統計	優	良	計
優	10	40	50
良	20	80	100
計	30	120	150

2.3節で学んだように，条件つき確率が条件となる事象に依存していないとき，二つの事象は独立である。そして二つの事象の同時確率は，個々の事象の周辺確率の積になっている。つまり

P(経済史の成績, 数理統計の成績) $= P$(経済史の成績)P(数理統計の成績)

となる。二つの事象が独立な表8.8について周辺確率と同時確率の関係を表すと，表8.9のようになる。

●表8.9

歴史＼統計	優	良	計
優	1/5・1/3	4/5・1/3	1/3
良	1/5・2/3	4/5・2/3	2/3
計	1/5	4/5	1

独立性の検定では，このように同時確率が周辺確率の積に等しいという帰無仮説がおかれる。帰無仮説が採択されれば二つの事象は独立とみなされ，棄却されれば独立でないとみなされる。(2.18)式を参照せよ。

一般の場合には行数と列数は2より大きくなるが，検定にはχ^2検定統計量が使われる。仮説のもとでの各頻度Eは，nを標本の大きさとして

$$E = n \times 行の周辺確率 \times 列の周辺確率 \tag{8.13}$$

8.2 分割表と χ^2 検定

となる．自由度は

$$(\text{列数}-1)(\text{行数}-1) \tag{8.14}$$

である．

表 8.5 に関して χ^2 検定統計量を計算してみると表 8.10 のようになる．

●表 8.10

歴史，統計	優優	優良	良優	良良
観測値（O）	24	41	14	38
理論値（E）	21.1	43.9	16.9	35.1
$(O-E)^2/E$	0.40	0.19	0.50	0.24

総和は 1.3 である．有意水準を 10％にとると，自由度が 1 の χ^2 分布の右裾 10％点は 2.7 だから，経済史の成績と数理統計学の成績が独立であるという帰無仮説は棄却できない．P 値は 0.100 であった．

例 8.3 経済企画庁国民生活局は毎年『国民生活選好度調査』報告書を出している．1984 年度は「自由時間に対する国民の意識」という表題のもとで，国民生活のゆとり意識，生活のよりどころ，休暇の取り方などについて 2,671 名のアンケート調査を行い結果をまとめている．次の表 8.11 は同報告より得たものである．

質問項目は時間的なゆとりがあるかないかという設問と，自由時間の使い方に満足しているかいないかといった設問の集計になっていて，4×4 の分割表である．括弧内には各行における満足度の割合が示されている．割合の和は行ごとに 100％となる．

●表 8.11　自由時間の使い方に対する満足度

	満足	やや満足	やや不満足	不満足	行和
時間的ゆとりのある人	98 （38）	131 （50）	24 （9）	5 （2％）	258
ある程度ある人	230 （19）	695 （59）	226 （19）	32 （3％）	1,183
あまりない人	99 （10）	391 （38）	460 （44）	90 （9％）	1,040
非常に乏しい人	12 （7）	25 （14）	81 （47）	55 （32％）	173
列和	439	1,242	791	182	2,654

この表より「時間的余裕が少しでもある人」は「自由時間の使い方にある程度は満足している人」であり，またその逆もいえることが大体理解できる。同様に「自由時間の使い方に多少でも不満な人」は「時間的な余裕のあまりない人」であることが理解できる。このような状態であるので，二つの設問は結果がかなり関連していて，仮に独立性の検定を行っても帰無仮説は棄却されるだろうと予想される。一応 χ^2 検定統計量を計算したが，585 となった。自由度は 9 である。帰無仮説は棄却され，P 値は 0 であった。

■ 同等性の検定

同等性の検定は独立性の検定と形式的には同じであり，計算方法や自由度の求め方には変化がない。しかし同等性の検定では行和が標本を得る前に与えられている。たとえば異なる母集団が 2 個あり，各々の母集団から大きさが n_1, n_2 の標本を得ると，行和は n_1 と n_2 になる。そして個々の標本において観測値を分類し，分類結果が二つの標本の間で同じかどうかを検定するのである。行和が所与であるということは，異なる行は独立な標本になることを意味する。したがってグループが多いときは，関心のもたれないグループは，検定から除いて分析を進めればよい。

例 8.4　日本人の働き過ぎは最近しばしば話題になるが，『国民生活白書』によると日本人の有給休暇の取得日数はヨーロッパやアメリカ合衆国に比べておそろしく少ないことがわかる。労働時間も先進国に比べればおそろしく長い。いわゆるワーカホリックの面目が表れているが，同白書と『日本国勢図会』に掲載されている次の資料（表 8.12）を見てみよう。

● 表 8.12　労働時間

	西ドイツ	フランス	イギリス	アメリカ	日本	
年間有給休暇取得数	31	26	23	19	10	(日)
年間実労働時間	1,613	1,657	1,938	1,898	2,152	(時間)
(所定外労働時間)	78	78	140	156	202	(時間)

参考：『国民生活白書』(1987 年)，『日本国勢図会』

有給休暇は2分の1から3分の1, 労働時間では200時間から500時間の差がある. 1日8時間働くとすると, 200時間は25日分, 500時間は60日以上の労働日を意味している.

『国民生活選好度調査』でも, 2,600人へのアンケート調査から得た平均有給休暇日数は10.3日と求まっている. 労働時間以外にも, 毎日往復3時間も通勤に拘束されてはたまったものではない.

『国民生活選好度調査』の問11は労働時間と所得の関係についての設問で,「所得が減っても, できるだけ労働時間を減らしたい」か,「所得がある程度減ってもある程度労働時間を減らしたい」か, あるいは「所得が減ると困るので, 労働時間は減らしたくない」かを選択させ, 結果を年齢階層ごとにまとめている. 無回答を除けば男性に関する結果は表8.13のようになる.

● 表8.13 所得と労働 (男性) (単位:人)

	できるだけ労働時間を減らす	ある程度減らす	減らさない	合計
19以下	11 (11%)	49 (49%)	41 (41%)	101 (8%)
～29	14 (9%)	61 (40%)	78 (51%)	153 (13%)
～39	9 (4%)	87 (38%)	132 (58%)	228 (19%)
～49	11 (4%)	100 (37%)	157 (59%)	268 (23%)
～59	11 (5%)	89 (39%)	130 (57%)	230 (20%)
～69	11 (7%)	63 (43%)	56 (38%)	130 (11%)
70以上	7 (11%)	24 (39%)	30 (49%)	61 (5%)
合計	74 (6%)	473 (40%)	624 (53%)	1,171

参考:「自由時間に対する国民の意識」『国民生活選好度調査』

年齢階層ごとに差異があるかないか調べるために, 同等性の検定を行う. 帰無仮説では労働時間に関する選好確率が各階層で同じだとされる. この帰無仮説は, 全体としての選好確率 (列和の占める割合) と各階層における選好確率に差異はないという意味を持つ. したがって, たとえば20歳階層である程度労働時間を減らそうという人は,

$$\left\{\begin{array}{c}\text{全体での「多少減らし}\\\text{てもよい」人の割合}\end{array}(0.40)\right\} \times \{20\text{歳の人数}(153\text{人})\} = 61\text{人}$$

と計算できる. 帰無仮説のもとでの理論的な頻度の計算法は, 独立性の検定とまったく同じである.

観測結果を見ると階層ごとの選好が全体としては大体同じ傾向を示すが，10歳代，20歳代，60歳代，そして70歳代などは中央の3階層よりは労働よりも余暇を選好する傾向が強いとも思われる。標本の大きさがかなり大であるので有意水準を1%として同等性の検定をしてみると，χ^2検定統計量の値は27.3であった。自由度が12のχ^2分布の右裾1%点は26.2だから，帰無仮説は棄却される。P値はほとんど0.01である。しかし，χ^2検定統計量の値のうち3分の1は19歳以下のグループが占めている。

同等性の検定では，異なった年齢階層は独立な母集団を形成すると考えられるから，特定の年齢階層を削除しても検定を行うことができる。ここで19歳以下の年齢階層を除いて検定を繰り返すと，χ^2の値は19.2になる。有意水準を1%にとれば臨界値は23.2だから帰無仮説は棄却できない。P値はほぼ0.05である。

例8.5　日本人の貯蓄率は国際的に見て非常に高いといわれるが，『国際比較統計』（日本銀行調査統計局）によると表8.14のようになっている。このような数値は「1人当たり国民所得」と同様，1国の会計計算上得られた貯蓄額を同様にして計算された所得額で割った値であって，必ずしも個々人の貯蓄を反映しているものではないが，国際的な比較および時間的な変化を見るには便利な指標である。

●表8.14　家計貯蓄率　　　　　　　　　　　　　　（単位：%）

	日本	アメリカ	イギリス	ドイツ
1978年	20.8	9.0	7.3	12.0
1988年	13.0	5.5	0.0	12.8
1997年	12.6	0.5	3.1	11.0

参考：日本経済を中心とする『国際比較統計』

個々人の貯蓄額を国民全体にわたって調べることは実際は不可能だが，『貯蓄動向調査報告』（総務庁統計局）は6,000世帯に関しての貯蓄関係の調査を報告したもので，世帯ごとの貯蓄傾向を見るにはよい資料になっている。表8.15では所得五分位階級ごとに，貯蓄をいかなる形態で，またいかなる割

合で保有しているかをまとめている。最初の4階級における所得の上限は495万円, 650万円, 824万円, 1,080万円である。各階級の平均貯蓄額は, 574, 1,011, 1,136, 1,656, 2,381万円であった。

●表8.15　年間収入五分位階級, 貯蓄の種類別保有割合（勤労者世帯）

階級	各階級の所得上限	各階級の平均貯蓄	通貨性貯金	定期性貯金	生命保険	有価証券	金融機関外	被調査世帯
1	495 (382)	574 (410)	12.1%	44.5%	39.4%	2.8%	1.1%	726
2	650 (508)	1,011 (581)	9.4%	44.3%	38.2%	5.7%	2.2%	651
3	824 (634)	1,136 (784)	10.5%	42.1%	37.2%	6.2%	3.9%	654
4	1,080 (824)	1,656 (970)	9.6%	46.8%	29.0%	8.7%	5.8%	650
5		2,381 (1,721)	9.5%	44.2%	29.4%	10.9%	6.1%	599
全体	(万円)	(万円)	9.9%	44.5%	32.7%	8.1%	4.6%	3,280

参考：『貯蓄動向調査報告』(1998年（括弧内は1988年の値))

　表中の割合は, ある階級において特定の金融項目に預けられた金額の総貯蓄金額に対する比率である。したがって被調査世帯の数の割合ではない。（被調査世帯数の割合であれば直接 χ^2 検定を応用することができる。）しかしたとえば第1階級において726世帯が皆574万円の貯蓄を持ち, そのうちの12.1%が通貨性預金のみを持ち, 44.5%が定期性預金のみを持っているなどと理解すれば, 表8.15の数値は各階級における世帯数の内訳になる。

　このような解釈のもとで階級間の同等性に関する χ^2 検定を行うと, 全体としては「各所得階級の貯蓄行動は同じである」という帰無仮説は強く棄却される。ちなみに検定統計量の値は102, また自由度は16である。

8.3　ノンパラメトリック検定

　いままで説明してきた検定法は未知母数に関する仮説検定であったが, その多くでは単に母数のみでなく, 母集団における分布まで仮定することが必要である。特に正規分布の仮定は往々にして用いられる。ノンパラメトリック検定（母数に依存しない検定）では, 母分布に関する仮定は必要とされない。したがって, 母分布に関する特定の仮定の妥当性が疑わしいときに特に

有用である。

ノンパラメトリック検定は，パラメトリックな検定よりも容易に利用できるが，検定法の有効性（第2種の過誤）については，母分布に関する仮定が正しければパラメトリックな検定の方がすぐれている。しかし母分布に関する仮定が満たされないなら，パラメトリックな検定よりもノンパラメトリックな検定の方が信頼できる。

■ 順位和検定

二つの母集団の分布の同等性を検定する。母分布として特定の分布を仮定する必要はないが，二つの母集団が同じ形の母分布を持つと仮定される。例によって順位和検定を説明しよう。

例8.6　日本人の平均寿命は世界で最高水準にある。1995年では，男が76.7歳，女が83.2歳で依然として平均寿命は延びる傾向にある。平均寿命も都道府県別に見ると多少の違いが見られる。そこで北方に位置する15都道県と南に位置する13県の平均寿命に差異があるかないか順位和検定で検討する。この例では北方の15県を1グループとし，南方の13県を他のグループとみなす。そして南北2グループにおける平均寿命の分布型が同じであるという仮定のもとで，二つのグループの分布が同じ位置にあるという帰無仮説を検定する。

●表8.16　県別平均寿命

北	北海道	青森	岩手	宮城	秋田	山形	福島	茨城	栃木
	79.99	78.61	79.88	80.16	79.52	80.11	79.70	79.60	79.44
群馬	埼玉	千葉	東京	神奈川	新潟	南	山口	徳島	香川
80.05	79.94	80.04	80.02	80.28	80.32		79.97	79.69	80.30
愛媛	高知	福岡	佐賀	長崎	熊本	大分	宮崎	鹿児島	沖縄
79.86	79.87	79.78	79.85	79.69	80.85	80.22	80.10	79.75	81.15

参考：『日本国勢図会』(1995年)

8.3 ノンパラメトリック検定

対立仮説は，次の3仮説のうちの一つがとられる。
1) 分布型は同じだが，第1グループの分布が右にずれている。
2) 分布型は同じだが，第2グループの分布が右にずれている。
3) 分布型は同じだが，とにかく第1グループの分布と第2グループの分布はずれている。

最初の2仮説では片側検定，第3の仮説では両側検定が採用される。第1グループが右にずれているとは，北のグループの順位が南のグループの順位よりも比較的大であるから，北の方が平均寿命が短いことを意味する。

有意水準を5%とすると，検定は次の手順で行われる。
1) 各県の平均寿命に全県における順位をつける。表8.16ではスペースを節約するため各県の平均寿命しか記していない。1番寿命が長いのは沖縄，1番短いのは青森であることがわかる。同順位の場合は，同順位の県によって占められる順位の平均を与える。たとえば長崎と徳島が22位の次で同順位だから23.5の値を与える。
2) 順位を使って，各グループの順位和，つまり順番の和を計算すると，北の15県については$T_1=228$，南の13県については$T_2=178$と求まる。直観的には北のグループの方が順位和が50大きいから，北のグループの方が平均寿命が短い傾向にあることがわかる。

2グループの順位和は次のようになる。

$$T_1+T_2=(n_1+n_2)(n_1+n_2+1)/2 \tag{8.15}$$

したがってT_1とT_2は線形関係にあり，検定統計量としてはT_1とT_2のどちらを使ってもよい。ここではT_1を利用しよう。

統計量の平均と分散は

$$E(T_1)=n_1(n_1+n_2+1)/2 \tag{8.16}$$

$$\sigma^2=V(T_1)=n_1n_2(n_1+n_2+1)/12 \tag{8.17}$$

である。したがって標準化された統計量は

$$Z_1 = \frac{T_1 - E(T_1)}{\sigma} \tag{8.18}$$

となる。この統計量の分布は帰無仮説のもとで，標本の大きさ n_1 と n_2 が大きければ標準正規分布で近似できる。

有意水準が5%の両側検定では，この検定統計量の値が絶対値で1.96よりも大きければ帰無仮説は棄却される。平均寿命の例では Z_1 の値は -0.48 となり，帰無仮説は棄却できない。つまり二つのグループで平均寿命の差異はないと判断される。P 値は 0.64 である。

検定統計量として T_2 を使えば，$Z_2=(T_2-E(T_2))/\sigma$ となる。分散には変化がないが平均値は n_1 と n_2 を交換しなくてはいけない。Z_2 の値は 0.46 となり，もちろん検定結果には変化がない。

観測個数が小さいときは，対応のない場合のウィルコクソン（Wilcoxon）順位和検定の分布表を用いて検定しなければならない。5%検定では，T_1 が 145 と 232 に挟まれているので帰無仮説は棄却できない。

■ 符号検定

二つの確率変数 (X, Y) の実現値が (x_i, y_i), $i=1, \cdots, n$ といった風に組み合わせて観測される場合に，X の母分布と Y の母分布が同じであるかどうかを検定することがある。母分布が正規分布であれば $X-Y$ に t 検定（6.3節）を応用すればよいが，正規母集団の仮定が疑わしいときは t 検定は使えない。符号検定は t 検定の代わりになるノンパラメトリックな解決法として提唱された。

符号検定は二項分布に依存しており，非常に簡単な検定法である。検定の帰無仮説では $H_0: P(X \leq Y)=P(X \geq Y)=0.5$，つまり X の観測値が Y の観測値よりも大きい可能性および逆の可能性が同じであるとされる。この帰無仮説は，二つの分布の中央値が等しいという仮説に置き換えることもできる。例によって符号検定を紹介しよう。

8.3 ノンパラメトリック検定

例8.7　水質の汚染度は BOD（生物化学的酸素要求量）や COD（化学的酸素要求量）で測られる。『環境白書』（1987 年）には，天然湖沼の COD の観測値が 1975 年と 1985 年について表 8.17 のように与えられている。標本の大きさ n としては，増減のない湖沼を除いて 17 とする。

観測された 2 時点間には開発などによる環境汚染の進行とともに，自然保護対策も進められており，全体としては汚染が進んでいるかどうかわからない。そこで符号検定を行うが，帰無仮説は H_0：環境に変化がない，とする。したがって帰無仮説のもとでは，符号がプラス（汚染が進行）に出る確率とマイナス（汚染が後退）に出る確率は 0.5 で同じになる。対立仮説は H_a：汚染が進んだ，とすれば対立仮説のもとではプラスが出る確率は 0.5 よりも大になる。したがって，対立仮説のもとではプラスは半数以上出ることが予想される。

●表 8.17　天然湖沼における COD の変化

	阿寒湖	支笏湖	洞爺湖	小川原湖	十和田湖	猪苗代湖	霞ヶ浦
1976	2.5	0.6	0.5	2.3	0.8	0.9	6.6
1985	2.5	0.7	1.0	2.5	0.8	0.5	7.6

	中禅寺湖	印旛沼	手賀沼	河口湖	諏訪湖	琵琶湖（北）	琵琶湖（南）
	1.0	9.8	17	2.8	6.9	1.4	2.7
	0.9	11	24	2.6	5.0	2.1	3.0

	湖山池	中海	宍道湖	児島湖	池田湖		
	5.6	3.8	3.3	11	1.1	(mg/l)	
	6.0	3.5	3.6	9.9	1.4	(mg/l)	

参考：『環境白書』（1987 年）

この検定ではプラス符号の数が問題となる。プラス符号の数を X とすれば，X は帰無仮説のもとで試行回数が n，成功確率が 0.5 の二項確率分布に従って分布している。対立仮説が正しければ成功回数は増加すると予想できるから，$B(n, 0.5)$ の表（巻末付表 2）において右裾が棄却域になる。近似的には，確率変数 X の平均が $np=n/2$，分散が $npq=n/4$ だから，

$$Z = \frac{X-(n/2)}{\sqrt{n}/2} \tag{8.19}$$

が検定統計量になる。確率変数 Z の分布は帰無仮説のもとで標準正規分布で近似でき，対立仮説のもとでは X の値が大きくなり，したがって Z の値も大きくなるから，分布の右裾が棄却域になる。

有意水準を 5% にとれば，Z の臨界値は 1.65 である。表 8.17 では汚染の進行，後退は記されていないが，検定統計量の値は，

$$(11-8.5)/\sqrt{17/4} = 1.21$$

と求まるから，帰無仮説は棄却できないことがわかる。つまり 19 の湖沼は，個別にはともかく，全体としては汚染が進んでいるとはいえないという検定結果になる。

比較のために母分布が正規分布であるとして，対応のある t 検定（matched pair t-test）を計算してみよう。標本の大きさ n は 19，差は

$$(0,\ 0.1,\ 0.5,\ 0.2,\ 0,\ -0.4,\ 1.0,\ -0.1,\ 1.2,\ 7.0,\ -0.2,$$
$$-1.9,\ 0.7,\ 0.3,\ 0.4,\ -0.3,\ 0.3,\ -1.1,\ 0.3)$$

となる。19 個の差異を観測値として，帰無仮説「母平均 μ が 0」を検定する。対立仮説は $\mu \neq 0$ である。t 値は

$$t = 0.42/\sqrt{3.02/19} = 1.06$$

と求まる。自由度が 18 の t 分布における右裾 5% 点は 1.734 だから，帰無仮説はこの検定によっても棄却できないことがわかる。

■ 符号つき順位和検定

符号検定は処理前と処理後の変化の方向のみを検定に用いる。変化の量を検定に使わないから，得られる情報をすべては利用していないのではないかという疑問が残る。

符号とともに順位の情報を用いた符号つき順位和検定を紹介する。符号つき順位和検定は，対応のある場合の検定としては符号検定よりも有効であることが知られている。また対応のある t 検定と比較しても，正規母集団の場合でさえ，さして遜色がない。検定の帰無仮説は符号検定と同じである。

8.3 ノンパラメトリック検定

例 8.8　符号つき順位和検定では，組合せの変化の方向，つまり符号とともに変化の量を順位で表現して使う。計算は以下のようにして行う。

1) 対応のある t 検定のように，二つの標本観測値の間で対応する要素の差を求める。
2) 差の絶対値の小さい方から順位をつける。ただし差異が 0 の場合はその組合せは存在しないものとして扱う。標本の大きさ n から差異が 0 の組合せは引いておく。
3) 順位に差異と同じ符号をつける。
4) 符号が正である順位和を計算する。同じく符号が負である順位和を計算する。
5) 検定統計量 T を，正の順位和と負の順位和の最小値とする。
6) 検定統計量

$$Z = \frac{T - n(n+1)/4}{\{n(n+1)(2n+1)/24\}^{1/2}} \tag{8.20}$$

を計算する。Z は，標本の大きさ n が十分大きければ帰無仮説のもとで標準正規分布に従って分布する。

例 8.7 を続けて分析してみると次の表 8.18 が導かれる。

●表 8.18　符号つき順位和検定

差異	0.1	0.5	0.2	0	−0.4	1.0	−0.1	1.2	7.0
順位	1.5	11	3.5		9.5	13	1.5	15	17
符号つき順位	1.5	11	3.5		−9.5	13	−1.5	15	17

差異	−0.2	−1.9	0.7	0.3	0.4	−0.3	0.3	−1.1	0.3
順位	3.5	16	12	6.5	9.5	6.5	6.5	14	6.5
符号つき順位	−3.5	−16	12	6.5	9.5	−6.5	6.5	−14	6.5

正の順位和 = 102，負の順位和 = 51

以上の結果より，負の順位和 51 を用いれば Z の実現値は $z = -1.21$ と求まる。したがって帰無仮説は棄却できない。

標本数が少ないときはウィルコクソン符号つき順位和検定の分布表を使わなければならない。この表を用いても有意水準5％の両側検定では臨界値は35となり，$T=51$ は35より大であるので帰無仮説は棄却できない。

符号つき順位和検定によって，確率変数 X の分布が定数 M に関して対称であるかどうかを調べることもできる。対称性の検定は，Y の観測値が定数 M であるとして，上述の検定法を繰り返せばよい。

■ クラスカル・ワリス検定

8.1節で説明した分散分析は，母分布が正規分布であるという条件に依存している。クラスカル・ワリス（Kruskal-Wallis）検定は正規分布の仮定を必要としないノンパラメトリックな分散分析法である。計算方法は容易であるので，例によって検定法の説明をしよう。

例8.9 『環境白書』（1987年）は都市内中小河川における BOD 観測値の年間平均を掲載しているが，その一部を次の表8.19で見てみよう。

●表 8.19 中小河川の BOD の変化

	新川	目黒川	神田川	綾瀬川	大岡川	鶴見川	堀川
1978年	6.6(13.5)	20 (36)	7.1(16)	40(39)	11 (27.5)	17 (34.5)	3.5(3)
1981年	4.4(5.5)	6.1(10.5)	6.1(10.5)	29(38)	11 (27.5)	13 (33)	4.2(4)
1985年	4.4(5.5)	7.6(19.5)	6.8(15)	26(37)	7.3(18)	9.4(24)	5.1(8)

	日光川	鴨川	土佐堀川	寝屋川	紫川	那珂川
1978年	12 (30.5)	17 (34.5)	8.1(22)	11 (27.5)	12 (30.5)	11 (27.5)
1981年	14 (32)	7.6(19.5)	7.2(17)	8.8(23)	2.8(2)	10 (25)
1985年	7.8(21)	6.4(12)	4.9(7)	6.6(13.5)	1.1(1)	5.3(9)

参考：『環境白書』（1987年），測定単位は mg/l，括弧内は順位を表す。

表は13河川に関する3時点での観測値である。クラスカル・ワリス検定に必要な1から39までの順位を括弧内に示してある。

検定では3時点における観測値をそれぞれ3個の独立な標本と考え，帰無仮説ではこの3個の標本が同じ母集団を持つとする。これはまさに通常の分

散分析における帰無仮説である。

各グループにおける観測値数を n_1, n_2, n_3, またグループごとの順位和を T_1, T_2, T_3, 観測値総数を n とする。この例では T_1=342, T_2=247.5, T_3=190.5 と求まる。したがって順位和は年とともに減少しており，全体として水質はよくなっていく傾向がうかがえる。検定統計量は

$$K = \frac{12}{n(n+1)}\left(\frac{T_1^2}{n_1} + \frac{T_2^2}{n_2} + \frac{T_3^2}{n_3}\right) - 3(n+1)$$

$$= \frac{12(342^2 + 247.5^2 + 190.5^2)}{39 \times 40 \times 13} - 3(40)$$

$$= 6.93 \tag{8.21}$$

となる。クラスカル・ワリス検定では同順位に対する調整項も用意されているが，同順位数がかなり多いとき以外は，調整項を計算する必要はない。

帰無仮説のもとでの検定統計量の分布は自由度が (グループ数−1) の χ^2 分布によって近似できる。有意水準を 5% とすれば臨界値は 5.99 と求まるから，帰無仮説は棄却され 3 時点は同等だとはいえない。P 値は 0.031 であった。

■ スピアマン順位相関係数

6.7 節では母分布が正規分布と仮定されている場合の母相関係数に関する検定を紹介したが，この節では順位に基づいた相関係数のノンパラメトリックな検定法を導入する。検定の帰無仮説では二つの変数間に相関はないとされ，対立仮説では相関があるとされる。計算法およびその意味は次の例の中で説明しよう。

例 8.10 表 1.14 では出生率と幼児死亡率（人口 1,000 人に対する 1 年間の出生数と幼児死亡数）を 17 カ国について与えてある。全体として出生率が小さい国は幼児死亡率も小さい傾向が見られるが，この傾向を順位相関係数で測ってみよう。順位相関係数は二つの確率変数の観測値を順位づけし，順位をあたかも観測値の値とみなして相関係数を計測したもので

ある。

1組の観測値を (x_i, y_i) とし，x_i の x 全体における順位を R_i，y_i の y 全体における順位を Q_i としよう．組合せの数が n 個なら順位は 1 から n までの整数値をとるが，順位の平均は R にしろ Q にしろ $m=(n+1)/2$ である．したがってスピアマンの順位相関係数は

$$r_S = \frac{\Sigma(R_i-m)(Q_i-m)}{\sqrt{\Sigma(R_i-m)^2 \Sigma(Q_i-m)^2}} \tag{8.22}$$

と定義できる．通常の相関係数と定義は変わらないから，Excel を使えば計算は容易である．手計算の場合は，簡略化した次式に沿って計算されることが多い．

$$r_S = 1 - \frac{6\Sigma(R_i-Q_i)^2}{n(n^2-1)} \tag{8.23}$$

検定統計量としては n が十分大きければ

$$t = \frac{r_S\sqrt{n-2}}{\sqrt{1-r_S^2}} \tag{8.24}$$

が帰無仮説のもとで自由度 $n-2$ の t 分布に従って分布する．

表 1.14 では順位は与えられていないが，$r_S=0.86$，$t=6.5$ と求まる．有意水準を 5% とすれば，出生率と幼児死亡率に相関はないという帰無仮説は棄却される．

出生率と幼児死亡率の観測値から得た相関係数は 0.83 と求まり，t 値は 5.8 であった．

幼児死亡率も出生率も第 3 の変数，豊かさによって定められている面が強い．幼児死亡率と出生率から 1 人当たり国内総生産の影響を取り除き，その上で相関の強さを分析すべきであろうが，そのためには偏相関係数が必要になる．

練 習 問 題

1. 表 8.13 のデータを用いて 10 代と 70 代の 2 グループの間で同等性の検定を行いなさい。

2. 表 8.15 より第 3 と第 4 階級の間で同等性の検定を行いなさい。

3. 表 8.16 より，東北地方と九州地方の間でのみ順位和検定を行いなさい。

4. 例 8.1 のデータにクラスカル・ワリス検定を応用しなさい。

5. 表 1.14 より出生率と 1 人当たり国内総生産の間でスピアマンの順位相関係数を計算しなさい。

6. 『(国際比較) 青少年と家庭』(1982 年，総理府) によると，「自分にとって大切なもの」として 10 項目をあげ，日本を含めた 6 カ国においてこの 10 項目がどのくらいの割合で実際に大切だと思われているか調査している。結果は次の表 8.20 のようであった。

●表 8.20　自分にとって大切なもの　　　　　　　　　　　　　(単位：%)

	日本	韓国	アメリカ	イギリス	西ドイツ	フランス
健康	99	97	94	95	88	93
家庭	87	63	92	87	79	77
愛情	70	42	88	79	73	74
仕事	58	13	47	34	49	63
友人	48	15	73	63	52	39
金・財産	43	44	42	31	47	23
家・先祖	26	20	14	6	9	5
国家	9	39	38	15	7	10
宗教	6	14	59	17	12	17
名誉・地位	3	13	8	3	7	5

参考：『青少年と家庭』(1982 年，総理府)

このようなデータをもとに各国における価値観の類似性，異質性について分析しなさい。

7. 酸性雨に関する表 8.21 のデータ（京都新聞 1990 年 8 月 18 日）を用いて雨の pH の分布が酸性に偏っているかどうか検定しなさい。ただし n は 92 である（pH5.5 あるいは 4.5 を境界として分析すること）。

●表 8.21

pH	～3.5	～4.0	～4.5	～5.0	～5.5	～6.0	～6.5	～7.0	～7.5	7.5～
相対頻度	0.0	4.3	27.2	44.6	15.2	4.3	3.3	1.1	0.0	0.0%

8. 表 8.22 をもとにして，エイズ感染率と所得などについて，相関の有無を検討しなさい。国の間に差異はあるだろうか。

●表 8.22　サブサハラ地域におけるエイズ

	1	2	3	4	5	6	7	8
国名	人口 (万人)	GNP (1人) (ドル)	出生率	平均寿命	感染 AIDS (%)	累積 AIDS (万人)	累積 死亡 (万人)	AIDS 孤児 (万人)
ジンバブエ	556	540	38	49	25.8	65	59	36
ザンビア	383	400	43	43	19.1	63	59	36
南アフリカ	2,172	3,160	30	65	12.9	42	36	18
モザンビーク	818	80	43	47	14.2	29	25	15
マラウイ	447	170	49	41	14.9	48	45	27
ルワンダ	271	192	45	49	12.8	18	17	9
ウガンダ	910	240	51	41	9.5	190	180	110
アンゴラ	496	410	49	47	2.1	2.8	2.5	1.6
コンゴ共和国	122	680	43	51	7.8	8.5	8	4.5
連合王国	2,822	18,700	12	77	0.1	1.8	1.3	
フランス	2,935	24,990	12	79	0.4	5.7	3.5	
日本	6,173	36,640	1	80	0.0	0.19	0.17	

データは WHO および UNAIDS による（http://www.who.int/emc-hiv/）。1 は 15-49 歳人口，2 は 1 人当たり GNP，3 は人口 1,000 人当たり平均出生数（crude birth rate），4 は人口 1,000 人当たり平均死亡数（crude death rate），5 は人口（1）における AIDS 感染率，6 は累積 AIDS 人口，7 は AIDS による累積死亡数，8 は AIDS により母親あるいは両親を失い，現在生存している孤児数。

練習問題略解

■ 1　データの整理

1. $-63.0 \sim 46.1$　　2. 7.42%, 7.405%, 3.4%, 3.398%, 5.24%
3. この分解は重要である。$(x_1-$平均値$)^2+(x_2-$平均値$)^2+(x_3-$平均値$)^2$ の各項を分解して整理する。一般の場合も同様。特に平均の定義に気をつける。
4. この分解も重要である。問 3 と同様に 3 項を書き出し，各項を分解して整理すれば(1.20)式が得られる。
5. Excel では，区間を決めれば，原データを整理し，ヒストグラムも書き出してくれる。平均値 101.44，標準偏差 10.45，最初の 106 点の偏差値は 54.4。困難であれば，最初の 15 人について計算してみよう。
6. 表 1.14 中の＊は飛ばして，-0.377。
7. 5 階級ではなく 5 人の所得と考えてローレンツ曲線を求める。
8. 分割表は相関表と呼ばれることもある。分割表の各マス目に対応する相対度数を計算し，相対度数にふさわしい高さの積み木を重ねた図を相関図という。
9. $r=-0.51$
10. 市場占有率（マーケットシェア）をローレンツ曲線で表現するには，集中率の高さを強調するために集中率の高い方から順にとる。
11. $L=0.911$, $P=0.909$, パーシェチェック $=-0.22\%$。
12. 1.93%, -0.63%, 5.59%

■ 2　確率

1. A と B の積事象に 3 枚，補集合の積事象に 30 枚含まれる。
2. $1/54$
3. 48 通り，樹形図によって解ける。サイコロを 5 回振るすると，場合の数は樹形図で解けない。10 が 2 回出て 0 が 3 回，10 が 1 回出て 5 が 2 回さらに 0 が 2 回，あるいは 5 が 4 回出て 0 が 1 回，という 3 方法がまず考えられる。第 2 に，各方法の組合せ数，たとえば 10，10，0，0 と，はじめに 10 が 2 回出るといった組合せ数を計算する。第 3 に，10，10，0，0 となるサイコロの目の組み合わせの

4. 265/600   5. 1/10, 1/25
6. a) 0.207   b) 0.114   c) 0.262   d) 0.076
7. a) 0.06, 0.24   b) ベイズの定理による。2/3, 0.84。
8. 0.29   9. 0.044

■ 3 確率変数とその分布

1. 和が3とすれば，3をもたらす組合せを数える。
2. 平均1，分散1/3。
3. 35/12   4. 0.458, 3.855
5. d) 積分は発散する。   e) 第1四分位点は4/3，第3四分位点は4。
7. $P(3)=12/256$, $P(4)=1/256$
8. a) 0.554   b) 0.632（λを1.0として計算する）   c) 基準時間を変えることにより答が異なることに注意。
9. 付表をもとに計算する。
10. 共分散は0。しかし$P(X, Y)$と$P(X)P(Y)$が異なる。
11. 平均値1と分散1/2を計算する。
12. (3.71)式の計算，期待収益1/2，分散25/8。
13. 確率1/9, 4/9, 4/9で，株価が4, 1, 1/4になる。n期まで持ち続けた場合は，$n-1$期の収益を所与として，条件つき期待値を求める。

■ 4 標本分布

1. 0から9までの乱数は確率0.1をもって生じるが，実際に標本確率を求めると0.1からはずれてくる。nが大きいほどはずれは小さいと予想される。
2. 0が生じる確率はどうなるか。
3. nを50として，例4.9と同様にZの形式に変換して求める。
4. 自由度が3のt分布表を利用する。平均106.5，分散115/3。ほぼ0.10。
5. 自由度が19のχ^2分布を使えばよい。50%点は0.965，90%点は1.432。
6. 0.036
7. 標本平均の平均値は800，分散は144/12。標準化すると自由度が11のt分布に従う。9.42, 8.06。
8. 0.0227, 0.0918   9. 分散は2500/99と50。
10. t分布の方が裾が厚い。したがって帰無仮説を棄却しやすい。

11. 平均値 12, 分散 8, $Z=-1.05$。
12. 0.63 13. 代入して整理する。
14. すべてが x より小である事象の確率は $F(x)^3$, 最大値が x より大で, 他の二つが x より小である確率は $F(x)^2(1-F(x))$。後者の組合せは 3 個ある。
15.
$$\int x \cdot f(x)dx = (1/\{2^{m/2}\Gamma(m/2)\})\int x^{(m+2)/2-1}e^{-x/2}dx$$
$$= c\int 1/\{2^{(m+2)/2}\Gamma((m+2)/2)\}x^{(m+2)/2-1}e^{-x/2}dx$$
積分は自由度が $m+2$ の密度関数の面積である。そして
$$c = (2^{(m+2)/2}\Gamma((m+2)/2)/\{2^{m/2}\Gamma(m/2)\} = m.$$
分散を求めるには, まず x^2 の期待値を計算する。

■ 5 母数の推定

1. 平均 4.5, 正規分布を使うと, 2.62, 6.38。t 分布を使うと, 2.33, 6.67。
2. 平均打率 0.318, 0.306, 0.330。
3. χ^2 分布を使い分散の信頼区間を求め, 平方根を計算する。3.18, 5.48。
4. 正規母集団を仮定する。a) 170.69, 171.31   b) 170.51, 171.49。
5. 分散の比較をする。標本平均の分散の公式による。
6. 標準型を使う問題。a) 0.317   b) 0.045。
7. 5.6 節を応用する。68 人。
8. $E(\hat{\theta}^2)=\theta^2$ が証明の出発点。
9. 問 3 と同じ方法を使う。0.023, 0.085。
10. 53086   11. 2655
12. μ についての 2 次式に表現を変え, 最小化を考える。
13. 場合分けをきちんとして, 絶対値記号をはずす。

■ 6 仮説検定の基礎

1. 平均の差の検定を応用する。1.50。
2. 例 6.5 と同様の計算をする。4.53。
3. 比率の差の検定を応用する。
4. 0.572, P 値 0.716。
5. ①は t 検定 $Z_0=0.658$, ②は正規分布による近似的な検定 $Z_0=0.646$, ③も②と同様。
6. $Z_0=3.69$ 8. 例 6.12 と同じ, 64.53。

9. -4.5
10. 有意水準1％で0.946, 5％で0.83, 10％で0.712, 25％で0.484。
11. cは既知であるから, 第1グループを調整すれば分散は同じになる。

■ 7 線形関係の推定

1. 両直線は同じである。残差は0になり, 決定係数は1になる。
2. Excelを使う場合は関数linestか, ツールの中の分析ツールに入っている回帰分析を利用する。分析ツールが見つからない場合は, アドインから選択する。旧バージョンでは再度インストールする。
4. (7.19)式と(7.13)式でbが0として計算する。
5. 決定係数は0。推定量は標本平均に他ならない。
6. 相関係数の定義に戻る。
7. (7.40)式より自明。
8. 左辺にX, 右辺にYを置いて, XをYに回帰する。この回帰係数の最小2乗推定量とbの積は相関係数rの2乗になっている。
9. 行列の積の知識が必要である。
10. 設問の通りに計算する。

■ 8 発展した仮説検定

1. 1.36, 自由度2のχ^2分布の右裾5％点は5.99。
2. 14.6, 自由度4のχ^2分布の右裾5％点は9.49。
3. 東北地方は表中青森から福島の6県である。48, 42, 0.86。
4. $T_1=75$, $T_2=89$, $T_3=67$, $K=6.3$, 自由度2のχ^2分布の右裾5％点は5.99。
5. 関心がある国を選び, クラスカル・ワリス検定を応用する。
6. 順位相関係数を計算する。
7. 帰無仮説では分布が対称だから, 左右逆にしても同じはずである。対立仮説では分布が酸性に偏るとする。順位和検定と符号つき順位和検定を応用しなさい。
8. エイズ感染率を比較検討してみよう。

※ 問題の詳細な解答が必要な場合は,「http://www.econ.kyoto-u.ac.jp」中から筆者のホームページを探して, コピーして下さい。

付　表

- 1　乱数表
- 2　二項確率関数表
- 3　ポアソン分布表
- 4　標準正規分布表
- 5　χ^2分布表
- 6　t分布表
- 7　F分布表

●付表1　乱数表

	(1)	(2)	(3)	(4)	(5)	(6)	(7)	(8)	(9)	(10)
1	22146	84869	92014	67632	12218	08209	83486	81644	51122	43884
2	81485	32926	94061	09060	15297	66822	21082	57014	26613	64055
3	50636	98732	04688	53458	00564	02947	64884	78960	85525	13411
4	33597	46891	20140	25560	47355	97704	47908	99071	71689	86155
5	47166	63105	83153	16275	20100	07829	99714	61187	47238	07203
6	38029	20521	05158	38769	35758	64922	37269	87567	21636	44342
7	68762	41386	03754	17746	97785	62760	20794	29251	83565	54626
8	23863	39035	47359	03891	55651	29119	77020	25113	99617	56742
9	83103	33167	61337	06411	82143	54466	09329	79814	64408	35633
10	45036	62056	60297	36634	85648	18167	64532	04113	07902	65972
11	52956	76068	46321	12628	13287	18356	40297	52858	24678	95773
12	61608	92674	79420	35324	10875	23898	72024	07663	19851	87348
13	95682	27835	51950	60086	12293	02253	00257	62735	30471	62904
14	90915	07306	00489	99081	23995	10786	59261	14103	74026	08747
15	96237	52300	95056	62487	69327	73823	64432	66134	86054	49759
16	42421	88777	80692	68816	57346	71391	97806	45232	99098	70435
17	46732	64873	62633	90030	17314	32066	40922	32055	27306	55755
18	03244	37430	54557	64132	82906	18173	88498	92903	18600	73684
19	86570	91882	14527	66615	83142	99700	89534	75366	03199	44937
20	38583	34015	17944	89672	88650	46837	39720	15628	91537	68627
21	71470	18589	26575	12836	08553	03563	56111	91758	92832	87093
22	43594	91599	27225	82852	85760	76721	78117	22505	58822	80568
23	06135	25133	21145	46231	34543	27152	21530	55938	44343	75111
24	16934	54927	82224	18195	35583	98588	24061	13478	90710	63887
25	38134	85062	38795	80506	17136	39823	81659	60757	56725	97932

乱数表では，使い始める位置に注意しよう。サイコロを2度ふって，列番と行番を決めてもよい。最初の位置が決まれば右に進めばよいが，サイコロの目だけ跳びながら進む。表の終わりに来れば，元に戻って続ける。

●付表2　二項確率関数表（その1）

$B(10, 0.3)$
$P(x \leqq 4)$

成功回数が x 回以下の確率

$n=5$

$x \backslash p$	0.01	0.05	0.10	0.20	0.30	0.40	0.50
0	.951	.774	.590	.328	.168	.078	.031
1	.999	.977	.919	.737	.528	.337	.188
2	1.000	.999	.991	.942	.837	.683	.500
3	1.000	1.000	1.000	.993	.969	.913	.813
4	1.000	1.000	1.000	1.000	.998	.990	.969
5	1.000	1.000	1.000	1.000	1.000	1.000	1.000

$n=10$

$x \backslash p$	0.01	0.05	0.10	0.20	0.30	0.40	0.50
0	.904	.599	.349	.107	.028	.006	.001
1	.996	.914	.736	.376	.149	.046	.011
2	1.000	.989	.930	.678	.383	.167	.055
3	1.000	.999	.987	.879	.650	.382	.172
4	1.000	1.000	.998	.967	.850	.633	.377
5	1.000	1.000	1.000	.994	.953	.834	.623
6	1.000	1.000	1.000	.999	.989	.945	.828
7	1.000	1.000	1.000	1.000	.998	.988	.945
8	1.000	1.000	1.000	1.000	1.000	.998	.989
9	1.000	1.000	1.000	1.000	1.000	1.000	.999
10	1.000	1.000	1.000	1.000	1.000	1.000	1.000

$n=15$

$x \backslash p$	0.01	0.05	0.10	0.20	0.30	0.40	0.50
0	.860	.463	.206	.035	.005	.000	.000
1	.990	.829	.549	.167	.035	.005	.000
2	1.000	.964	.816	.398	.127	.027	.004
3	1.000	.995	.944	.648	.297	.091	.018
4	1.000	.999	.987	.836	.515	.217	.059
5	1.000	1.000	.998	.939	.722	.403	.151
6	1.000	1.000	1.000	.982	.869	.610	.304
7	1.000	1.000	1.000	.996	.950	.787	.500
8	1.000	1.000	1.000	.999	.985	.905	.696
9	1.000	1.000	1.000	1.000	.996	.966	.849
10	1.000	1.000	1.000	1.000	.999	.991	.941
11	1.000	1.000	1.000	1.000	1.000	.998	.982
12	1.000	1.000	1.000	1.000	1.000	1.000	.996
13	1.000	1.000	1.000	1.000	1.000	1.000	1.000
15	1.000	1.000	1.000	1.000	1.000	1.000	1.000

この表は日本規格協会発行『統計数値表 JSA-1972』より編著者・発行者の許可を得て転載した。

●付表2　二項確率関数表（その2）

成功回数が x 回以下の確率

$n=20$

$x \backslash p$	0.01	0.05	0.10	0.20	0.30	0.40	0.50
0	.818	.359	.122	.012	.001	.000	.000
1	.983	.736	.392	.069	.008	.001	.000
2	.999	.925	.677	.206	.035	.004	.000
3	1.000	.984	.867	.411	.107	.016	.001
4	1.000	.997	.957	.630	.238	.051	.006
5	1.000	1.000	.989	.804	.416	.126	.021
6	1.000	1.000	.998	.913	.608	.250	.058
7	1.000	1.000	1.000	.968	.772	.416	.132
8	1.000	1.000	1.000	.990	.887	.596	.252
9	1.000	1.000	1.000	.997	.952	.755	.412
10	1.000	1.000	1.000	.999	.983	.872	.588
11	1.000	1.000	1.000	1.000	.995	.943	.748
12	1.000	1.000	1.000	1.000	.999	.979	.868
13	1.000	1.000	1.000	1.000	1.000	.994	.942
14	1.000	1.000	1.000	1.000	1.000	.998	.979
15	1.000	1.000	1.000	1.000	1.000	1.000	.994
16	1.000	1.000	1.000	1.000	1.000	1.000	.999
17	1.000	1.000	1.000	1.000	1.000	1.000	1.000
20	1.000	1.000	1.000	1.000	1.000	1.000	1.000

$n=25$

$x \backslash p$	0.01	0.05	0.10	0.20	0.30	0.40	0.50
0	.778	.277	.072	.004	.000	.000	.000
1	.974	.642	.271	.027	.002	.000	.000
2	.998	.873	.537	.098	.009	.000	.000
3	1.000	.966	.764	.234	.033	.002	.000
4	1.000	.993	.902	.421	.090	.009	.000
5	1.000	.999	.967	.617	.193	.029	.002
6	1.000	1.000	.991	.780	.341	.074	.007
7	1.000	1.000	.998	.891	.512	.154	.022
8	1.000	1.000	1.000	.953	.677	.274	.054
9	1.000	1.000	1.000	.983	.811	.425	.115
10	1.000	1.000	1.000	.994	.902	.586	.212
11	1.000	1.000	1.000	.998	.956	.732	.345
12	1.000	1.000	1.000	1.000	.983	.846	.500
13	1.000	1.000	1.000	1.000	.994	.922	.655
14	1.000	1.000	1.000	1.000	.998	.966	.788
15	1.000	1.000	1.000	1.000	1.000	.987	.885
16	1.000	1.000	1.000	1.000	1.000	.996	.946
17	1.000	1.000	1.000	1.000	1.000	.999	.978
18	1.000	1.000	1.000	1.000	1.000	1.000	.993
19	1.000	1.000	1.000	1.000	1.000	1.000	.998
20	1.000	1.000	1.000	1.000	1.000	1.000	1.000
25	1.000	1.000	1.000	1.000	1.000	1.000	1.000

この表は日本規格協会発行『統計数値表 JSA -1972』より編著者・発行者の許可を得て転載した。

●付表3　ポアソン分布表

事象が x 回起きる確率

$x \backslash \lambda$	0.1	0.2	0.3	0.4	0.5	0.6	0.7	0.8	0.9
0	.905	.819	.741	.670	.607	.549	.497	.449	.407
1	.090	.164	.222	.268	.303	.329	.348	.359	.366
2	.005	.016	.033	.054	.076	.099	.122	.144	.165
3	.000	.001	.003	.007	.013	.020	.028	.038	.049
4	.000	.000	.000	.001	.002	.003	.005	.008	.011
5	.000	.000	.000	.000	.000	.000	.001	.001	.002
6	.000	.000	.000	.000	.000	.000	.000	.000	.000

$x \backslash \lambda$	1.0	1.5	2.0	2.5	3.0	3.5	4.0	4.5	5.0
0	.368	.223	.135	.082	.050	.030	.018	.011	.007
1	.368	.335	.271	.205	.150	.106	.073	.050	.034
2	.184	.251	.271	.257	.224	.185	.147	.113	.084
3	.061	.126	.180	.214	.224	.216	.195	.169	.140
4	.015	.047	.090	.134	.168	.189	.195	.190	.175
5	.003	.014	.036	.067	.101	.132	.156	.171	.175
6	.001	.004	.012	.028	.050	.077	.104	.128	.146
7	.000	.001	.003	.010	.022	.039	.060	.082	.104
8	.000	.000	.001	.003	.008	.017	.030	.046	.065
9	.000	.000	.000	.001	.003	.007	.013	.023	.036
10	.000	.000	.000	.000	.001	.002	.005	.010	.018
11	.000	.000	.000	.000	.000	.001	.002	.004	.008
12	.000	.000	.000	.000	.000	.000	.001	.001	.003
13	.000	.000	.000	.000	.000	.000	.000	.001	.001
14	.000	.000	.000	.000	.000	.000	.000	.000	.000
15	.000	.000	.000	.000	.000	.000	.000	.000	.000

$x \backslash \lambda$	6.0	7.0	8.0	9.0	10.0	11.0	12.0	13.0	14.0
0	.002	.001	.000	.000	.000	.000	.000	.000	.000
1	.015	.006	.003	.001	.000	.000	.000	.000	.000
2	.045	.022	.011	.005	.002	.001	.000	.000	.000
3	.089	.052	.029	.015	.008	.004	.002	.001	.000
4	.134	.091	.057	.034	.019	.010	.005	.003	.001
5	.161	.128	.092	.061	.038	.022	.013	.007	.004
6	.161	.149	.122	.091	.063	.041	.026	.015	.009
7	.138	.149	.140	.117	.090	.065	.044	.028	.017
8	.103	.130	.140	.132	.113	.089	.066	.046	.030
9	.068	.101	.124	.132	.125	.109	.087	.066	.047
10	.041	.071	.099	.119	.125	.119	.105	.086	.066
11	.023	.045	.072	.097	.114	.119	.114	.102	.084
12	.011	.026	.048	.073	.095	.109	.114	.110	.098
13	.005	.014	.030	.050	.073	.093	.105	.110	.106
14	.002	.007	.017	.032	.052	.073	.091	.102	.106
15	.001	.003	.009	.019	.035	.053	.072	.089	.099
16	.000	.001	.005	.011	.022	.037	.055	.072	.087
17	.000	.001	.002	.006	.013	.024	.038	.055	.071
18	.000	.000	.001	.003	.007	.015	.026	.040	.055
19	.000	.000	.000	.001	.004	.008	.016	.027	.041
20	.000	.000	.000	.000	.002	.005	.010	.018	.029
21	.000	.000	.000	.000	.001	.002	.006	.011	.019
22	.000	.000	.000	.000	.000	.001	.003	.007	.012
23	.000	.000	.000	.000	.000	.001	.002	.004	.007
24	.000	.000	.000	.000	.000	.000	.001	.002	.004
25	.000	.000	.000	.000	.000	.000	.000	.001	.002
26	.000	.000	.000	.000	.000	.000	.000	.001	.001
27	.000	.000	.000	.000	.000	.000	.000	.000	.001

この表は日本規格協会発行『統計数値表JSA-1972』より編著者・発行者の許可を得て転載した。

● 付表4　標準正規分布表

負の無限大から x までの確率を与える。座標値の小数第1位までは縦軸に，小数第2位は横軸に示されている。

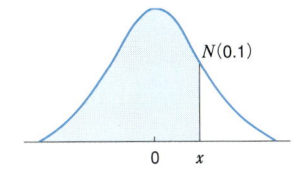

小数第2位

x	.00	.01	.02	.03	.04	.05	.06	.07	.08	.09
.0	.5000	.5040	.5080	.5120	.5160	.5199	.5239	.5279	.5319	.5359
.1	.5398	.5438	.5478	.5517	.5557	.5596	.5636	.5675	.5714	.5753
.2	.5793	.5832	.5871	.5910	.5948	.5987	.6026	.6064	.6103	.6141
.3	.6179	.6217	.6255	.6293	.6331	.6368	.6406	.6443	.6480	.6517
.4	.6554	.6591	.6628	.6664	.6700	.6736	.6772	.6808	.6844	.6879
.5	.6915	.6950	.6985	.7019	.7054	.7088	.7123	.7157	.7190	.7224
.6	.7257	.7291	.7324	.7357	.7389	.7422	.7454	.7486	.7517	.7549
.7	.7580	.7612	.7642	.7673	.7704	.7734	.7764	.7794	.7823	.7852
.8	.7881	.7910	.7939	.7967	.7995	.8023	.8051	.8078	.8106	.8133
.9	.8159	.8186	.8212	.8238	.8264	.8289	.8315	.8340	.8365	.8389
1.0	.8413	.8438	.8461	.8485	.8508	.8531	.8554	.8577	.8599	.8621
1.1	.8643	.8665	.8686	.8708	.8729	.8749	.8770	.8790	.8810	.8830
1.2	.8849	.8869	.8888	.8907	.8925	.8944	.8962	.8980	.8997	.9015
1.3	.9032	.9049	.9066	.9082	.9099	.9115	.9131	.9147	.9162	.9177
1.4	.9192	.9207	.9222	.9236	.9251	.9265	.9279	.9292	.9306	.9319
1.5	.9332	.9345	.9357	.9370	.9382	.9394	.9406	.9418	.9429	.9441
1.6	.9452	.9463	.9474	.9484	.9495	.9505	.9515	.9525	.9535	.9545
1.7	.9554	.9564	.9573	.9582	.9591	.9599	.9608	.9616	.9625	.9633
1.8	.9641	.9649	.9656	.9664	.9671	.9678	.9686	.9693	.9699	.9706
1.9	.9713	.9719	.9726	.9732	.9738	.9744	.9750	.9756	.9761	.9767
2.0	.9773	.9778	.9783	.9788	.9793	.9798	.9803	.9808	.9812	.9817
2.1	.9821	.9826	.9830	.9834	.9838	.9842	.9846	.9850	.9854	.9857
2.2	.9861	.9864	.9868	.9871	.9875	.9878	.9881	.9884	.9887	.9890
2.3	.9893	.9896	.9898	.9901	.9904	.9906	.9909	.9911	.9913	.9916
2.4	.9918	.9920	.9922	.9925	.9927	.9929	.9931	.9932	.9934	.9936
2.5	.9938	.9940	.9941	.9943	.9945	.9946	.9948	.9949	.9951	.9952
2.6	.9953	.9955	.9956	.9957	.9959	.9960	.9961	.9962	.9963	.9964
2.7	.9965	.9966	.9967	.9968	.9969	.9970	.9971	.9972	.9973	.9974
2.8	.9974	.9975	.9976	.9977	.9977	.9978	.9979	.9979	.9980	.9981
2.9	.9981	.9982	.9983	.9983	.9984	.9984	.9985	.9985	.9986	.9986
3.0	.9987	.9987	.9987	.9988	.9988	.9989	.9989	.9989	.9990	.9990

この表は日本規格協会発行『統計数値表 JSA -1972』より編著者・発行者の許可を得て転載した。

● 付表5　χ^2 分布表

自由度が m，確率が p の座標を与える。ただし p は分布の右裾の確率である。

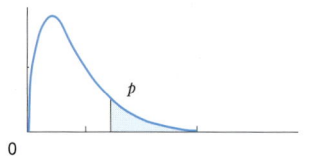

$m \backslash p$	0.990	0.975	0.950	0.500	0.250	0.100	0.050	0.025	0.010
1	0.00	0.00	0.00	0.46	1.32	2.71	3.84	5.02	6.64
2	0.02	0.05	0.10	1.39	2.77	4.61	5.99	7.38	9.21
3	0.12	0.22	0.35	2.37	4.11	6.25	7.82	9.35	11.34
4	0.30	0.48	0.71	3.36	5.39	7.78	9.49	11.14	13.28
5	0.55	0.83	1.15	4.35	6.63	9.24	11.07	12.83	15.09
6	0.87	1.24	1.64	5.35	7.84	10.64	12.59	14.45	16.81
7	1.24	1.69	2.17	6.35	9.04	12.02	14.07	16.01	18.48
8	1.65	2.18	2.73	7.34	10.22	13.36	15.51	17.53	20.09
9	2.09	2.70	3.33	8.34	11.39	14.68	16.92	19.02	21.67
10	2.56	3.25	3.94	9.34	12.55	15.99	18.31	20.48	23.21
11	3.05	3.82	4.58	10.34	13.70	17.28	19.68	21.92	24.72
12	3.57	4.40	5.23	11.34	14.85	18.55	21.03	23.34	26.22
13	4.11	5.01	5.89	12.34	15.98	19.81	22.36	24.74	27.69
14	4.66	5.63	6.57	13.34	17.12	21.06	23.68	26.12	29.14
15	5.23	6.26	7.26	14.34	18.25	22.31	25.00	27.49	30.58
16	5.81	6.91	7.96	15.34	19.37	23.54	26.30	28.85	32.00
17	6.41	7.56	8.67	16.34	20.49	24.77	27.59	30.19	33.41
18	7.02	8.23	9.39	17.34	21.60	25.99	28.87	31.53	34.81
19	7.63	8.91	10.12	18.34	22.72	27.20	30.14	32.85	36.19
20	8.26	9.59	10.85	19.34	23.83	28.41	31.41	34.17	37.57
22	9.54	10.98	12.34	21.34	26.04	30.81	33.92	36.78	40.29
24	10.86	12.40	13.85	23.34	28.24	33.20	36.42	39.36	42.98
26	12.20	13.84	15.38	25.34	30.43	35.56	38.89	41.92	45.64
28	13.57	15.31	16.93	27.34	32.62	37.92	41.34	44.46	48.28
30	14.95	16.79	18.49	29.34	34.80	40.26	43.77	46.98	50.89
35	18.51	20.57	22.47	34.34	40.22	46.06	49.80	53.20	57.34
40	22.16	24.43	26.51	39.34	45.62	51.81	55.76	59.34	63.69
45	25.90	28.37	30.61	44.34	50.98	57.51	61.66	65.41	69.96
50	29.71	32.36	34.76	49.33	56.33	63.17	67.50	71.42	76.15

中間の自由度，例えば自由度29のパーセント点については，自由度28と30のパーセント点の中点を使う．30を超える自由度のパーセント点は，正規分布による近似を使ってもよい．

● 付表6   *t* 分布表

自由度が df, 確率が p になる座標を与える。ただし p は分布の右裾の確率である。

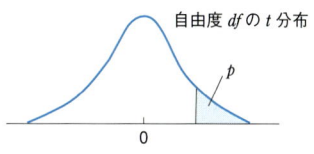

自由度 df の t 分布

$df \setminus p$	0.250	0.100	0.050	0.025	0.010	0.005
1	1.000	3.078	6.314	12.710	31.820	63.660
2	0.817	1.886	2.920	4.303	6.965	9.925
3	0.766	1.638	2.354	3.182	4.541	5.841
4	0.741	1.533	2.132	2.777	3.747	4.604
5	0.727	1.476	2.015	2.571	3.365	4.032
6	0.718	1.440	1.943	2.447	3.143	3.708
7	0.711	1.415	1.895	2.365	2.998	3.500
8	0.706	1.397	1.860	2.306	2.897	3.355
9	0.703	1.383	1.833	2.262	2.822	3.250
10	0.700	1.372	1.813	2.228	2.764	3.169
11	0.698	1.363	1.796	2.201	2.718	3.106
12	0.696	1.356	1.782	2.179	2.681	3.055
13	0.694	1.350	1.771	2.161	2.650	3.012
14	0.693	1.345	1.762	2.145	2.624	2.977
15	0.691	1.341	1.753	2.132	2.602	2.947
16	0.691	1.337	1.746	2.120	2.584	2.921
17	0.689	1.333	1.740	2.110	2.567	2.898
18	0.688	1.330	1.734	2.101	2.552	2.879
19	0.688	1.328	1.729	2.093	2.539	2.861
20	0.687	1.326	1.725	2.086	2.528	2.845
21	0.687	1.323	1.721	2.080	2.518	2.831
22	0.686	1.321	1.717	2.074	2.508	2.819
23	0.686	1.319	1.714	2.069	2.500	2.807
24	0.686	1.318	1.711	2.064	2.492	2.797
25	0.685	1.316	1.708	2.060	2.485	2.787
26	0.684	1.315	1.706	2.056	2.479	2.779
27	0.684	1.314	1.704	2.052	2.473	2.771
28	0.683	1.313	1.701	2.048	2.467	2.763
29	0.683	1.311	1.699	2.045	2.462	2.756
30	0.683	1.311	1.697	2.042	2.457	2.750
35	0.682	1.307	1.690	2.030	2.438	2.724
40	0.681	1.303	1.684	2.021	2.423	2.705
45	0.680	1.301	1.680	2.014	2.412	2.690
50	0.680	1.299	1.676	2.009	2.403	2.678
60	0.679	1.296	1.671	2.000	2.390	2.660
70	0.679	1.294	1.667	1.994	2.381	2.648
80	0.679	1.292	1.664	1.990	2.374	2.639
90	0.678	1.291	1.662	1.987	2.368	2.632
100	0.677	1.290	1.660	1.984	2.364	2.626
∞	0.674	1.282	1.645	1.960	2.326	2.576

自由度が無限大の t 分布は標準正規分布に一致する。

● 付表7　F 分布表

分子の自由度が m，分母の自由度が k の F 分布表の右裾5％点（太字）と1％点（細字）を与える。

自由度 m, k の F 分布

$k \backslash m$	1	2	3	4	5	6	8	10	12	14	16	20	50
5	**6.61** 16.26	**5.79** 13.27	**5.41** 12.06	**5.19** 11.39	**5.05** 10.97	**4.95** 10.67	**4.82** 10.29	**4.74** 10.05	**4.68** 9.89	**4.64** 9.77	**4.60** 9.68	**4.56** 9.55	**4.44** 9.24
6	**5.99** 13.75	**5.14** 10.93	**4.76** 9.78	**4.53** 9.15	**4.39** 8.75	**4.28** 8.47	**4.15** 8.10	**4.06** 7.87	**4.00** 7.72	**3.96** 7.60	**3.92** 7.52	**3.87** 7.40	**3.75** 7.09
7	**5.59** 12.25	**4.74** 9.55	**4.35** 8.45	**4.12** 7.85	**3.97** 7.46	**3.87** 7.19	**3.73** 6.84	**3.64** 6.62	**3.58** 6.47	**3.52** 6.35	**3.49** 6.27	**3.45** 6.16	**3.32** 5.85
8	**5.32** 11.26	**4.46** 8.65	**4.07** 7.59	**3.84** 7.01	**3.69** 6.63	**3.58** 6.37	**3.44** 6.03	**3.35** 5.81	**3.28** 5.67	**3.23** 5.56	**3.20** 5.48	**3.15** 5.36	**3.03** 5.06
9	**5.12** 10.56	**4.26** 8.02	**3.86** 6.99	**3.63** 6.42	**3.48** 6.06	**3.37** 5.80	**3.23** 5.47	**3.14** 5.26	**3.07** 5.11	**3.02** 5.00	**2.98** 4.92	**2.94** 4.81	**2.80** 4.51
10	**4.96** 10.04	**4.10** 7.56	**3.71** 6.55	**3.48** 5.99	**3.33** 5.64	**3.22** 5.39	**3.07** 5.06	**2.98** 4.85	**2.91** 4.71	**2.86** 4.60	**2.82** 4.52	**2.77** 4.41	**2.64** 4.12
12	**4.75** 9.33	**3.89** 6.93	**3.49** 5.95	**3.26** 5.41	**3.11** 5.06	**3.00** 4.82	**2.85** 4.50	**2.75** 4.30	**2.69** 4.16	**2.64** 4.05	**2.60** 3.98	**2.54** 3.86	**2.40** 3.56
14	**4.60** 8.86	**3.74** 6.52	**3.34** 5.56	**3.11** 5.04	**2.96** 4.70	**2.85** 4.46	**2.70** 4.14	**2.60** 3.94	**2.53** 3.80	**2.48** 3.70	**2.44** 3.62	**2.39** 3.51	**2.24** 3.21
16	**4.49** 8.53	**3.63** 6.23	**3.24** 5.29	**3.01** 4.77	**2.85** 4.44	**2.74** 4.20	**2.59** 3.89	**2.49** 3.69	**2.43** 3.55	**2.37** 3.45	**2.33** 3.37	**2.28** 3.26	**2.13** 2.96
18	**4.41** 8.29	**3.56** 6.01	**3.16** 5.09	**2.93** 4.58	**2.77** 4.25	**2.66** 4.02	**2.51** 3.71	**2.41** 3.51	**2.34** 3.37	**2.29** 3.27	**2.25** 3.19	**2.19** 3.08	**2.04** 2.78
20	**4.35** 8.10	**3.49** 5.85	**3.10** 4.94	**2.87** 4.43	**2.71** 4.10	**2.60** 3.87	**2.45** 3.56	**2.35** 3.37	**2.28** 3.23	**2.23** 3.13	**2.18** 3.05	**2.12** 2.94	**1.96** 2.63
25	**4.24** 7.77	**3.39** 5.57	**2.99** 4.68	**2.76** 4.18	**2.60** 3.86	**2.49** 3.63	**2.34** 3.32	**2.24** 3.13	**2.17** 2.99	**2.11** 2.89	**2.06** 2.81	**2.01** 2.70	**1.84** 2.40
30	**4.17** 7.56	**3.32** 5.39	**2.92** 4.51	**2.69** 4.02	**2.53** 3.70	**2.42** 3.47	**2.27** 3.17	**2.17** 2.98	**2.09** 2.84	**2.04** 2.74	**1.99** 2.66	**1.93** 2.55	**1.76** 2.24
50	**4.03** 7.17	**3.18** 5.06	**2.79** 4.20	**2.56** 3.72	**2.40** 3.41	**2.29** 3.19	**2.13** 2.89	**2.03** 2.70	**1.95** 2.56	**1.90** 2.46	**1.85** 2.39	**1.78** 2.27	**1.60** 1.94
100	**3.94** 6.90	**3.09** 4.82	**2.70** 3.98	**2.46** 3.51	**2.30** 3.20	**2.19** 2.99	**2.03** 2.69	**1.92** 2.51	**1.85** 2.36	**1.79** 2.26	**1.75** 2.19	**1.68** 2.06	**1.48** 1.73

この表は日本規格協会発行『統計数値表 JSA -1972』より編著者・発行者の許可を得て転載した。

索　引

あ　行

異常値　6
一様分布　103, 176, 209
一致指数　195
一致推定量　169, 173
一致性　159, 165, 167, 173, 236, 238
一点分布　136
一般化最小2乗推定法　234
移動平均　27
　　加重――　28
インフルエンザ　198, 212

F 確率変数　155
F 検定　202
F 分布　150
MSE　174
エンゲル係数　191
円順列　59

オープンエンド　18
卸売物価指数　33

か　行

海外物価指数　35
回帰係数　215
回帰値　218, 222
　　――の変動　224
階級値　10
χ^2(カイ2乗)確率変数　155
χ^2 検定　249
χ^2 分布　144, 210
階乗　57
確率　49, 79
　　――の公理　51
　　――の性質　52
　　周辺――　70, 252
　　条件つき――　63, 115

確率関数　80
確率収束　173
確率値　185
確率変数　80
　　――の関数の平均値　91
　　――の標準化　93
　　――の標準偏差　91
　　――の平均値　89
確率密度関数　86
家計調査年報　23, 192
加重平均　32, 90
　　――値　27
仮説　181
片側検定　182
片側信頼区間　170
傾き　217
偏り　174
学校保健統計調査報告書　30, 185, 191, 197
加法性　51
加法定理　53
刈り込み平均　25
環境白書　261, 264
完全平等線　22
ガンマ関数　155

幾何平均　26
棄却域　183
期待値　89, 91, 129
　　条件つき――　116
基本事象　50
帰無仮説　182
級内変動　246
境界値　183

空事象　51
区間推定　158, 160
組合せ　59
クラスカル・ワリス検定　264

クロスセクション・データ 234

景気動向指数 194
経験的確率 56
継続モデル 105
系列相関係数 234
決定係数 223
検出力 204
検定統計量 183
厳密分布 138

合計特殊出生率 21
購買力平価 36,39
効率性 174
コーシー・シュワルツの不等式 240,242
国際比較統計 27,256
国民生活選好度調査 253,255
国民生活白書 254
誤差項 215
誤差分散 223,215
誤差変動 246
固定区間 134
コブ・ダグラス 235
根元事象 50

さ 行

最小値 152
最小2乗法 218
最小分散不偏推定 160,174
再生性
　χ^2 確率変数の—— 145
　正規分布の—— 130
　二項確率変数の—— 97
　ポアソン分布の—— 129
最大値 152
最頻値 3
最尤推定法 177,208
最尤推定量 177
最尤法 175
サウジアラビア 228
座席別死亡者数 67
残差 218
　——2乗和 218
3シグマ 109
散布図 215
サンプリング 122

サンプル 122

GDP デフレーター 34
時系列データ 233
試行 50
自己相関係数 234
事象 50
指数分布 86,104
実質経済成長率 27
実質 GDP 34
ジニ係数 23,47
四分位階級 7
四分位点 6,94
四分位範囲 6,94
四分位分散係数 30
シミュレーション 110,142,163
収益率 116,202
収穫不変 235
就学率 38,42,43
重心 89
重相関係数 226
従属性 68
自由度 249,253
十分位階級 7
十分位点 7
十分位分散係数 30
周辺確率 70,252
周辺度数分布 44
周辺分布 113
樹形図 56
出生率 20,38,40,42,265
順位和検定 258
　符号つき—— 262
順序統計量 151
順列 57
条件つき確率 63,115
条件つき期待値 116
条件つき標本空間 64
条件つき分散 116
条件つき平均 116
小数の法則 103
消費者物価指数 33
乗法定理 65
信頼区間 161,163,165,167,188
信頼係数 161
信頼限界 161

索　引　　285

推定　136
　　――値　157
　　――量　157
スタージェス　13
スネデカー　190
スピアマン順位相関係数　265

正規近似　139, 141, 149
　　標準――　193
正規分布　105
　　標準――　106
正規母集団　186
正規乱数の発生　109
成功率　168
生産関数　235
正の相関　40
正の歪み　18
世界人口年鑑　21
積事象　51
石油危機　229
積率母関数　130
切片　217
説明変数　215
線形回帰式　215
線形不偏推定量　239
先験的確率　56
先行指数　195
全国消費実態調査報告　7
センサス　2
全事象　51
前日比　10
全数調査　122
全標本　2
全変動　224, 245
　　――の分解　224
相関係数(母集団における)　114
相関図　269
相関表　269
相対度数　11
　　――分布　11
層別抽出　132

た　行

第1四分位点　6
第1種の過誤　203

第3四分位点　6
対称性の検定　264
大数の法則　135, 136
大統領選挙　194, 200
第2種の過誤　204
対立仮説　182
多項選択　199
多重回帰式　230
打率　178, 211
単純仮説　182

チェビシェフの不等式　5, 133, 165, 169
遅行指数　195
中位数　3
中央値　3, 94, 180
中心極限定理　137, 185
重複順列　58
貯蓄動向調査報告　7, 9, 18, 256
直交　221
賃金センサス　31

釣り鐘型　14

t 確率変数　155
t 分布　148, 186
t 検定　186, 189, 244, 262
t 比　232
定数項　217
ディフュージョン・インデックス　195
データ　2
適合度検定　250
テレビ視聴率　200
点推定　158

等確率の世界　53
統計量　123
同時確率　70
　　――関数　112
同時度数分布表　43
同時密度関数　177
同等性の検定　251, 254
等比数列　72
独立　68, 115, 126
　　――な試行　70
独立性の検定　251
度数　10

――多角形　15
――分布表　10

な行

二項確率　141
　――関数　101, 192
　――のポアソン近似　103
二項定理　60
二項分布　96
2シグマ　109
　――区間　5
二重盲検法　197
2変数データ　37
日本国勢図会　229, 254, 258
日本統計年鑑　101, 132

ノンパラメトリック検定　243, 257

は行

パーシェ指数　33
パーシェチェック　33
パーセント点　8, 93
排反事象　51, 52
はずれ確率　133, 135
パラメーター　95
範囲　29

P 値　185
非識字率　38
ヒストグラム　14
被説明変数　215
ヒト免疫不全ウィルス　42, 143
非復元抽出　124, 180
標準化　137
　――統計量　169, 183
標準偏差(確率変数)　91
標本　2, 122
標本共分散　40
標本空間　50
　条件つき――　64
標本成功率　128
標本相関係数　41, 203
標本調査　122
標本標準偏差　4
標本分散　3, 12, 13, 146
　――の分解　4

標本平均　125, 158
　――値　3, 12, 13
標本偏相関係数　42
貧困率　39

復元抽出　124
複合仮説　182
符号検定　260
負の相関　40
不偏推定量　146
不偏性　159, 165, 167, 172, 236, 238
プラシーボ　198
BLUE　240
分位点　93
分割表　43, 69, 112, 251
分散式の分解　92
分散分析　245
分布関数　84
分布の同等性　258

平均値(確率変数)　89
平均平方誤差　174
平均余命　227
ベイズの定理　72
ベルヌーイ試行　96
ベルヌーイ分布　177
偏差値　31
偏相関係数　203, 266
変動係数　30

ポアソン分布　99, 139
棒グラフ　14
ポートフォリオ　116
補完法　107
母集団　2, 122
　正規――　186
　無限――　122
　有限――　130
母数　95, 157
母分散(既知)　189
母分散(未知)　190
ボラティリティ　116, 202

ま行

見せかけ相関　42
密度関数　11, 86

確率―― 86
　同時―― 177
民間在庫変動額　29

無記憶性　105
無限母集団　122
無作為抽出　122
無作為標本　123, 157

名目GDP　34

モーメント法　175

や 行

有意水準　183
有意性検定　232
有限母集団　130
尤度　177
尤度比　208
　――検定法　208

幼児死亡率　38, 40, 265
余事象　52

ら 行

ラスパイレス指数　33

乱数　124
ランダムサンプル　122

離散確率変数　84
離散データ　19
リスク　116
両側検定　182
両側信頼区間　170
臨界値　183

累積確率分布関数　82
累積相対所得　22
累積相対度数　14
　――分布　14, 15, 19
累積度数　14
累積分布関数　19, 85

連続確率変数　84
連続性補正　141

ローレンツ曲線　21

わ 行

World Development Report　38, 46
和事象　52

著者紹介

森棟　公夫（もりむね　きみお）
1946年　東京都で生まれ，香川県で育つ
1969年　京都大学経済学部卒業
1975年　京都大学助教授（経済研究所）
　　　　スタンフォード大学 Ph.D.（経済学），京都大学経済学博士。日本統計学会，日本経済学会などに所属
現　在　京都大学教授（大学院経済学研究科）

主要著書・論文

『経済モデルの推定と検定』（共立出版，1985年）
（1985年度「日経・経済図書文化賞」を受賞）
『計量経済学』（東洋経済新報社，1999年）
The t Test In a Structural Equation, *Econometrica* 57, 1989. など

新経済学ライブラリ＝9

統計学入門 第2版

1990年12月10日Ⓒ	初　版　発　行	
2000年 9 月25日Ⓒ	第 2 版 発 行	
2002年 3 月10日	第 2 版第 5 刷発行	

著　者	森棟公夫	
	発行者	森平勇三
	印刷者	篠倉正信
	製本者	金野　明

【発行】　株式会社　新世社
〒151-0051　東京都渋谷区千駄ヶ谷1丁目 3 番25号
☎(03)5474-8818㈹　　サイエンスビル

【発売】　株式会社　サイエンス社
〒151-0051　東京都渋谷区千駄ヶ谷1丁目 3 番25号
☎(03)5474-8500㈹　　振替00170-7-2387

印刷　ディグ　　　製本　㈱積信堂
≪検印省略≫
本書の内容を無断で複写複製することは，著作者および出版者の権利を侵害することがありますので，その場合にはあらかじめ小社あて許諾をお求め下さい。

ISBN4-88384-017-4

PRINTED IN JAPAN

サイエンス社のホームページのご案内
http://www.saiensu.co.jp
ご意見・ご要望は
shin@saiensu.co.jp　まで．